工程量清单计价造价员培训教程

园林绿化工程

本书编委会　编

中国建筑工业出版社

图书在版编目（CIP）数据

园林绿化工程/本书编委会编．—北京：中国建筑
工业出版社，2004
工程量清单计价造价员培训教程
ISBN 7-112-06714-6

Ⅰ．园… Ⅱ．本… Ⅲ．园林-绿化-工程
造价-技术培训-教材 Ⅳ．TU986.3

中国版本图书馆 CIP 数据核字（2004）第 059233 号

工程量清单计价造价员培训教程
园 林 绿 化 工 程
本书编委会 编

*

中国建筑工业出版社出版、发行(北京西郊百万庄)
新 华 书 店 经 销
北京市彩桥印刷有限责任公司印刷

*

开本：787×1092 毫米 1/16 印张：17¼ 字数：418 千字
2004 年 8 月第一版 2006 年 5 月第三次印刷
印数：5 001—6 500 册 定价：24.00 元
ISBN 7-112-06714-6
F·581（12668）
版权所有 翻印必究
如有印装质量问题，可寄本社退换
（邮政编码 100037）

本社网址：http://www.cabp.com.cn
网上书店：http://www.china-building.com.cn

本书为《工程量清单计价造价员培训教程》之一。本书将建设部新颁《建设工程工程量清单计价规范》与《北京市建设工程预算定额》有效地结合起来，以便帮助读者更好地掌握新规范，巩固旧知识。

本教材是技术性、实践性和政策性较强的课程。在编写时力求深入浅出、通俗易懂，加强其实用性，在阐述基础知识、基本原理的基础上，以应用为重点，做到理论联系实际，深入浅出地列举了大量的实例，突出了定额的应用、概预算编制及清单的使用等重点。

本书适合高等专科学校、高等职业技术学校和中等专业技术学校工业与民用建筑专业、建筑经济类专业与土建类其他专业作教学用书，也可供建筑工程技术人员及从事有关经济管理的工作人员参考。

＊　＊　＊

责任编辑：时咏梅　王　梅
责任设计：崔兰萍
责任校对：李志瑛　刘玉英

编 委 会

主　编　向露霞　张国栋

副主编　张　舟

参　编　吴建才　杨敏华　李昌友　吴　珂
　　　　　　何重华　孙国庆　陈善华　赵英杰
　　　　　　宋德富　王晓阳　刘月华　张文铎
　　　　　　胡春香　周晨阳　严怀龙　董瑞清
　　　　　　丁绍福　李逢生　唐平诗　马育秦
　　　　　　武景云　曾心伦　朱树和　廖福熙
　　　　　　徐光臣　伍忠贵　阎天平　高远望
　　　　　　苑海青　杨艳容　刘若梅　谢秀丽

前　言

为了让更多的人了解掌握园林绿化工程工程量造价的有关知识，我们编写了此书。

此书是按照《建设工程工程量清单计价规范》和《建设工程工程量清单计价规范》宣贯辅导教材的相关内容撰写的。全书涵盖了园林绿化工程和庭园工程两大部分，共分三章。主要内容有工程制图与识图、工程量清单计价材料价格的计价与应用、单位工程施工图工程量清单计价的编制和实例等。

本书内容丰富、简洁明了、实用性强。本教程不仅可用于学校，也可作为工作人员的工作手册。

本书编写过程中，由于时间仓促，加之作者水平有限，书中难免存在缺点、错误，不妥之处敬请广大读者提出宝贵意见。

目 录

第一章 园林工程识图图例 …………………………………………………… 1
第二章 园林绿化工程施工图工程量清单计价的编制 ………………………… 11
 第一节 绿化工程 ……………………………………………………………… 11
 第二节 园路、园桥、假山工程 …………………………………………… 73
 第三节 园林景观工程 ……………………………………………………… 147
第三章 工程量清单计价实例 ………………………………………………… 237
 第一节 某小区绿化某工程工程量清单 报价示例 ……………………… 237
 第二节 工程量清单设置与计价举例 ……………………………………… 268

第一章 园林工程识图图例

1 风景名胜区与城市绿地系统规划图例

1.1 地 界

序号	名 称	图 例	说 明
1.1.1	风景名胜区（国家公园），自然保护区等界	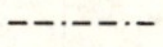 —··—··—	
1.1.2	景区、功能分区界	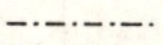 —·—·—	
1.1.3	外围保护地带界	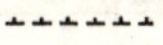 ······	
1.1.4	绿地界	 ———	用中实线表示

1.2 景点、景物

序号	名 称	图 例	说 明
1.2.1	景点	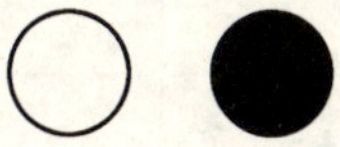 ○ ●	各级景点依圆的大小相区别 左图为现状景点 右图为规划景点
1.2.2	古建筑	 ⌂	1.2.2～1.2.29 所列图例宜供宏观规划时用，其不反映实际地形及形态。需区分现状与规划时，可用单线圆表示现状景点、景物，双线圆表示规划景点、景物
1.2.3	塔	 ▲	
1.2.4	宗教建筑（佛教、道教、基督教……）	 ☯	
1.2.5	牌坊、牌楼	 ⊞	

续表

序号	名　称	图　例	说　明
1.2.6	桥		
1.2.7	城墙		
1.2.8	墓、墓园		
1.2.9	文化遗址		
1.2.10	摩崖石刻		
1.2.11	古井		
1.2.12	山岳		
1.2.13	孤峰		
1.2.14	群峰		
1.2.15	岩洞		也可表示地下人工景点
1.2.16	峡谷		
1.2.17	奇石、礁石		
1.2.18	陡崖		
1.2.19	瀑布	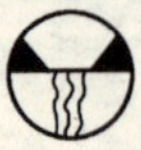	
1.2.20	泉		

2

续表

序号	名 称	图 例	说 明
1.2.21	温泉		
1.2.22	湖泊		
1.2.23	海滩		溪滩也可用此图例
1.2.24	古树名木		
1.2.25	森林		
1.2.26	公园		
1.2.27	动物园		
1.2.28	植物园		
1.2.29	烈士陵园		

1.3 服 务 设 施

序号	名 称	图 例	说 明
1.3.1	综合服务设施点	 □ ■	各级服务设施可依方形大小相区别。左图为现状设施，右图为规划设施
1.3.2	公共汽车站		1.3.2～1.3.23 所列图例宜供宏观规划时用，其不反映实际地形及形态。需区分现状与规划时，可用单线方框表示现状设施，双线方框表示规划设施
1.3.3	火车站		
1.3.4	飞机场		
1.3.5	码头、港口		

3

续表

序号	名　称	图　例	说　明
1.3.6	缆车站		
1.3.7	停车场	P P	室内停车场外框用虚线表示
1.3.8	加油站		
1.3.9	医疗设施点		
1.3.10	公共厕所	W.C.	
1.3.11	文化娱乐点		
1.3.12	旅游宾馆		
1.3.13	度假村、休养所		
1.3.14	疗养院		
1.3.15	银行	¥	包括储蓄所、信用社、证券公司等金融机构
1.3.16	邮电所（局）		
1.3.17	公用电话点		包括公用电话亭、所、局等
1.3.18	餐饮点		
1.3.19	风景区管理站（处、局）		
1.3.20	消防站、消防专用房间		

续表

序号	名　称	图　例	说　明
1.3.21	公安、保卫站	★	包括各级派出所、处、局等
1.3.22	气象站	⊥	
1.3.23	野营地	⋀	

1.4　运动游乐设施

序号	名　称	图　例	说　明
1.4.1	天然游泳场		
1.4.2	水上运动场		
1.4.3	游乐场		
1.4.4	运动场		
1.4.5	跑马场		
1.4.6	赛车场		
1.4.7	高尔夫球场		

1.5　工　程　设　施

序号	名　称	图　例	说　明
1.5.1	电视差转台	TV	
1.5.2	发电站		

续表

序号	名 称	图 例	说 明
1.5.3	变电所		
1.5.4	给水厂		
1.5.5	污水处理厂		
1.5.6	垃圾处理站		
1.5.7	公路、汽车游览路	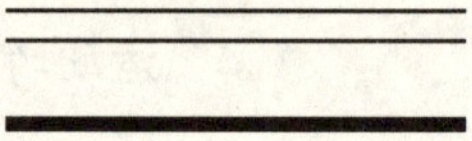	上图以双线表示,用中实线;下图以单线表示,用粗实线
1.5.8	小路、步行游览路	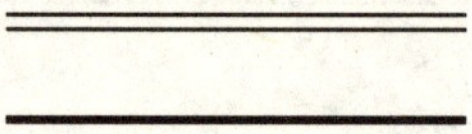	上图以双线表示,用细实线;下图以单线表示,用中实线
1.5.9	山地步游小路	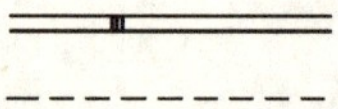	上图以双线加台阶表示,用细实线;下图以单线表示,用虚线
1.5.10	隧道	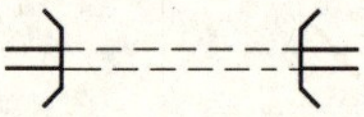	
1.5.11	架空索道线		
1.5.12	斜坡缆车线		
1.5.13	高架轻轨线	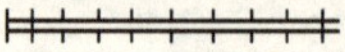	
1.5.14	水上游览线	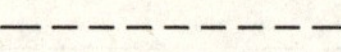	细虚线
1.5.15	架空电力电讯线	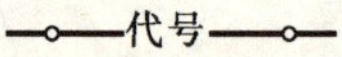 ——○——代号——○——	粗实线中插入管线代号,管线代号按现行国家有关标准的规定标注
1.5.16	管线	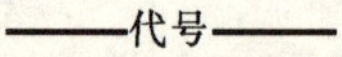 ——代号——	

1.6 用 地 类 型

序号	名 称	图 例	说 明
1.6.1	村镇建设地	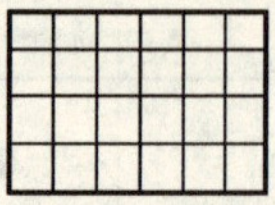	
1.6.2	风景游览地	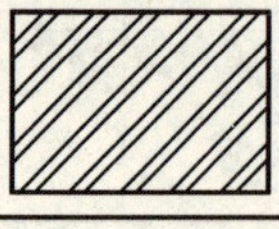	图中斜线与水平线成45°角

续表

序号	名　称	图　例	说　明
1.6.3	旅游度假地		
1.6.4	服务设施地		
1.6.5	市政设施地		
1.6.6	农业用地		
1.6.7	游憩、观赏绿地		
1.6.8	防护绿地		
1.6.9	文物保护地		包括地面和地下两大类，地下文物保护地外框用粗虚线表示
1.6.10	苗圃花圃用地		
1.6.11	特殊用地		
1.6.12	针叶林地		1.6.12～1.6.17表示林地的线形图例中也可插入 GB 7929—87 的相应符号。需区分天然林地、人工林地时，可用细线界框表示天然林地，粗线界框表示人工林地
1.6.13	阔叶林地		

续表

序号	名　称	图　例	说　明
1.6.14	针阔混交林地		
1.6.15	灌木林地		
1.6.16	竹林地		
1.6.17	经济林地		
1.6.18	草原、草甸		

2　园林绿地规划设计图例

2.1　建　　筑

序号	名　称	图　例	说　明
2.1.1	规划的建筑物		用粗实线表示
2.1.2	原有的建筑物		用细实线表示
2.1.3	规划扩建的预留地或建筑物		用中虚线表示
2.1.4	拆除的建筑物		用细实线表示
2.1.5	地下建筑物		用粗虚线表示
2.1.6	坡屋顶建筑		包括瓦顶、石片顶、饰面砖顶等
2.1.7	草顶建筑或简易建筑		
2.1.8	温室建筑		

2.2 水 体

序号	名称	图例	说明
2.2.1	自然形水体		
2.2.2	规则形水体	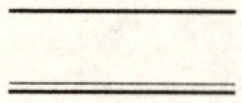	
2.2.3	跌水、瀑布	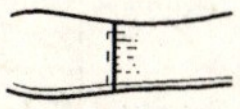	
2.2.4	旱涧	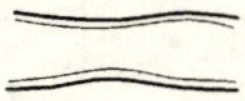	
2.2.5	溪涧	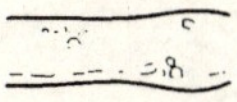	

2.3 工程设施

序号	名称	图例	说明
2.3.1	护坡	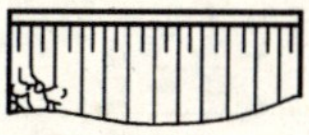	
2.3.2	挡土墙		突出的一侧表示被挡土的一方
2.3.3	排水明沟	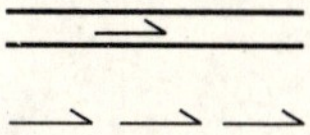	上图用于比例较大的图面；下图用于比例较小的图面
2.3.4	有盖的排水沟	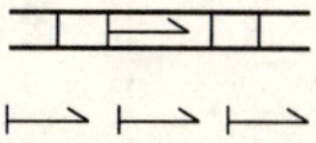	上图用于比例较大的图面；下图用于比例较小的图面
2.3.5	雨水井		
2.3.6	消火栓井		
2.3.7	喷灌点		

续表

序号	名称	图例	说明
2.3.8	道路	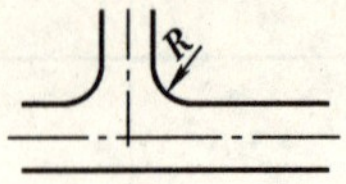	
2.3.9	铺装路面	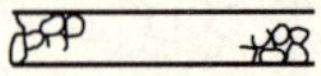	
2.3.10	台阶	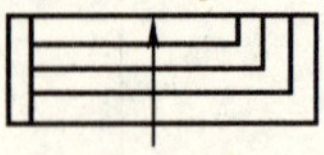	箭头指向表示向上
2.3.11	铺砌场地	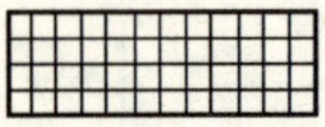	也可依据设计形态表示
2.3.12	车行桥	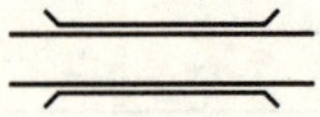	也可依据设计形态表示
2.3.13	人行桥	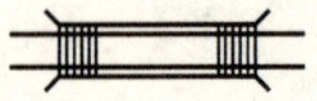	
2.3.14	亭桥	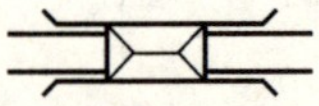	
2.3.15	铁索桥	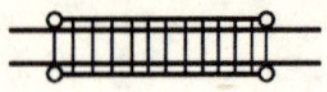	
2.3.16	汀步	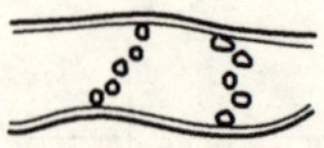	
2.3.17	涵洞	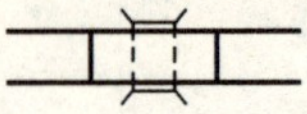	
2.3.18	水闸	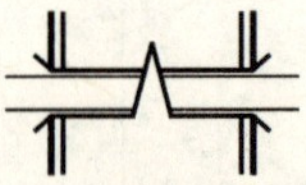	
2.3.19	码头	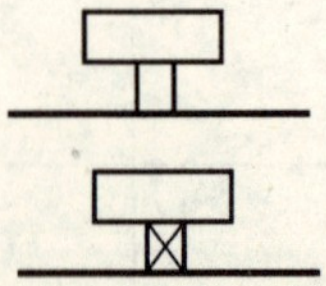	上图为固定码头；下图为浮动码头
2.3.20	驳岸	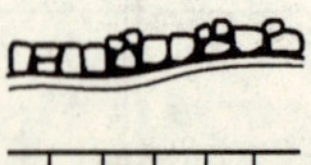	上图为假山石自然式驳岸；下图为整形砌筑规划式驳岸

第二章　园林绿化工程施工图工程量清单计价的编制

第一节　绿化工程

一、绿化工程造价概论

绿地整理

园林绿化所用的土地，都要通过征用、征购或内部调剂来解决，特别是大型综合性公园，往往占地面积很大，征地工作就是园林工程开始之前最重要的事情。不论采取何种方式获得土地，都要做好征地后的拆迁安置、退耕还绿和工程建设宣传工作。土地一经征用后，就应尽快设置围墙、篱栅或临时性的围护设施，把施工现场保护起来。

根据园林规划或园林种植设计的安排，已经确定的绿化用地范围，施工中最好不要临时挪作他用，特别是不要作为建筑施工的备料、配料场地使用，以免破坏土质。若作为临时性的堆放场地，也要求堆放物对土质无不利影响。在进行绿化施工之前，绿化用地上所有建筑垃圾和其他杂物，都要清除干净。若土质已遭碱化或其他污染，要清除恶土，置换肥沃客土，别无选择。

在施工现场范围内，为了能够保证开工后的施工用水、用电和车辆运输，以及保证各施工点有方便的施工场地，要求引入水源、电源、敷设水管、电线，并修筑材料运输便道，平整施工点的场地，做到"三通一平"。运输便道可按照规划的主园路路线，需要一段就修一段，只修筑路基和路面基层，不做路面面层铺装。

（一）工程内容

人工整理绿化用地工程包括整理绿化用地、挖拆垫层、基础、道路等。

1. 整理绿化用地

绿地是为改善城市生态、保护环境、供居民户外游憩、美化市容，以栽植树木花草为主要内容的土地，是城镇和居民点用地的重要部分。绿化包含三种含意：

（1）广义的绿地

指城市行政管辖区范围内由公共绿地、专用（单位附属）绿地、防护绿地、园林生产绿地、郊区风景名胜区、交通绿地等所构成的绿地系统。

（2）狭义的绿地

指小面积的绿化用地，如街头绿地、居住小区绿地等，有别于面积相对较大，具有较多游憩设施的公园。

（3）城市规划专门术语

指在用地平衡表中的绿化用地，是城市建设用地的一个大类，分公共绿地和生产防护绿地两种。

园林绿地类型：
园林绿地一般可分为公共绿地、专用绿地、防护绿地、道路绿地及其他绿地类型。

(1) 公共绿地

公共绿地也称公共游憩绿地、公园绿地，是向公众开放，有一定游憩设施的绿化用地，包括其范围内的水域。在城市建设用地分类中，公共绿地分公园和街头绿地两类。前者包括各级游憩公园和特种公园，后者指城市干道旁所建的小型公园或沿滨河、滨海道路所建的带状游憩绿地，或起装饰作用的绿化用地。公共绿地是城市绿地系统的主要组成部分，除供群众户外游憩外，还有改善城市气候卫生环境、防灾避难和美化市容等作用。

(2) 专用绿地

专用绿地是私人住宅和工厂、企业、机关、学校、医院等单位范围内庭园绿地的统称，由各单位负责建造、使用和管理。在城市规划中其面积包括在各单位用地之内。大多数城市还规定了专用绿地在各类用地中应占的面积比例。在许多城市的绿地总面积和绿地覆盖率中，专用绿地所占比例很大而且分布均匀，对改善整个城市的气候卫生条件作用显著，因此在城市绿化中的地位十分重要。

不同性质的单位对环境功能的要求在改善气候卫生条件、美化景观、户外活动等方面重点不同，因而专用绿地的内容、布局、形式、植物结构等方面也应各有特点。

(3) 防护绿地

防护绿地一般指专为防御、减轻自然灾害或工业交通等污染而营建的绿地，如防风林、固沙林、水土保持绿化、海岸防护林、卫生防护绿地等。

(4) 道路绿地

道路绿化一般泛指道路两侧的植物种植，但在城市规划专业范围中则专指公共道路红线范围内除铺装路面以外全部绿化及园林布置内容，包括行道树、路边绿地、交通安全岛和分车带的绿化。这些绿地带与给水、排水、供电、供热、供气、电信等城市基础设施的用地混合配置，树冠又常覆盖在路面上方，因此不单独划拨绿化用地，但其绿化覆盖面积在许多城市的绿地覆盖总面积中占举足轻重的比例。

道路绿化的主要目的在于改善路上行人、车辆的气候和卫生环境；减少对两侧环境的污染；提高效率和安全率；美化道路景观。

此外，园林绿地的其他类型一般包括国家公园、风景名胜区及保护区等。

人工整理绿化用地工程内容有简单清理现场、土厚在±30cm之内的挖、填、找平，按设计标高整理地面，渣土集中，装车外运。

(1) 勘察现场

适用于绿化工程施工前的对现场调查，对架高物、地下管网、各种障碍物以及水源、地质、交通等状况作全面的了解，并做好施工安排或施工组织设计。

(2) 清理绿化用地

1) 人工平整：是指地面凸凹的高差在±30cm以内的就地挖填找平，凡高差超过±30cm的每10cm，增加人工费35%，不足10cm的按10cm计算；

2) 机械平整：不论地面凸凹高差多少，一律执行机械平整。

地形整理：地形整理是为了适应造景和建筑物修建的需要，对地形条件较差的园林工程进行地形改造，也包括对地形条件较好的土地进行局部整理。地形整理主要是处理表土及废土、清除地面残枝、败叶、杂叶，围护该保留的树木，清除地表废弃土，回填至地表深沟。

场地清理：场地清理是园林绿化施工前的一项必须的工作。园林绿化施工现场面积一般很大，场地清理的任务就是要拆除所有弃用的建筑物或构筑物，清除所有无用的地表杂物。原有架空电线、埋地电缆、自来水管、污水管、煤气管的拆除，必须事先与有关部门取得联系，办理好拆除手续之后，才可进行。房屋只有在电源、水源、煤气等截断以后才得拆除。对现场中原有的树木，要尽量保留。特别是大树、古树和成片的乔木树林，更要妥善保护，最好在外围采取临时性的围护隔离措施，保护其在工程施工期间不受损害。对原有的灌木，则可视具体情况，或是保留，或是移走，甚或是为了施工方便而砍去，都可灵活确定。

人工整理绿化用地：人工整理绿化用地包括挖、运、填、压四方面内容。绿地整理前，必须在施工场地范围内做一些准备工作，进行现场的清理，以便于后继工作的正常开展。

(1) 现场准备

有一些土石方工地可能残留了少量待拆除的建筑物或地下构筑物，应及时拆除。拆除时，应根据其结构特点，并遵循现行的建筑工程有关安全技术规范的规定进行操作。

现场残留有一些影响施工并经有关部门审查同意砍伐的树木，要进行伐除工作。凡土方开挖深度大于 50cm，或填方高度较小的土方施工，其施工现场及排水沟中的树木，都必须连根拔除。清理树蔸除用人工挖掘外，直径在 50cm 以上的大树蔸还可用推土机铲除或用爆破法清除。

如果施工现场内的地面、地下或水下发现有管线通过，或有其他异常物体如地下文物、地下矿物或地下不明物时，应事先请有关部门协同查清。未查清前，不可动工，以免发生危险或造成严重损失。

(2) 人力挖方

采用人力挖方施工，具有机动、灵活、细致、适应多种复杂条件下施工的优点，但也有工效低、施工时间长、施工安全性稍低的缺点。所以，这种方式一般多用在中小规模的土石方工程中。

人力施工所用的工具主要是锹、镐、钢钎、铁锤等；在岩石地施工时可能还要准备爆破用火药、雷管。组织好足够的劳动力，同时要保障施工安全，这是人力施工最重要的工作之一。

在挖土施工工程中，要特别注意安全，随时检查和排除安全隐患。为此，保证每一个工人有足够的施工工作面积是很重要的。一般的要求是，平均每一个人的施工活动范围应保证在 $4\sim 6m^2$ 以上。同时还要注意，挖方工人不能在土壁下向里凹进着挖土，要避免土壁坍塌。在土坡顶上施工的人，要随时注意坡下的情况。坡下有人时一定不能将土块、石块或其他重物滚落坡下。在 1.5m 以上深度的土槽中挖土作业时，必须用木板、铁管架等对土壁进行支撑，以避免坍塌，确保施工人员的安全。

挖土施工中一般不垂直向下挖得很深，要有合理的边坡，并要根据土质的疏松或密实情况下确定边坡坡度的大小。必须垂直向下挖土的，则在松软土情况下挖深不超过 0.7m，中密度土质的挖深不超过 1.25m，硬土情况下不超过 2m 深。

对岩石地面进行挖方施工，一般要先行爆破，将地表一定厚度的岩石层炸裂为碎块，再进行挖方施工。爆破施工时，要先打好炮眼，装上炸药雷管，待清理施工现场及其周围地带，确认爆破区无人滞留之后，才点火爆破。爆破施工的最紧要处就是要确保人员安全。

(3) 人工转运土方

一般为短途的小搬运。搬运方式有用人力车拉、用手推车推或由人力肩挑背扛等。这种转运方式在有些园林局部或小型施工中常采用。在土方调配图中，一般都按照就近挖方填方的原则，采取土石方就地平衡的方式。土石方就地平衡可以极大地减小土方的搬运距离，从而能够节省人力，降低施工费用。挖、运应结合，边挖边运。

(4) 土方的填埋

填方施工的质量好坏，直接影响到今后对地面的使用。填方紧密，土层沉降均匀且沉降幅度较小，就有利于填方地面稳定地发挥其功能作用。因此，满足填方强度和填方区地面稳定的要求，应当是土方填埋工序的一条原则。为了达到强度和稳定要求。填方时必须根据填方地面的功能和用途，选择土质适用的土层和简便高效的施工方法。

1) 填埋顺序

土石方的填埋顺序对施工质量有影响。为了提高质量，施工中应按下述三方面的顺序要求进行填埋土石。

①先填石方，后填土方。土、石混合填方时，或施工现场有需要处理的建筑渣土而填方区比较深时，应先将石块、渣土或粗粒废土填在底层，并紧紧地筑实；然后再将壤土或细土在上层填实。

②先填底土，后填表土。在挖方中挖出的原地面表土，应暂时堆在一旁；而要将挖出的底土先填入到填方区底层。待底土填好后，才将肥沃表土回填到填方区作面层。

③先填近处，后填远处。近处的填方区应先填，待近处填好后再逐渐填向远处。但每填一处，还是要分层填实。

2) 填挖方式

填土所采取的方式也会影响施工质量，在这方面要注意以下两点：

①一般的土石方填埋，都应采取分层填筑方式，一层一层地填，不要图方便而采取沿着斜坡向外逐渐倾倒的方式。分层填筑时，在要求质量较高的填方中，每层的厚度应为30cm以下，而在一般的填方中，每层的厚度可为 30~60cm。填土过程中，最好能够填一层就筑实一层，层层压实。

②在自然斜坡上填土时，要注意防止新填土方沿着坡面滑落。为了增加新填土方与斜坡的咬合性，可先把斜坡挖成阶梯状，然后再填入土方。这样，只要在填方过程中做到了层层筑实，便可保证新填土方的稳定。

(5) 土方的压筑

填方工程进行之后，要伴随着进行土方的压实筑紧工序，即要分层填土，分层压实筑紧，填与压两道工序结合着展开。

土方压筑分为人工夯压和机械碾压两种方式。人工夯压是很古老的一种夯土方式，其所用工具有木夯、石碴、铁碴、滚筒、石碾等，是采用2人或4人为一小组，用人力打夯或拉动石碾、滚筒碾压土层。这种压筑方式比较适于在面积较小的填方区采用。机械碾压方式则是采用机械动力来碾压、夯实土地。

干燥土的土粒坚硬，抗压力强，因此不易被压实筑紧。土潮湿时，则土中水分多，土体积膨胀；用于填方后，因土逐渐干燥失水、体积收缩，填土的密实度也不高。因此，为了使土真正地被压实，保证土的密实度，填方土的含水量就应该保持在最佳数值上。

为了进一步提高夯压质量，在土方压实过程中还应注意以下几点：

1）土方的压实工作应先从边缘开始，逐渐向中间推进。这样碾压，可以避免边缘土被向外挤压而引起坍落现象。

2）填方时必须分层堆填、分层碾压夯实，不要一次性地填到设计土面高度后，才进行碾压打夯。如果是这样，就会造成填方地面上紧下松，沉降和塌陷严重的情况。

3）碾压打夯要注意均匀，要使填方区各处土的密度一致，避免以后出现不均匀沉降。

4）在夯实松土时，打夯动作应先轻后重。先轻打一遍，使土中细粉受振落下，填满下层土粒间的空隙，然后再加重打压，夯实土壤。

找平是通过搬运土方使高低不平的地表面变平。

地面点到大地水准面的铅垂距离称为该点的绝对高程，将高程用某一种形式表示出来称为标高。

2. 挖拆垫层

承受并传递建筑物上部荷载的基土构造层称为垫层。垫层按构成材料划分，有灰土垫层、三合土或合土垫层、砂垫层、砂石垫层、毛石垫层、碎砖垫层、砾（碎）石垫层和混凝土垫层等。挖拆垫层就是对垫层进行处理达到合理利用的要求。

3. 基础

基础是位于建筑物底层地面以下，承受上部建筑全部荷载的构件。按材料及受力特点不同，基础可分为刚性基础和柔性基础两大类。刚性基础包括砖基础、毛石基础、混凝土基础、灰土基础等；柔性基础主要是钢筋混凝土基础。

4. 道路

道路是指行人和车辆行驶用地的统称。位于城市郊区及城市以外的道路，称为公路；位于城市范围以内的道路，则称为城市道路。

(二) 统一规定

1. 在定额中整理绿化用地已综合了100m以内的土方运输。如实际运距超过100m时，每超过50m（不足50m按50m计算）其增加运费按定额子目执行。

土方运输包括余土外运和取土。余土外运系指单位工程总挖方量大于总填方量时，将多余土方运至堆土场；取土系指单位工程总填方量大于总挖方量时，将不足土方从堆土场取回运至填土地点。其运输方法人工运土方和单轮双轮车运土方。人工运土方是人工用铁锹、耙、锄等工具装土，用手推车送土。单轮双轮车运土方是指用手推车进行水平运输，也能在脚手架、施工栈道上使用，还可与塔吊、井架等配合使用，解决垂直运输的问题。

2. 采用机械施工的绿化用地的挖、填土方工程，其大型机械进出场费均按照"北京市建设工程机械台班费用定额"大型机械进出场费规定执行，列入其独立土石方工程概算。

在计取机械台班费用时，如在二次搬运中发生机械台班费，不单列机械费用，可在二次搬运费中计取。

在机械费用中，大型机械进出场费及施工机械安装、拆除费尽管属于机械费范围，但应列入直接费用的施工机械使用费项目中。

要了解工程概算，先要弄清楚工程预算。设计单位或施工单位根据拟建工程项目的施工图纸，结合施工组织设计（或施工方案），建筑安装工程预算定额、取费标准等有关基础资料计算出来的该项工程预算价格（预算造价），称为工程预算。建设预算泛指概算和预算两大类。概算与预算的区别见表2-1-1。

概算与预算的区别　　　　　　　　　　　　　　　表2-1-1

区别	概算	预算
编制依据	初步设计文件，概算定额或概算指标	施工图设计文件，预算定额
精确程度	概括性强，与实际偏差为5%～10%	较详细，精确度高，与实际偏差为3%～5%
所起作用	1. 是确定和控制项目投资额的依据 2. 是优选设计方案的依据 3. 是建设项目招标和总发包的依据	1. 是确定单位工程和单项工程造价的依据 2. 是招标、签订施工合同和竣工结算的依据 3. 是银行拨付工程价款的依据
编制单位	设计单位或造价咨询单位	设计单位、施工单位、造价咨询单位

3. 整理绿化用地，每个绿化工程均应计算一次。

狭义的绿化工程指树木、草坪及其他地被植物、花卉、水生植物、攀缘植物的种植以及与之相关的整地，改良土壤，敷设排灌设施，安装保护设施等。广义的绿化工程则与造园同义，包括绿地内道路、桥梁、园椅、园灯等设施的建造。

绿化工程因不同绿地或不同地段在防护、改善气候卫生状况、休憩活动和造景等方面的目的不同，以及在质量水平方面的要求不同而采取不同的布局形式、材料结构、工程标准和技术措施。工程效益的实现在于形式与内容统一的设计和符合设计要求的施工，同时还有赖于符合要求的长期养护管理。

4. 本定额的整理绿化用地，挖拆旧垫层、基础、道路路面的渣土外运，均已含在子目之内，不得另行计算。

建筑物的全部荷载都由它下面的地层来承担，受建筑物影响的那一部分地层称为地基；建筑物向地基传递荷载的下部结构就是基础。

道路路面是用坚硬材料铺设在路基上的一层或多层的道路结构部分。路面应当具有较好的耐压、耐磨和抗风化性能；要做得平整、通顺，能方便行人或行车；作为园林道路，还要特别具有美观、别致和行走舒适的特点。按照路面在荷载作用下工作特性的不同，可以把路面分为刚性路面和柔性路面两类。

刚性路面主要指现浇的水泥混凝土路面。这种路面在受力后发挥混凝土板的整体作用，具有较强的抗弯强度；其中，又以钢筋混凝土路面的强度最大。刚性路面坚固耐久，保养翻修少，但造价较高；一般在公园、风景区的主要园路和最重要的道路上采用。

柔性路面是用黏性、塑性材料和颗粒材料做成的路面，也包括使用土、沥青、草皮和其他结合材料进行表面处理的粒料、块料加固的路面。柔性路面在受力后抗弯强度很小，路面强度在很大程度上取决于路基的强度。这种路面的铺路材料种类较多，适应性较大，易于就地取材，造价相对较低。园林中人流量不大的游览道、散步小路、草坪路等，适宜采用柔性路面。

从横断面上看，园路路面是多层结构，其结构层次随道路级别、功能的不同而有一些区别。一般园路的路面部分，从下至上结构层次的分布顺序是：垫层、基层、结合层和面层。下面，对这几个层次的设计情况进行说明：

(1) 垫层

在路基排水不畅、易受潮受冻的情况下，就需要在路基之上设一垫层，以便于排水，防止冻胀，稳定路面。在选用粒径较大的材料做路面基层时，也应在基层与路基之间设垫层，做垫层的材料要求水稳定性好，一般可采用煤渣土、石灰土、砂砾等，铺设厚度8~15cm。当选用的材料兼具垫层和基层作用时，也可合二为一，不再单独设垫层。

(2) 基层

基层位于路基和垫层之上，承受由面层传来的荷载并将荷载分布至其下各结构层。基层是保证路面的力学强度和结构稳定性的主要层次，要选用水稳定性好，且有较大强度的材料，如碎石、砾石、工业废渣、石灰土等。园路的基层铺设厚度可在6~15cm之间。

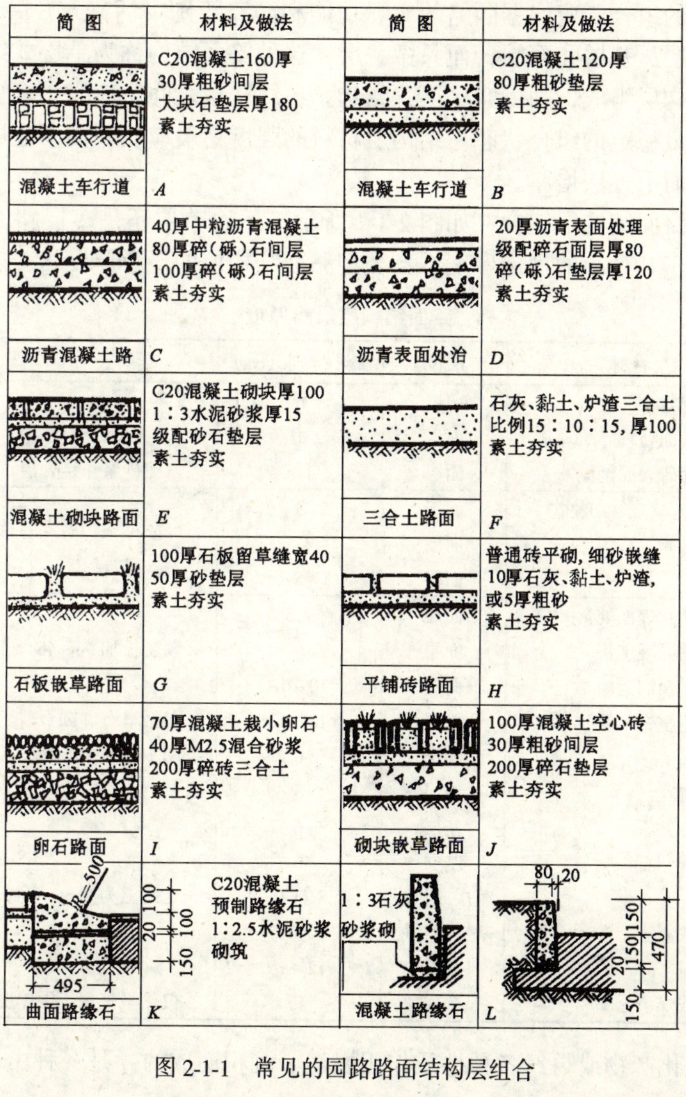

简图	材料及做法	简图	材料及做法
混凝土车行道 A	C20混凝土160厚 30厚粗砂间层 大块石垫层厚180 素土夯实	混凝土车行道 B	C20混凝土120厚 80厚粗砂垫层 素土夯实
沥青混凝土路 C	40厚中粒沥青混凝土 80厚碎(砾)石间层 100厚碎(砾)石间层 素土夯实	沥青表面处治 D	20厚沥青表面处理 级配碎石面层厚80 碎(砾)石垫层厚120 素土夯实
混凝土砌块路面 E	C20混凝土砌块厚100 1:3水泥砂浆厚15 级配砂石垫层 素土夯实	三合土路面 F	石灰、黏土、炉渣三合土 比例15:10:15，厚100 素土夯实
石板嵌草路面 G	100厚石板留草缝宽40 50厚砂垫层 素土夯实	平铺砖路面 H	普通砖平砌，细砂嵌缝 10厚石灰、黏土、炉渣， 或5厚粗砂 素土夯实
卵石路面 I	70厚混凝土栽小卵石 40厚M2.5混合砂浆 200厚碎砖三合土 素土夯实	砌块嵌草路面 J	100厚混凝土空心砖 30厚粗砂间层 200厚碎石垫层 素土夯实
曲面路缘石 K	C20混凝土 预制路缘石 1:2.5水泥砂浆 砌筑	混凝土路缘石 L	1:3石灰砂浆砌

图 2-1-1 常见的园路路面结构层组合

(3) 结合层

在采用块料铺砌作面层时,要结合路面找平,在基层和面层之间设置一个结合层,使面层和基层紧密结合起来。结合层材料一般选用 3~5cm 厚的粗砂、1:3 石灰砂浆或 M2.5 水泥石灰混合砂浆。

(4) 面层

位于路面结构最上层,包括其附属的磨耗层和保护层。面层要采用质地坚硬、耐磨性好、平整防滑、热稳定性好的材料。有的用水泥混凝土或沥青混凝土整体现浇的,有的用整形石块、预制砌块铺砌,也有的用粒状材料镶嵌拼花,还有的用砖石砌块材料与草皮相互嵌合成园路。总之,面层材料及其铺装厚度,要根据园路铺装设计来确定。有的园路,在面层表面还要做一个磨耗层、保护层或装饰层。磨耗层厚度一般为 1~3cm,所用材料有一定级配,如用 1:2.5 水泥砂浆(选粗砂)抹面,用沥青砂铺面等,保护层厚度一般小于 1cm,可用粗砂或选与磨耗层一样的材料。装饰层的厚度可为 1~2cm,选用的材料种类很多,如磨光花岗石、大理石、釉面墙地砖、水磨石、豆石嵌花等,也是按照具体设计确定。

路面结构层的组合,应根据园路的实际功能和园路级别灵活确定。一些简易的园路,路面可以不分垫层、基层和面层,而只做一层,这种路面结构称为单层式结构。如果路面由两个以上的结构层组成,则可叫多层式结构。各结构层之间,应当结合良好,增强其整体性,使其具有最稳定的组合状态。结构层材料的强度一般应从上而下逐层减小,但各层的厚度却应从上而下逐层增厚。

常见的园路路面结构层组合,如图 2-1-1 所示。不论单层还是多层路面结构,其各层的厚度最好都大于其最小的稳定厚度。各类型路面结构层的最小厚度可查表 2-1-2 确定。

路面结构层最小厚度　　　　表 2-1-2

序号	结构层材料	层位	最小厚度(cm)	备 注
1	水泥混凝土	面层	6	
2	水泥砂浆表面处理	面层	1	1:2 水泥砂浆用粗砂
3	石片、釉面砖表面铺贴	面层	1.5	水泥砂浆作结合层
4	沥青混凝土 细粒式	面层	3	双层式结构的上层为细粒式时其最小厚度为 2cm
4	沥青混凝土 中粒式	面层	3.5	
4	沥青混凝土 粗粒式	面层	5	
5	沥青(渣油)表面处治	面层	1.5	
6	石板、预制混凝土板	面层	6	预制板加 φ6~φ8 钢筋
7	整齐石块、预制砌块	面层	10~12	
8	半整齐、不整齐石块	面层	10~12	包括拳石、圆石
9	砖铺地	面层	6	用 1:2.5 水泥砂浆或 4:6 石灰砂浆作结合层
10	砖石镶嵌拼花	面层	5	
11	泥结碎(砾)石	基层	6	
12	级配砾(碎)石	基层	6	
13	石灰土	基层或垫层	8 与 15	老路上为 8cm,新路上为 15cm
14	二渣土、三渣土	基层或垫层	8 与 15	
15	手摆大块石	基层	12~15	
16	砂、砂砾或煤渣	垫层	15	仅作平整用不限厚度

土是岩石风化产物或再经各种地质作用搬运、沉积而成的,是一种由固态、液态和气

态物质组成的三相体系。土中掺有其他一些粒径比较大的矿物成分，这样的土就是渣土。

（三）工程量计算方法

1. 整理绿化用地，按设计图示要求，以平方米计算。
2. 挖拆旧垫层、基础、道路路面工程量按相应的子目以立方米或平方米计算。

栽 植 花 木

树木景观是园林和城市植物景观的主体部分，树木栽植工程则是园林绿化最基本、最重要的工程。在实施树木栽植之前，要先整理绿化现场。去除场地上的废弃杂物和建筑垃圾，换来肥沃的栽植壤土，并把土面整平耙细。然后，按照树木种植的程序和方法进行栽植施工。

大型苗木掘苗及场外运输工程包括大型苗木掘苗、根部土球包扎、大树吊运等。

大型苗木掘苗：

起掘大树时，先在树周开挖环形沟或正方形沟，如图2-1-2所示，挖沟处应在原断根切口以外，即要使掘起后的根部土球直径大于切根范围。挖沟的宽度应能容下工人进入沟中操作，一般在70cm以上。挖沟的同时，

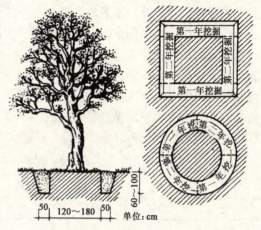

图2-1-2 大树挖掘法示意图

为了避免树木意外倒下，要用木杆从四周将树干支撑起来。当土沟挖到预定深度时，再把断根切口以外的外层土剥削掉，剪去断根、破根，使土球基本成形。然后，挖空土球底部泥土，切断树木底根。这时，就可以对土球进行包扎了。

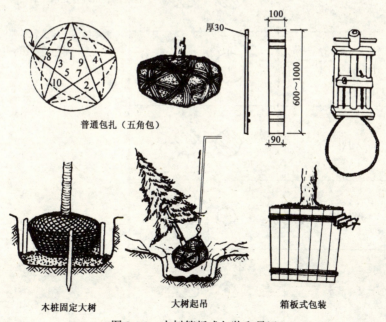

普通包扎（五角包）

木桩固定大树　　大树起吊　　箱板式包装

图2-1-3 大树箱板式包装和吊运

根部土球包扎：

直径 1m 以内的土球，可用草绳密集缠绕包扎。根据包扎方式的不同，土球的草绳包可分为橘子包、井字包、五角包等三种形式；不论扎成什么形式，都要扎紧包严，不让土球在搬运过程中松散。直径大于 1m 的土球，因泥土太重，用草绳包扎不能保证不松散，这就要采用箱板式包装方式。用箱板包装的土球应挖成倒置的梯形，上宽下窄。包装用的箱板要准备 4 块，每一块都是倒梯形，厚 3～5cm，表面用 3 根木条钉上加固。梯形箱板的尺寸应略小于土球上下的尺寸。包装时，将 4 块箱板分别贴在土球 4 个侧面，再用钢索与紧固螺杆从箱板外围紧紧地拴住，上下拴 2～3 道钢索。另外，还要用较粗的钢索拴牢在土球上，作为起吊钢索，供吊运大树使用（图 2-1-3）。

大树的吊运：

包扎好土球的大树应及时运到栽植现场。运输大树要使用车厢较长的汽车，树木上下汽车还要使用吊车。大树吊装前，应该用绳子将树冠轻轻缠扎收缩起来，以免运输过程中碰坏枝条。吊装大树应做到轻吊轻放，不损坏树冠。吊上车后应对整个树冠喷一次水，然后再慢慢地运输到植树现场。

（一）种植工程图例（表 2-1-3 至表 2-1-5）

植　物　　　　　　　　　　　　　　　表 2-1-3

序号	名称	图例	说明
1	落叶阔叶乔木	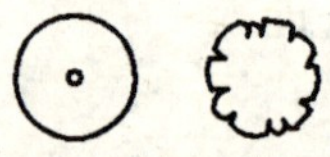 ⊙ ❁	落叶乔、灌木均不填斜线； 常绿乔、灌木加画 45°细斜线。 阔叶树的外围线用弧裂形或圆形线； 针叶树的外围线用锯齿形或斜刺形线。 乔木外形成圆形； 灌木外形成不规则形乔木图例中粗线小圆表示现有乔木，细线小十字表示设计乔木。 灌木图例中黑点表示种植位置。 凡大片树林可省略图例中的小圆、小十字及黑点
2	常绿阔叶乔木	 ⊘ ❁	
3	落叶针叶乔木	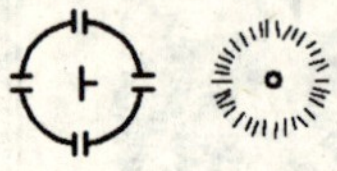 ✛ ❊	
4	常绿针叶乔木	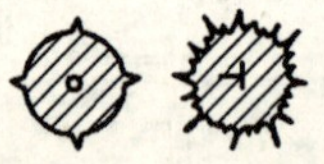 ⊕ ❊	
5	落叶灌木	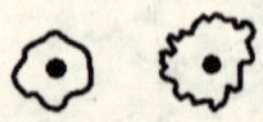 ⊙ ❁	
6	常绿灌木	 ⊘ ❊	

续表

序号	名称	图例	说明
7	阔叶乔木疏林		
8	针叶乔木疏林		常绿林或落叶林根据图画表现的需要加或不加45°细斜线
9	阔叶乔木密林		
10	针叶乔木密林		
11	落叶灌木疏林		
12	落叶花灌木疏林		
13	常绿灌木密林		
14	常绿花灌木密林		
15	自然形绿篱		
16	整形绿篱		

续表

序号	名称	图例	说明
17	镶边植物		
18	一、二年生草本花卉		
19	多年生及宿根草本花卉		
20	一般草皮		
21	缀花草皮		
22	整形树木		
23	竹丛		
24	棕榈植物		
25	仙人掌植物		
26	藤本植物		
27	水生植物		

枝 干 形 态　　　　　表 2-1-4

序号	名称	图例	说明
1	主轴干侧分枝形		
2	主轴干无分枝形		
3	无主轴干多枝形		
4	无主轴干垂枝形		
5	无主轴干丛生形	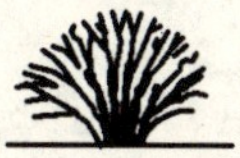	
6	无主轴干匍匐形		

树 冠 形 态　　　　　表 2-1-5

序号	名称	图例	说明
1	圆锥形		树冠轮廓线，凡针叶树用锯齿形；凡阔叶树用弧裂形表示
2	椭圆形	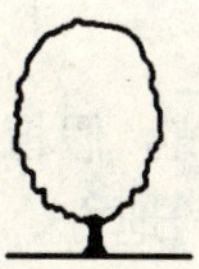	

23

续表

序 号	名 称	图 例	说 明
3	圆球形		
4	垂枝形		
5	伞形		
6	匍匐形		

(二) 工程内容

栽植工程包括露根乔木、露根灌木、土球苗木、土箱苗木、绿篱、色带、丛生竹、攀缘植物、草坪、地被植物、花卉栽植、原土还原、过筛、换土和水车浇水等。

1. 普坚土栽植工程

普坚土栽植工程内容有：挖坑、假植、还土、运苗、苗木搬运、立支柱、浇水、清理、简单修剪、工程期间树木维护。

过筛、弃土外运。

(1) 栽植露根乔木

1) 挖坑

根据栽树的位置，规定栽树的距离，打点挖坑。坑的大小应根据树苗的大小和地区土质的不同来决定。如种植胸径 5～6cm 的乔木可以挖深约 40cm、直径 80cm 的树穴。大树可再挖深些、宽些。挖时应将挖出的泥土放在树穴的旁边，树穴的大小，上下要一样，使根盘舒展穴内，切忌锅底式。

树穴挖好后，最好施上腐熟基肥，一般放腐熟的树叶、垃圾、人粪尿，或经过风化的河泥、阴沟泥等作基肥。每坑施入 10～12kg，这对于树木栽培后前几年的生长能起促进作用。坑底施入基肥后，再填入 20cm 左右的泥土，穴中央略成小丘状突出。

2) 假植

树苗如不能及时种植，就必须进行假植。假植地点要选择靠近种植地点、排水良好、温度适宜、无强风、无霜害以及取水便利的地方。其方法是：开一条横沟，它的深度和宽度可以根据苗木的长短来决定，一般深度大约是苗长的 1/3 左右，挖出的泥土可以放在沟边，再将苗木逐株单行挨紧斜排在沟边，树梢向南倾斜。再将挖出的泥土还原覆盖，并加以捣实。如果苗木较大，在覆土一半时，要夯实浇水，并经常注意检查。长期下雨，要及时排水。

3）弃土外运

将园林工程中的废土、杂土、盐碱土或贫瘠土等不利于园林植物生长或刺激园林植物盲长盲生的表土清理出现场的工作叫做弃土外运。弃土外运工作应当及时进行，而且要注意弃土清理彻底。

4）大树移植

在园林绿化中，有时需要移植较大的树木来进行绿化。为了提高移植的成活率，在移植前需要修剪树冠，如樟树。在出圃前二星期左右，应先修去枝叶约1/3，到移植时再修去1/2；修剪要做到既保证树木的成活，又不改变原有的体形姿态；大树进行修剪整理后，为了便于运输，在挖前，要将树身包扎好。分枝较矮、树冠散开的树木，先要使枝条向上方，再用草绳轻轻围拢；从基部开始分枝的树木，要使草绳一端扎缚于干基部，然后用另一端自下而上顺序将枝叶轻轻围拢。树冠扎好后，树干离地面1m以下的部分要包5~10cm厚的稻草，用草绳扎紧。

5）浇水

4月份天气已渐转暖，树苗开始发芽生长，树木生活中不可缺水，特别是5、6月份以后气温逐渐升高，树木生长力旺盛，更需要水，因此必须经常浇水，但浇水不宜过多。尤其新栽的树木更要注意，一般只要有水分渗透土中，土面潮湿而不积水便可，浇水以河水为最好，溪水、池水、井水也可以。但在城市中要注意忌用工厂排出的废水，因为工厂废水含有化学成分，对树木有害。南方夏季在暴雨台风时应及时注意开沟排水。

6）施肥

为使种植的树木生长良好，必须进行施肥。施肥要选择天气晴朗、土壤干燥时进行。施肥的肥料要充分腐熟，并用水稀释后方可施用。新栽树木施用人粪尿，每桶水加2勺熟粪尿拌匀，原有树木可稍浓一些，每桶40%左右熟粪尿加60%水拌匀。施肥可用沟（离根径3倍的周围，开约25cm深的球状沟）施的方法，将肥料施入后，再覆土。施肥要在松土以后进行，使肥料容易渗透土中被树根部吸收。如使河泥作肥料，可以将河泥平施树木周围。让它自然渗入地下。

7）松土、除草

树木经过多次浇水和降雨以后，四周泥土容易紧实，要锄松表土。树根附近如有杂草，特别是藤蔓，会严重影响树木成长，要及时除掉。一般20天左右结合松土除草一次。

除草结合松土时，不能过浅或过深，因为太浅就不能起到应有的作用，过深又会伤及树根。所以松土、除草的深度一般以6~7cm较为适宜。

8）加土、扶正

新栽的树木下过雨后必须进行一次全面检查，树干已摇动的，应松土夯实，根塘泥土过低的，应及时复土填平，防止雨后积水引起烂根。发现倒斜应及时扶正，必要时可加支柱支撑。

9）剥芽、修剪

树木在自然生长过程中，树干、树枝上会萌发许多嫩枝、嫩芽，使树木生长不能挺直，或树冠生长不能匀称。为使树木迅速生长高大，早日覆盖遮荫，可用手或工具随时摘除多余的嫩芽。

修剪主要是修去不当的枝条，促使树木生长旺盛。尤其树木生长期间触及架空电线等设施的枝叶，更要随时剪除。

对生长过密的侧枝应适当修剪疏枝，并剪除枯死枝、烂枝和病虫枝等。一般情况下不要强烈修剪。其他如绿篱，为了保持它的整齐、美观和一定的形态，可在梅雨前进行修剪。

修剪还要按照各地的具体情况来决定。如南京中山陵陵墓大道和市区内的行道树修剪就是这样。市区内的修剪多保留侧枝而修去向上长的主枝，但中山门外的行道树（悬铃木）就留向上长主枝，蔚然壮观，其主要原因就看是否与架空线妨碍不妨碍。因此，对城市行道树的主干应长到3m以上再分杈，分杈要选定3～5个主枝，培养为今后的骨架枝。骨架枝的分枝方向应避免今后与架立线相碰，产生矛盾。已经有育的大型行道树，如果上部没有架空线的，在冬季可以逐年有目的地抽稀、修除过密的枝条和分布不合理、不均衡的枝条；如果上部有架空线的，可根据树冠的具体情况采取短截或抽枝的方法修剪。

居住区、街道绿地、公园的一般树木，以及乡村道路两旁的行道树，在不妨碍交通和其他公用设施的原则下，可以任其自然生长，但分枝过密，亦可适当修剪。

修剪树木的工具必须锋利，使剪口平滑，剪口切面与树干平行。大的树干锯去后，最好在剪口上涂抹防腐涂剂，如接蜡等。

调整补缺是指树木栽植后，有些树木会死亡，造成缺株的现象。因此每年冬春在缺株的地方要进行补栽。补栽的树木可以从生长过密的地方抽稀调整，挖掘到需要补栽的地方去；也可由苗圃配备与原来规格大小相仿的树木。

此外，在树木生长过程中，还要加强病虫害的防治工作，一旦发现就要立即消灭，以保证树木健康生长。

树木栽植方法包括沟植法、穴植法和缝植法。

1) 沟植法

沟植法是按移植的行距开沟，将苗木按株距排列沟中，填土踩实。开沟深度应大于苗根深度，以免根部弯曲。此法一般用于移植小苗，适用于根系发达的苗木移植。

2) 穴植法

穴植法是人工挖穴栽植，成活率高，生长恢复快，但工作效率低，适用于大苗移植或较难成活苗木的移植。移植时按预定的行株距挖穴，植穴直径和深度应略大于苗木的根系。栽时一人扶正树苗，一人填土，并将填入之土踩实或用木棒夯实。露根苗木的根在植穴内要舒展；带土球苗栽时要将包扎物拆除或剪开，使根系接触土壤。覆土后踩实时，不可将土球踩碎，应踩在土球与树穴隙处。覆土深度以比原有土印略深，以免灌水后土壤下沉而露出根系，影响成活。

3) 缝植法

缝植法适用于小苗和主根长而侧根不发达的苗木，移植时用铁锹开缝，随即把苗木放在适当位置，使苗根舒展，然后压实土壤。用此法移植时，注意不要使苗根变形。

4) 露根苗木的假植

苗木运到施工现场如不能及时栽完，露根苗木1～2h以上不能栽植者应先用湿土将苗木埋严，称"假植"。裸根苗短期假植，可在栽植处附近选择合适地点，先挖一浅横沟约2~3m长，然后立排一行苗木，紧靠苗木根再挖一同样的横沟。并用挖出来的土将第一行树根埋严。挖完后再码一行苗，如此循环直至将全部苗木假植完。裸根苗较长时间假植，可事先在不影响施工的地方挖好30~40cm深，1.5~3m宽，长度视需要而定的假植沟，将苗木分类排码，码一层苗木，根部埋一层土，全部假植完毕以后，还应仔细检查，一定要将根部埋严，不得裸露。若土质干燥还应适量灌水，保证树根潮湿。

①定植：所谓"定植"，系指按设计将苗木栽植到位不再移动者而言，其操作程序分散苗和栽苗。

②散苗：将苗木按设计图纸或定点木桩散放在定植坑穴旁边，称"散苗"。

③露根乔木苗的栽植。

散苗后将苗木放入坑内扶直，提苗到适宜深度，分层埋土压实、固定的过程称"栽苗"。栽露根乔木苗最好每三人为一个作业小组，一人负责扶树、找直和掌握深浅度，二人负责埋土。栽种时，将苗木根系妥善地安放在坑内新埋的底土层上，直立扶正。待填土到一定程度时将苗木轻轻提拉到深度合适为止，并保持树身直立不得歪斜，树根呈舒展状态，然后将回填土踩实或夯实，最后用余土在树坑外缘培起灌水堰。

5）栽植露根乔木

树木的栽植位置要符合计算要求。栽植之后，树木的高矮、干径的大小，都应合理搭配。栽植的树木本身，要保持上下垂直，不得倾斜。栽植行列树、行道树，必须横平竖直，树干在一条线上相差不得超过半个树干，相邻树木的高矮不得超过50cm。栽植绿篱，株行距要均匀，斗满的一面要向外，树冠的高矮和冠丛的大小，要搭配均匀合理。栽植深浅要合适，一般树木应与原土痕印相平，速生杨、柳树可较原土痕印深栽3~5cm。栽植带土球的苗木，应将包装物尽量取出。

栽植露根树木，将露根树木放入坑内，使其根系舒展，不得窝根；树要立直，使它好的一面朝主要方向；对准栽植位置之后，用锹先填入刨坑挖出的表土或换上好土，填到坑的1/2处，要将树干轻提几下，使坑内土与根系密接。随后再填刨坑时挖出的底土或稍次的土，并应随填土随用脚踏实，但不要踩坏树根。

（2）栽植带土球树木

栽植前，要提包土球的草绳，将树苗放入坑内摆好位置，在放稳固定和使它深浅合适之后，剪断草绳和蒲包（栽植用作绿篱的树木，如土球完整、土质坚硬不易散坨的，可在坑外将包打开，提干、捧坨入坑），尽量将包装物取出，然后将挖坑时取出的表土、底土分层回填踏实。踏实坑土时，应尽量踏土坨外环，不要将土坨踩散。对栽好的较大常绿树和高大乔木，应在树干周围埋三个支柱（用杉槁或粗竹竿），以防倒伏。应将支柱基部深埋30cm以上，立支柱应在下风口，支柱要牢固，支柱与树干相接部分应垫上蒲包片，以免磨伤树枝树皮。

栽植土球苗木定额主要介绍了苗木、苗木的种类，并对插条育苗、埋条育苗、插根育苗、根蘖育苗、压条育苗和嫁接育苗作了深入详细的解释，又进一步阐述了球形树苗的整形修剪、带土球苗木的挖掘、冻土球掘苗、带土球苗木的打包、带土球包装、散土球的苗及栽植带土球树木、带土球大树移植等内容。

（3）栽植露根灌木

将露根灌木苗放入坑内，使其舒展根系，不得窝根；树要立直，使它好的一面朝主要方向；对准栽植位置之后，用锹先填入刨坑挖出的表土或换上好土，填到坑的 1/2 处，要将树干轻提几下，使坑内土与根系密接，随后再填刨坑时挖出的底土或稍次的土，并应随填土随用脚踏实，但不要踩坏树根。

栽植露根灌木定额包括灌木的修剪造型，露根乔灌木掘苗、灌木的修剪、露根灌木的修剪及苗木的整形和修剪等内容。

(4) 栽植单行绿篱

绿篱栽植时，先按设计的位置放线，绿篱中心线距道路的距离应等于绿篱养成后宽度的一半。绿篱栽植一般用沟植法。即按行距的宽度开沟，沟深应比苗根深 30～40cm，以便换施肥土，栽植后即日灌足水，次日扶正踩实，并保留一定高度将上部剪去。

(5) 栽植双行绿篱

栽植绿篱时，栽植位点有矩形和三角形两种排列方式，株行距视苗木树冠而定；一般株距在 20～40cm 之间，最小可为 15cm，最大可达 60cm（如珊瑚树绿篱）。行距可和株距相等，也可略小于株距。一般的绿篱多采用双行三角形栽种方式，但最窄的绿篱则要采取单行栽种方式，最宽的绿篱也有栽成 5～6 行的。苗木一棵棵栽好后，要在根部均匀地覆盖细土，并用锄把插实；之后，还应全面检查一遍，发现有歪斜的应及时扶正。绿篱的种植沟两侧，要用余下的土做成直线形围堰，以便于拦水。土堰做好后，浇灌定根水，要一次浇透。

绿篱用苗要求下部枝条密集，为达到这一目的，应在苗木出圃的前一年春季剪梢，促使其下部多发枝条。用作绿篱的常绿树，如桧柏、侧柏的土球直径，可比一般常绿树的小一些（土球直径可按树高的 1/3 来确定），栽植绿篱，株行距要均匀，丰满的一面要向外，树冠的高矮和冠丛的大小，要搭配均匀合理。栽植深浅要合适，一般树木应与原土痕印相平，速生杨、柳树可较原土痕印深栽 3～5cm。

(6) 栽植色带

栽植色带时，一般选用 3～5 年生的大苗造林，只有在人迹较少，且又容许造林周期拖长的地方，造林才可选用 1～2 年生小苗或营养杯幼苗。栽植时，按白灰点标记的种植点挖穴、栽苗、填土、插实、做围堰、灌水。栽植完毕后，最好在色带的一侧设立临时性的护栏，阻止行人横穿色带，保护新栽的树苗。

(7) 栽植丛生竹

丛生竹的栽植也有独特的维护方法。丛生竹是三株或三株以上的竹子丛生在一起而形成的束状结构。在栽植时可将几株苗木植入同一个坑中。各株之间要有适当间隙，根系应舒展开来，不能折叠、弯曲。

2. 砂砾坚土栽植工程

砂砾坚土栽植工程包括露根乔木的栽植、土球苗木的栽植、露根灌木的栽植、单行绿篱的栽植、双行绿篱的栽植、色带的栽植、丛生竹的栽植。各类苗木园所栽植的土质不同，且与普坚土有区别。有的土质不满足植株生长条件要进行换土，也可以把原土经过筛土，筛去较大砂砾，使土质达到栽植条件。

砂砾坚土栽植工程内容包括：

(1) 挖坑、假植、还土、栽植、苗木搬运、立支柱、浇水、简单修剪及施工期的维护工程；

(2) 过筛、换土、弃土。

弃土指当挖坑所刨出的土壤不满足苗木栽植条件或通过筛选仍不能达到栽植要求时，就将这些土壤弃掉，不予利用。

3．攀缘植物、草坪、地被、花卉栽植工程

利用棚架、墙面、屋顶和阳台进行绿化，就是垂直绿化。垂直绿化的植物材料多数是藤本植物和攀援类灌木。

(1) 棚架植物栽植

在植物材料选择、具体栽种等方面，棚架植物的栽植应当按下述方法处理。

1) 植物材料处理：用于棚架栽种的植物材料，若是藤本植物，如紫藤、常绿油麻藤等，最好选一根独藤长 5m 以上的；如果是如木香、蔷薇之类的攀援类灌木，因其多为丛生状，要下决心剪掉多数的丛生枝条，只留 1~2 根最长的茎干，以集中养分供应，使今后能够较快地生长，较快地使枝叶盖满棚架。

2) 种植槽、穴准备：在花架边栽植藤本植物或攀援灌木，种植穴应当确定在花架柱子的外侧。穴深 40~60cm，直径 40~80cm，穴底应垫一层基肥并覆盖一层壤土，然后才栽种植物。不挖种植穴，而在花架边沿用砖砌槽填土，作为植物的种植槽，也是花架植物栽植的一种常见方式。种植槽净宽度在 35~100cm 之间，深度不限，但槽顶与槽外地坪之间的高度应控制在 30~70cm 为好。种植槽内所填的土壤，一定要是肥沃的栽培土。

3) 栽植：花架植物的具体栽种方法与一般树木基本相同。但是，在根部栽种施工完成之后，还要用竹竿搭在花架柱子旁，把植物的藤蔓牵引到花架顶上。若花架顶上的檩条比较稀疏，还应在檩条之间均匀地放一些竹竿，增加承托面积，以方便植物枝条生长和铺展开来。特别是对缠绕性的藤本植物如紫藤、金银花、常绿油麻藤等更需如此，不然以后新生的藤条相互缠绕一起，难以展开。

(2) 铺种草坪

1) 栽草根：栽草根法也称草茎撒播法，是一种常用的铺种草坪的方式。在并不太热的生长季节中，将草皮铲起，抖掉泥土，把匍匐嫩枝及草茎切成 3~5cm 长短的节段，然后均匀地撒播在整平耙细的草坪土面上，再覆盖一层薄土，稍稍压实。以后，经常喷水，保持土壤湿润，连续管护 30~45d，撒播的草茎就会发出新芽。

2) 铺草块：铺草块法又称草皮移植法。在育草苗圃地上铲起草皮，切成 10cm^2 大的方形草块或 5cm×15cm 大小的长方形草块，作为草坪的种源。然后按照 20cm×30cm 或 30cm×30cm 的株行距，将种源草块移植、铺种到充分耙细的草坪土面上。草皮铺种好之后，立即滚碾压实，浇水至透底，并保持经常性的湿润。另外，有时进行突击绿化，要在最短的周期内培植出合格的草坪，还可以采用草皮直接铺设方法。这种方法是：选长势优良的草皮，按 30cm×30cm 的方格状向下垂直切缝，切深约 3cm；然后再铲起一块块方形草皮，铺种到草坪上面；草皮与草皮之间留缝宽 1cm 左右。接着，进行滚压，将草皮压实，紧贴上面，再浇灌透水。第一次浇水后 2~3d，又进行第二次滚压，将草坪顶面再次压实压平整。

3) 播草籽：用播种法培植草坪，播种之前，最好将草坪上土地全面浸灌一遍，让杂草种子发芽，长出幼苗，除掉杂草苗以后再播种草坪草种。这样能够减少今后清除杂草的工作量。草坪播种的时间一般在秋季和春季，但在夏季不是最热的时候和冬季不是最冷的时候也可酌情播种，只要播种时的温度与草坪需要的温度基本一致就可以。

对一般的草坪种子都应进行发芽试验，试验中发现的发芽困难种子，可用0.5%的NaOH溶液浸泡处理，24h后用清水洗净晾干再播。播种时种子用量对草坪幼苗生长关系很密切。

草坪播种有机械播种和人工撒播两种。大面积的草坪采用机械播种，小面积的草坪播种则采用人工撒播。为使播种均匀，可在种子中掺沙拌匀后再播；也可先把草坪划分成宽度一致的条幅，称出每一幅的用种量，然后一幅一幅地均匀撒播；每一幅的种子都适当留一点下来，以补足太稀少处。草坪边缘和路边地带，种子要播得密一些。草坪全部播种完毕，要在地面撒铺一层薄薄的细土约1cm厚，以盖住种子。然后，用细孔喷壶或细孔喷水管洒水，水要浇透。以后，还要经常喷水保湿，不使土壤干旱。草苗长高到5~6cm时，如果不是处于干旱状态，则可停止浇水。

4) 植生带：用植生带铺种法铺种草坪，也是一种较常见的草坪铺种方式。植生带是采用具有一定韧性的无纺布，在其上均匀撒播种子和肥料而培育出来的地毯式草坪种植带，这一生产过程是在工厂里进行的。在草坪的翻土、整地、施肥和给排水设施布置都完成以后，将植生带相互挨着铺在草坪土面上，要注意压平压实，使植生带底面与土面紧密结合。为防止植生带边角翘起，可用细钢丝做成扣钉，将边角处钉在土面。植生带铺好后要浇水养护，每天早晚各浇一次，雨季可以不浇水。植生带铺种时间最好在春秋二季。

另外，草棵分栽法也是常用来培植草坪的一种方法。这种方法配植草坪的最佳季节是在早春草坪植物返青之时。先将草皮铲起来，撕开匍匐茎及营养枝，分成一棵棵的小植株，然后在草坪土地上按30cm的距离挖浅沟（宽10~15cm，深4~6cm）。再将草棵按20cm的株距整齐地栽入浅沟。栽好后将浅沟的土壤填满、压实，浇灌一次透水。以后，经常浇水保湿，3个月左右，新草就会盖满草坪土面。用这种方法培植草坪，$1m^2$的草种草皮一般可以分栽$7~25m^2$。

5) 栽植地被植物：株形低矮，枝叶茂盛能严密覆盖地面，可保持水土，防止扬尘，改善气候并具有一定观赏价值的植物种类包括草本、木本和攀援植物都可作为地被植物。与草坪相比地被植物一般不宜践踏，也无需多次修剪。各地可充分发挥利用本地植物资源，发展地被植物种类。

地被植物主要分两大类，一是木本地被植物，具有木质的茎干。二是草本地被植物，植物茎不木质化，如二月兰、点地梅、红黄原、野牛草、垂盆草、委陵菜、蛇莓、紫菀、石竹、早小菊、鸢尾、葡萄水仙等。

木本地被植物又分为两类：

①灌木型地被植物，如铺地柏、小叶黄杨、紫穗槐等；

②攀援型地被植物，如地锦、蔓性蔷薇等。

(3) 栽植花卉

一、二年生花卉是指个体发育在一年内完成或跨年度才能完成的一类草本观赏植物。

春播秋花类（又称一年生花卉）是指花卉植物的寿命在一年之内结束，即生活周期是不跨年度的。通常在春天播种，当年夏秋季节开花、结果，如凤仙花、鸡冠花、孔雀草等。典型的一年生花卉多数原产于温带，特点是要求凉爽，能耐一定的低温，忌炎热，遇高温死亡。

宿根花卉指开花、结果后，冬季整个植株或仅地下部分能安全越冬的一类草本观赏植物。它又包括：

1）落叶宿根花卉，指春季萌芽，生长发育开花后，遇霜，地上部分枯死，而根不死，以宿根越冬，待明春继续萌发生长开花的一类草本观赏植物。如秋季开花的菊花，春末夏初开的芍药。它们主要原产于温带地区的寒冷处，特点是抗寒性较好。

2）常绿宿根花卉，指春季萌发，生长发育至冬季，地上部分不枯死，以休眠状态越冬，至翌年春继续生长发育的一类草本观赏植物。宿根花卉的常绿性及落叶性随着环境条件因子发生变化，则二者会互为转化。如麦冬类在上海地区栽培时表现为常绿性，而在北京地区栽培时则表现为落叶性，这是植物种类对环境适应性的一种表现。

木本花卉是专指具有木质化干枝的多年生观赏花卉。在我们栽培的花卉中，也有温带或寒带栽培的草木花卉，一旦是亚热带或热带地区栽培就成为木本花卉。根据木本花卉的观察特征，一般又可分为观花、观果、观茎枝、观叶和芳香植物。就其体量看，包括小乔木、灌木、低矮的地被植物和盆栽植物。

4. 浇水车浇水

浇水车浇水工程内容有接车、安装拆胶管、堵水等。

（1）接车

当浇水车到达预定的地段后，将与浇水车相配套的水管与浇水车水箱出水口相连接的过程称为接车，即通过水管将浇水车水箱中的水浇到需要浇水的位置。在连接水管时，应注意水管与浇水车水箱出水口间的紧密连接，防止漏水。

（2）安装拆胶管

浇水车浇水前因要浇水而安装胶管，以配合水管浇水，浇水车浇水后因施工完毕不再需要而将胶管拆除。胶管可作为水管使用，也可配合其他类型的水管使用。

（3）堵水

在浇水车浇水的过程中，因浇水过急，水不能迅速下渗造成局部凹地积水的现象。堵水现象可通过疏松土壤和减小单位时间的喷水量使其得到缓解，此外还可通过土壤改良来解决堵水现象，如将黏性土改良成其他类型的土壤。

5. 大型苗木掘苗及场外运输工程包括掘苗、场外运苗等。

掘苗指将树苗从某地连根（裸根或带土球）起出的操作；

运苗指把掘出的植株进行合理的包装并运到种植地点。

（1）露根挖苗

露根挖苗就是使根裸露不带土球挖苗。露根移植的工序包括掘苗、分级（按苗木大小、高矮分成三级）、剪根、修枝、点数、运输、假植与栽苗。露根移植苗木的关键是保持根系完好和移植及时。掘苗时，依苗木的大小，按一定的保留苗木根系规格（一般二三年生苗木保留根系直径为 30~40cm），在此范围下锹，锹稍向内斜切根下，沿保留根系规格要求，切断周围一圈根系多余部分，提起苗木。挖苗工具要锋利，切口齐整平滑，不要劈裂和撕裂主根。栽时可剪去过长的枝条和过长的根，将幼苗枝干短截（留 2/3），但对有主轴的树种（如银杏）则需保护主干和顶芽。移植常绿树或落叶乔木可每穴栽一株，栽花灌木或藤本苗木时，可每穴栽 2~3 株。

(2) 带土球挖苗

带土球挖苗指对于用露根移植方法成活率不高的树种，可带土球移植，如第二次移植的常绿树苗（如桧柏、侧柏、锦熟黄杨等）和直根系的树种（如板栗、槲树、长山核桃、七叶树等，以及玉兰、竹类等）。如土球在30cm以下的，可用塑料薄膜包装，用手扶拖拉机或手推车运到移植穴内，撤除包装物即可，如果是土球较大的苗木，用蒲包、草绳将苗木根部稀疏捆扎即可，栽植时可剪断草绳、撤除蒲包，也可将蒲包剪碎扯开，使苗根能够吸收土壤中的水分和养分。常绿树种及规格较大的苗木或移植不易成活的树种，在移植时必须带好土球，才能保证移植成活。如苗木要求质量高，或在长途运输、土质疏松等情况下，土球挖出后还要进行包扎。可用草绳自根部（根颈）开始向下通过土球底部绕扎6~8圈，或装入蒲包内，以免土球散开，也可用塑料布临时包扎，种植时解除。

(3) 带宿土挖苗

落叶针叶树及部分移植成活率不高的落叶阔叶树种需进行带宿土挖苗。挖苗方法同裸根挖苗基本相同，区别是苗木挖出后少抖掉些泥土，保留根部护心土及根毛集中区的土块，以提高移植成活率。两种挖苗方法均可用机械代替，常用的是起苗犁，挖苗速度快、效率高，但必须在大区域内进行，还需人工配合。起苗犁把苗木主根切断后，须由人工将苗木拔出。

(4) 露根乔木的掘苗

大多数落叶树种和容易成活的针叶树小苗可采用裸根掘苗。起小苗时，沿苗行方向距苗行20cm左右处挖一条沟，在沟壁下侧挖出斜槽，根据根系要求的深度切断苗根。大苗裸根起苗时应在规定的根系以外下锹，根系大小应按落乔地径的8~12倍为宜（灌木按株高的1/3为半径定根幅），垂直挖下至一定深度，切断侧根。然后于一侧向内深挖，适当轻摇树干探找深层粗根的方位，并将其切断。如遇难以切断之粗根，应把四周的土掏空后，用手锯锯断。切忌强按树木干和强撑劈粗根，造成根系劈裂。根系全部切断后，放倒苗木，轻轻拍打外围土块，对病伤劈裂及过长的主侧根应进行修剪。如不能及时运走，应在原穴用湿土将根覆盖好，进行短期假植；如较长时间不能运走，应集中假植。

(5) 露根乔木的近距运输

为使出圃苗木的根系在运输过程中不致失水和折断，并保护幼苗的树体免受机械损伤，对出圃苗木要加以保护，必要时进行包装。对栽植容易成活或运输距离较近的苗木，在休眠期可行露根出圃。出圃时可先对苗木进行粗放修剪，然后将苗木运到靠近圃场干道或便于运输的地方。装车要严格按照出圃计划的树种、规格、数量发苗，装卸苗木时要轻拿轻放，防止碰伤树皮及枝叶，更不能损伤主轴、分枝树木的顶枝或顶芽，以免破坏树形。车装好后，绑扎时要注意不可用绳物磨伤树皮，为了减少苗木的水分蒸发，装好的苗木应用苫布覆盖，特别是对根部要加以保护。

规格较小的苗木也可散放在篓筐中，在筐底放一层湿润物，再将苗木根对根地分层放在湿铺垫物上，并在根间稍填充些湿润物，将筐装满后，最后在苗木上再放一层湿润物即可。

(6) 露根乔木的包装

1) 把规格较小的裸根苗木运送到较远的地方时，要求细致地包装，以防失水。生产上常用的包装材料有草包、草片、蒲包、塑料薄膜等。包装时可将出圃的小苗枝梢向外，苗根向内并互相略行重叠地摆好，再用湿润的苔藓或锯末填充苗木根部空隙。苗木放至一定数量（每件不超过 20~25kg），用包装物将苗木卷起捆好，外面挂上标签，标明树种、苗龄、数量、等级和苗圃名称等。包装材料用聚乙烯塑料袋效果较好，不仅重量轻，而且能保湿，防止苗根干燥，促使苗木生长，提高成活率。但不能在太阳光下曝晒，以免灼伤根系。

2) 露根乔木的装箱包装

运距较远，运输条件较差，苗木规格较小树苗需要保护的裸根苗木，使用此法较为适宜。在已制好的木箱内，各面铺以塑料薄膜，然后在箱底铺一层湿润物，把苗木分层摆好，不可过于压紧扎实。在摆好的每一层苗木根部中间，都需要放湿润物以保护苗木体内水分，在最后一层苗木放好后，再在上面覆一层湿润物即可封箱。

露根掘苗法，也叫裸根掘苗法，适用于大多数阔叶树在休眠期移植。此法保存根系比较完整，便于操作，节省人力、运输和包装材料，但由于根部裸露，容易失水干燥和损伤弱小的须根。

(7) 露根手工掘苗法操作规范

掘苗前要先以树干为圆心按规定直径在树木周围划一圆圈，然后在圆圈以外动手下锹，挖够深度后再往里掏底。在往深处挖的过程中，遇到根系可以切断。圆圈内的土壤可随挖随轻搬动，不能用锹向圆内根系砍掘。到挖到深度和掏底后，轻放植株倒地，不能在根部未挖好时就硬推生拔树干，以免拉裂根部和损伤树冠。根部的土壤绝大部分可去掉，但如根系稠密，带有护心土，则不要打除，而应尽量保存。

1) 露根手工掘苗法的质量要求

①所带根系规格大小应按规定挖掘，如遇大根则应酌情保留；

②苗木要保持根系丰满，不劈不裂，对病伤劈裂及过长的主侧根都需要进行适当修剪；

③苗木掘完后应及时装车运走，如一时不能运完，可在原坑埋土假植，若假植时间较长，还要设法灌水，保持土壤及树根的适度潮湿；

④掘出的土不要乱扔，主要用于大面积整行区域树木出圃，要组织好拔苗的劳动力，随起、随拔、随运、随假植，做到起净、拔净、不丢失苗木。

2) 露根苗的装运

①装运乔木时应树根朝前，梢向后，顺序排码；

②车后箱板应铺垫草垫、蒲包等物，以防碰伤树皮；

③树梢不得拖地，必要时要用绳子围绕吊起来，捆绳子的地方需用蒲包垫上；

④装车不要超高，压得不要太紧；

⑤装完后用苫布将树根盖严捆好，以防树根失水。

(8) 带土球苗木的挖掘

一般常绿树，名贵树种和较大的花灌木采用带土球掘苗。土球的大小，因苗木大小、根系分布情况、树种成活难易、土壤质地等条件而异。一般土球直径约为根际直径的 8~10 倍，土球高度约为其直径的 2/3，应包括大部分根系在内，灌木的土球大小以其冠幅的 1/4~1/2 为标准。

掘常绿树带土球的苗木，应先用草绳将树冠捆拢，以便于操作，但不要捆得过紧，以免损伤枝条。掘土球时，先将树干基部周围的浮土铲去，以不伤树根为准。然后按保留土球的大小，围绕苗木划一圆圈，用铁锹沿圈的外围挖一上下等宽的沟，并且要随挖沟随将土球修成苹果形，将沟挖至规定深度时，再向土球中心部位掏底。挖直径50cm以上的土球，底部应留一部分不挖，以支撑土球。挖好土球之后，应在土球兜草绳处挖一小槽，以便于打包。

(9) 冻土球掘苗

利用冬季低温、土壤冻结层深的特点，进行冻土球掘苗，是我国东北地区常用的掘苗方法，适用于针叶树种。冻土球大小的确定以及挖掘方法基本同带土球掘苗。当苗根层土壤结冻后，一般温度降至 -12℃左右时，开始挖掘土球。挖开侧沟后，如果发现下部冻得不牢不深，可在坑内停放2~3天。若因土壤干燥土球冻结不实，可在土球外泼水，待土球冻实后，把铁钎插入冰坨底部，用锤将铁钎打入，直至振掉冰坨为止。

(10) 带土球苗木的打包

包装土球直径在40cm以下的苗木，如果苗木根部土质坚硬，可以在坑外打包，即先将蒲包在坑边铺好，然后用手抄底将土球从坑中捧出，轻轻放在蒲包上，再用蒲包将土球包平，用单股或双股的草绳把蒲包捆紧即可。如土球直径虽在40cm以下但土质较松软，或土球直径在50cm以上的，均应在坑内打包，其方法、步骤如下：将苗木的土球修整好之后，先给它围上腰绳。腰绳的宽度，应根据土质而定，土质松软的应围8~10圈，土质坚硬的可围6~8圈。围好腰绳之后，用蒲包将土球包严，再用草绳在蒲包上横腰捆两道，将蒲包固定，然后开始打包。打包时，应该两个人面对面配合操作，一个人递草绳，一个人拉紧草绳。草绳通过树木根部成一条直线，然后将草绳往下通过底部边缘，再从对面绕上去。这样从上到下，再从下到上每隔8~10cm绕一圈反复下去，直到将整个土球包住。拉草绳的人，每拉一次，都应用小木锤或小砖块顺着草绳前进的方向捶打土球肩部的草绳，使草绳紧紧地兜住土球底部。将包打好之后，要留一个草绳头把它拴绕在树干的根基处，使草绳不松散。包打好之后，还要在土球腰部再连续绕6~10道草绳，最后用草绳上下斜穿一圈将绳头拴紧，将土球上所有的草绳都固定住而不致滑脱。为土球打包的最后一道工序是封底。封底之前，应顺着苗木倒斜的方向，在坑底处先挖一道小沟，将封底用的草绳紧紧拴在土球中部的草绳上，然后将树推倒，用蒲包将土球底部封严，再用草绳交叉错开勒紧，将底部蒲包片捆成双十字形即可。

(11) 带土球包装

带土球的大苗应单株包装。此法适于根系恢复困难而树冠蒸腾量较大的苗木或在生长期需行出圃的苗木以及珍贵树种。挖好的土球可用蒲包和草绳进行包装。装运之前，除要仔细检查有无散包外，还需要用草绳将树干从基部往上逐圈绕住（高度1~2m），以避免在运输、吊装时损伤树皮。

苗木在运输途中，要注意检查苗木的温度和湿度。若发现温度过高，要把包装打开通风降温。若发现湿度不够，则要适当喷水。为了缩短运输时间，最好选用速度快的运输工具。苗木运到目的地后，要立即将包装物打开进行苗木假植，但如果运输时间长，苗根较干时，应先将根部用水浸一昼夜后再行假植。

(12) 露根乔灌木掘苗

为保证树木成活，提高绿化效果，应选生长健壮、无病虫害、树形端正、根系发达、符合设计要求的树苗。

1）掘苗的质量要求

掘苗，首先要保证苗木根系不受损伤。露根苗的根不得劈裂，切口要平滑。露根乔灌木的根部规格：掘取苗木时，苗根直径一般乔木可按胸径（高1.3m处树干的直径）的8～10倍确定；灌木可按冠丛高度的1/3确定。攀援植物同灌木的规格。

2）露根乔灌木的挖掘

挖掘露根乔灌木苗，当土壤过干时，应于掘苗前2～3d灌一次水。掘苗所用铁锹要锋利。掘苗时，先按规定的根部直径在树干的四周向下挖够深度，翻出土，然后再向中心掏底，将主根铲断。然后将树苗放倒，用锹背打碎土坨即可。打土坨时，不要劈伤劈裂树根。掘出的苗木，应及时装车运到定植现场栽植；如不能及时运走，可在原坑内（或地头一角）埋土临时假植（只用土埋住根部），如假植时间较长，还应适量浇水。

①装运：运苗时，应该按所需要的树种、规格、质量、数量认真进行核对，无误之后再装车。装运露根灌木苗，应使苗木的根向前，树梢在后，顺序码放整齐，并在后车厢处垫上草包或蒲包，以免磨伤树干，还要注意不使树梢拖地。装好车后，应用绳将树干捆拢捆牢，捆绳处也应垫上蒲包片，以免勒伤树皮。装运灌木树苗，可直立装车。远距离运输露根灌木苗，应用苫布或湿草袋把苗木根部盖好，以免树根被风吹干而降低成活率。装运苗木，切不可擦伤树枝和将土球踩坏、弄散。

②卸车：将苗木运到施工地点之后，应在指定位置卸苗。卸露根灌木苗，要从上往下顺序卸车，不得从下部乱抽；应轻拿轻放，不可整车往下推卸，以免砸断根或枝条。

（13）大木箱苗木掘苗与装运

1）掘苗准备工作

掘苗前，应先按照绿化设计要求的树种、规格选苗，并在选好的树上作出明显标记，将树木的品种、规格分别记入卡片，以便分类排队，编出栽植顺序。对于所要掘取的大树，其所在地的土质、周围环境、交通路线和有无障碍物等，都要进行了解，并据以确定它能否移植。

2）掘苗操作

①掘苗。

掘苗时，应先根据树木的种类、株行距和干径的大小确定在植株根部留土台的大小。一般可以按苗杆径（即树木高1.3m处的树干直径）的7～10倍确定土台。

土台的大小确立之后，要以树干为中心，按照比土台大10cm的尺寸，划一正方形线印，将正方形内的表面浮土铲除掉，然后沿线印外缘挖一宽60～80cm的沟，沟深应与规定的土台高度相等。挖掘树木时，应随时用箱板进行校正，保证土台的上端尺寸与箱板的尺寸完全符合，土台下端可比上端略小5cm左右。土台的四个侧壁，中间可略微突出，以便于装上箱板时能紧紧抱住土台，切不可使土台侧壁中间凹两端高。挖掘时，如遇有较大的侧根，可用手锯或剪子把它切断，其切口应留在土台里。

②装箱。

修整好土台之后，应立即上箱板，其操作顺序和注意事项如下：

A. 上箱板。先将土台的4个角用蒲包片包好，再将箱板围在土台四周，用木棍或锹把将箱板顶住，经过检查、校正，要使箱板上下左右都放得合适，保证每块箱板的中心都与树干处于同一直线上，使箱板上端边低于土台1cm左右，即可将经检查合格的钢丝绳分上下两道绕在箱板外面。

B. 上钢丝绳。上下两道钢丝绳的位置，应在距离箱板上下两边各为15~20cm处。在钢丝绳的接口处，装上紧线器，并将紧线器松到最大限度；紧线器的旋转方向是从上向下转动为收紧。上下两道钢丝绳上的紧线器，应分别装在相反方向的箱板中央的带板上，并用木墩将钢丝绳支起，以便于收紧。收紧紧线器时，必须两道同时进行。钢丝绳上的卡子，不可放在箱角上和带板上，以免影响拉力。收紧紧线器时，如钢丝绳跟着转，则应用铁棍将钢丝绳别住。将钢丝绳收紧到一定程度时，应用锤子锤打钢丝绳，如发出当当之声，表明绳已收得很紧，即可进行下一道工序。

C. 钉薄钢板。先在两块箱板相交处，即土台的四角上钉薄钢板，每个角的最上一道和最下一道薄钢板，距箱板的上下两个边长各为5cm。薄钢板通过每面箱板两边的带板时，最少应在带板上钉两个钉子，钉子应全部稍向外斜，以增强拉力，不可把钉子砸弯，如砸弯，应起出重钉。箱板四角与带板之间的薄钢板，必须绷紧、钉直。将箱板四角薄钢板钉好之后，要用小锤轻轻敲打薄钢板，如发出老弦声，证明已经钉紧，即可旋松紧线器，取下钢丝绳。

③掏底、上底板和上板。将土台四周的箱板钉好之后，要紧接着掏出土台底部的土，上底板和上板。其操作顺序如下：

A. 备好底板。按土台底部的实际长度，确定底板的长度和需要的块数。然后在底板的两头各钉上一块薄钢板，但应将薄钢板空出一半，以便上底板时将剩下的一半薄钢板钉在木箱侧面的带板上。

B. 掏底。先沿着箱板下端往下挖35cm深，然后用小板镐和小平铲掏挖土台下部的土。掏底土可在两侧同时进行。当下台下边能容纳一块底板时，就应立即上一块底板，然后再向里掏土。

C. 上底板。先将底板一端空出的薄钢板钉在木箱板侧面的带板上，再在底板下面放一木墩顶紧；在底板的另一端用油压千斤顶将底板顶起，使之与土台紧贴，再将底板另一端空出的薄钢板钉在木箱板侧面的带板上，然后撤下千斤顶，再用木墩顶好。上好一块底板之后，再向土台内掏底，仍按照上述方法上其他几块底板。在最后掏土台中间的底土之前，要先用四根10cm×10cm的方木将木箱板四个侧面的上部支撑住。用方木支撑箱板的方法是，先在坑边挖一小槽，在槽内竖着一块小木板，将方木的一头顶在小木板上，另一头顶在木箱板的中间带板上，并用钉子钉牢，就能防止土台歪倒。然后再向中间掏出底土，使土台的底面呈突出的弧形，以利收紧底板。掏挖底土时，如遇树根，应用手锯锯断，锯口应留在土台内，不可使它凸起，以免妨碍收紧底板。掏挖中间底土要注意安全，不得将头伸入土台下面；在风力超过4级时，应停止掏底作业。

上底板时，如土台的土质比较松散，应选用较窄的木板，一块紧接一块地将土台底部封平，以免底土脱落，如掏挖时脱落少量底土，可在落土处填充草包、蒲包等物，然后再上底板。

D. 上上板。上好底板之后，即可将土台的表土再稍稍铲去一些，并使靠近树干的中心部位稍高于四周；如表层有亏土处，应填充较湿润的好土，并用锹拍平整。修整好的土台，应比木箱板的上边高出1cm。在土台上面铺一层蒲包片，即可钉上板。

④吊运、装车及运输、卸车。

6. 普坚土掘苗工程内容有挖掘、打包、装箱、粗修剪、填坑、临时性假植、现场维护等。

露根乔木：在掘苗时用露根掘苗法掘出的乔木。乔木根系保存比较完整，但由于根部裸露，易失水干燥和损伤弱小的须根。装运时应树根朝前，梢向后，顺序排码；车后箱板应铺垫草袋、蒲包等物，以防碰伤树皮。树梢不得拖地，装车不要超高，压得不要太紧。装完后用苫布将树根盖严捆好，以防树根失水。此处为在普坚土中掘苗时的乔木。

裸根苗短期假植，可在栽植处附近选择合适地点，先挖一浅横沟约 2~3m 长，然后立排一行苗木，紧靠苗根再挖一同样的横沟，并用挖出来的土将第一行树根埋严，挖完后再码一行苗，如此循环直至将全部苗木假植完。

苗木在挖掘过程中，无论裸根或带土球，对植株的根系都会有一定损伤，从而破坏了原植株上、下部分水分和养分的平衡，若不修剪去枝，则会影响树木成活。而通过修剪，便可减少枝叶水分和养分的消耗量，调整植株地上部分和地下部分的水分和养分的平衡，从而提高树木成活率。

7. 场外运苗工程内容有装卸、押运、简单平整车道等。

（1）装卸

即苗木装车及卸车。苗木装车首先须验苗，了解所运苗木的树种、规格和卸苗地点。装车时，树冠应向后，土台上口应与卡车后轴在一直线上，在车箱底板与木箱之间垫两块 10cm×10cm 的方木，分放在捆钢丝绳处的前后。木箱在车厢中落实后，再用两根较粗的木棍交叉成支架，放在树干下面，用以支撑树干，在树干与支架相接处应垫上蒲包片，以防磨伤树皮。卸车时，应先将围拢树冠的小绳解开，对于损伤的枝条进行修剪。要轻拿轻放，裸根苗卸车时应从上到下，从后到前，顺序取下，不准乱抽乱取，更不准整车推卸。带土球苗卸车时要双手轻拖土球，不准提拉枝干。较大土球最好用起重机卸车。

（2）押运

苗木在运输过程中须有专人看护，一般运输苗木的人员站在车上树干附近，负责使车上的苗木安全平稳抵达施工现场，并处理一些特殊情况，如刹车时绳松散、树梢拖地等。

（3）平整车道

在苗木运输时，为了防止苗木的损伤而将车道的土地整平，叫平整车道。

（三）统一规定

1. 栽植花木除苗木价值按规定另行计算外，已分别包括：挖坑（槽）、过筛换土的筛土、弃土外运、简单修剪、施肥、栽植还土、场内苗木运搬、立支柱、浇水、施工期的维护等全部操作过程，均根据栽植技术规程要求，合理的施工组织进行编制的。除另有规定者外均不得调整。

（1）筛土

筛土指因所属地区部位土质不符合植株生长条件而对土质进行筛选，选取相对质量较好的土作为培土进行栽植。

（2）简单修剪

狭义的修剪是指对树木的器官（枝、叶、花、果等）加以疏删短截，以达到调节生长、开花结实的目的。广义修剪包括整形，指用剪、锯、捆绑、扎等手段，使树木长成栽培者所希望的特定形状。而简单修剪，就是指狭义的修剪。修剪的目的和作用有：

1) 美化树形。树木修整成规则式或不规则的特种形体，才能使建筑物线条美进一步发挥出来，达到"曲尽画意"的境界。

2) 协调比例。与假山配植的树木常用于整形修剪方法，挖掘树木的高度，使其以小见大，衬托山体的高大。

3) 调节矛盾。地面建筑设施如：架空线、管道电缆线及地面人流车辆等与行道树发生矛盾时，用修剪来解决。

4) 改善透光条件。通过修剪使枝条密生，树冠郁闭，内膛枝细弱老化的树木疏枝，改善通风透光条件，即可大大减少病虫害的发生。

5) 调整树势。通过修剪地上部分不需要的枝条，使养分、水分供应更集中，有利于留下的枝条及芽的生长。

6) 增加开花结果量。修剪可以调整营养枝和花果枝的比例，促使提早开花结果，同时克服大小年现象，提高观赏效果。

（3）施肥

将肥料施在土壤中，由根系吸收利用，称为土壤施肥。施肥深度由根系分布层的深浅而定，根系分布的深浅因树种而异，一般土壤施肥深度应在 20～50cm 左右。施肥的深度与范围还应随树木年龄的增加而加深和扩大。另外肥料种类也与施肥深度有关，如氯元素在土壤中移动性较强，在浅层施肥时，可随灌溉或雨水渗入深层，易被土壤吸附固定。而移动困难的磷钾元素，应施在吸收根分布层内，供根系吸收利用，以减少土壤的吸附，充分发挥肥效。通过施肥主要解决以下三个问题：

1) 供给树木生长所必需的养分；

2) 改良土壤性质，特别是施用有机肥料，可以提高土壤温度，改善土壤结构，使土壤疏松并提高透水、通气和保水性能，有利于树木根系生长；

3) 为土壤微生物的繁殖与活动创造有利条件，进而促进肥料分解，改善土壤化学反应，使土壤类合成可自吸收状态，有利树木生长。

（4）栽植还土

在栽植过程中，将挖坑所掘出来的土填入放置苗木后的坑中并填平。还土时必须注意不应把填土压得太紧也不宜太松，高度稍高或平行地面即可，有多余的土应外运到其他地方。

（5）苗木运搬

即苗木运输。为使出圃苗木的根系在运输过程中不致失水和折断，并保护幼苗的树体免受机械损伤，对出圃苗木要加以保护，必要时进行包装。但由于园林苗木种类较多，运输的远近不同以及栽植地点的差异，因此对出圃苗木的运输也有不同的要求，但总的可分为以下两类：

1) 运距较近的露根苗。规格较小的苗木散放在篓筐中，在筐底放一层湿润物，再将苗木根对根地分层放在湿铺垫物上，并在根间稍填充些湿润物，将筐装满后，最后在苗木上再放一层湿润物即可。

2) 运距较远或有特殊要求的包装：

①装箱包装，在已制好的木箱内，各面覆以塑料薄膜，然后在箱底铺一层湿润物，把苗木分层摆好，不可过于压紧压实。在摆好的每一层苗木根部中间，都需放湿润物以保护苗木体内水分，在最后一层苗木放好后，再在上面覆盖一层湿润物即可封箱。

②带土球包装，带土球的大苗应单株包装。此法适用于根系恢复困难而树冠蒸腾量较大的苗木或在生长期需出圃的苗木以及珍贵树种。挖好的土球可用蒲包和草绳进行包装。装运之前，除要仔细检查有无散包外，还需用草绳将树干从基部往上逐圈绕开，以避免运输、吊装时损伤树皮。

③卷包包装，把规格较小的裸根苗木运送到较远的地方时，要求细致的包装，以防失水。生产上常用的包装材料有草包、草片、蒲包、塑料薄膜等。

总之苗木在运输途中，要注意检查苗木的温度和湿度。温度过高时，要把包装打开通风降温；湿度不够时，适当喷水。

(6) 立支柱

高大的树木，特别是带土球栽植的树木应当支撑，这在多风地方尤其重要。立好支柱可以保证新植树木浇水后，不被风吹倒。支柱的材料，各地有所不同。北方地区多用坚固的竹竿及木棍，沿海地区为防台风也有用钢筋水泥桩的。总之，不同地区应根据需要和条件选用适宜的支撑材料。支柱的绑扎方法有两种：直接捆绑与间接加固两种。立支柱的形式多种多样，应根据需要和地形条件确定。

(7) 浇水

水是保证植树成活的关键，定植后必须连续浇灌几次水，尤其是气候干旱、蒸发量大的北方地区。

1) 开堰、作畦：单株树木定植埋土后，在植树坑（穴）的外缘用细土培起约15cm高的围堰称"开堰"。浇水堰应拍打牢固，防止跑水。株距很近、连片栽植的树木（如绿篱、灌木丛等）可将几棵树联合起来用细土集体围堰称"作畦"。

2) 灌水：树木定植后必须连续浇灌三次水，以后视情况而定。第一次水应于定植后24h之内浇下，水量不宜过大，浸入坑土30cm上下即可，主要目的是通过灌水使土壤缝隙填实，保证树根与土壤密切结合。然后进行第二次浇水，水量仍不宜过大，仍以压土填缝为主要目的。二水距头水时间最长不超过3d，浇水后仍应扶直整堰。第三次水应水量大，浇足灌透，时间不得与二水相距3d以上，水浸透应细致扶直，最好将树堰暂时用细土草坪覆盖，称为"封堰"。

(8) 施工期的维护

施工期的维护包括施工现场的准备，在栽植整个过程中对苗木的养护。对苗木的养护包括掘苗、运苗、假植、修剪、栽植过程中的维护和养护工作，此外还有立支柱、浇水等主要的养护工作。

(9) 移植技术

大多数植物的移植包括掘（起）苗、运输、定植、栽后管理这四大环节，在这一过程中必须进行周密的保护和及时处理，才能防止被移植树木失水过多。同种不同年龄的树木，幼年期及青年期容易移活，壮老龄树不易移活。因此绿化施工时，应根据不同类别和具体树种、年龄采取不同的技术措施。

2. 普坚土栽植，设计不要求筛土时，均按原土原还子目执行；如设计要求筛土时，则原土过筛与相应的原土原还子目相加计算。其原土过筛子目不得单独执行。

(1) 原土原还

在挖坑过程中把从原坑中掘出来的土在植株放入后再填入坑中还原的过程叫做原土原还。归入原坑中的土首先要适合植株的生长栽培条件，然后才能不经过任何处理改变而直接回填入原坑中。

(2) 筛土

在土壤条件不满足栽植条件时，需对土壤进行筛选，所用的工具有人工筛子和机械筛斗，通过筛土，使一部分土分离出来并配以适当成分，使其达到栽植要求。

(3) 原土过筛

将原坑中刨出来的土经过人工或机械筛土再加以利用的过程称原土过筛。其目的在于在保证工程质量前提下，充分利用原土以降低造价，但原土的瓦砾、杂物含量不得超过30%，且土质理化性质要符合种植土要求。

3. 砂砾坚土栽植，设计不要求换土时，均按原土过筛子目执行；如设计要求换土时，则换土子目与相应的原土过筛子目相加计算。其换土子目不得单独执行。

换土：在挖坑过程中刨出来的土不满足栽植要求，而且通过筛选也不能达到所需土质时，就需要换土，即从别处获得满足条件的土壤，然后通过人工搬运或机器运输达到更换土壤的目的。

4. 上述的原土原还、筛土、换土，均包括渣土发生量及其外运所需工、料、机费用。

渣土是由于土壤的物理化学性质的不同，颗粒相对直径较大，含大量不同种杂质，一般不适合植株生长。

工、料、机费用指在土壤外运过程中所需人工劳动力、物质资料、机械磨损等折成货币的数量。

5. 栽植苗木应根据设计要求进行筛土或换土。设计无明确要求筛土或换土的工程，实际土质不良，按栽植技术要求必须筛土或换土者，应先办好洽商手续，方可执行筛土或换土子目，其所换土质必须保证符合栽植技术质量标准的要求。

栽植技术质量标准指由于各种植物的生长周期、生长条件、年龄不同，其在栽植过程所需要的技术质量也不同。使其成活所要的质量标准都有其具体内容。

6. 苗木价值应根据设计要求的品种、规格、数量和损耗量单独计算苗木预算总价。苗木的损耗量包括栽植工程全过程的合理损耗。其耗损率规定如下：

(1) 露根乔木或灌木　　　　　1.5%
(2) 绿篱、色带　　　　　　　2%
(3) 攀缘植物　　　　　　　　2%
(4) 草根、地被、花卉　　　　4%
(5) 草块（0.1m²/每块）　　 20%
(6) 丛生竹　　　　　　　　　4%

草根指各种草木植物的地下部分，一般根系都比较密集，多属须根，根径较小，固定土壤能力强。

地被是由植被植物覆盖于地面而形成的一层覆盖于地表的结构。

狭义的花卉是指有观赏价值的草本植物，如菊花等。广义的花卉除指有观赏价值的草本植物外，还包括草本或木本的地被植物、花灌木、开花乔木以及盆景等。分布于温暖地区的高大乔木和灌木，移至北方寒冷地区，只能做温室盆栽观赏。

草块是将草皮卷按不同形状大小规格分成块状的草皮。每一块都可用来人工铺设而形成新的草坪。

7．凡栽植工程所用苗木，均应由承包绿化工程的施工单位负责采购供应和栽植。并对栽植成活率95%负责。如建设单位自行采购供应苗木时，则苗木成活率由双方另行商定。

栽植成活率是栽植过程中成活苗木在栽植苗木中所占的比例。公式：栽植成活率（%）=成活苗木株数/栽植苗木株数。

8．凡承包栽植工程中各类苗木规格小于或大于定额规定的苗木的最低限和最高限时，小于时则以该类的最下限计取，大于时则以该类的最高限计取。

栽植工程：包括乔、灌木的栽植，必要的土壤改良和排水、灌溉设施的敷设，是造园和城市绿化工程中的单项工程，一般在整地工程完成后进行。包括：放线定位、掘苗包装、运输、修剪、栽植和栽后养护管理。其技术要求、操作内容和难度随地区气候、土质、树木种类、规格和不同季节而有很大差异。栽植包括裸根栽植和带土栽植。

（1）裸根栽植

一般用于落叶树，冬、春季移植一般都采用裸根挖掘，因重量轻，包装简单，省工力和运输力，成本低，还可保留较多的根系。技术关键是尽量保存须根，搬运过程中要包裹遮苫严密，不能及时栽植时要立即假植，栽时根系要舒展，与土壤密接，并配合适当修剪。

（2）带土栽植

一般用于常绿树或须根极细易损伤以及肉质根极易折断的落叶树，此法既不损伤须根又可保持水分，根与土壤不易分离，易成活。但包装、搬运成本高，由于带土一般不能过多，因而保存根系较少；对长久未经移植的苗木尤其如此。

9．定额中浇水按自来水考虑的，如利用井水、河水或其他水源供水时，仍执行本定额。

井水是从地下土层中渗出的可供人饮用的淡水。

河水是由于冰川溶解或降水而形成的地表径流汇集在一起，形成规模较大的地上流动水、溪流，它属于淡水资源。

10．凡在绿化工程的施工现场内建设单位不能提供水源时，按其各类苗木栽植相应定额子目另外浇水车台班费。

在了解工程概况之后，还要组织有关人员深入施工现场进行周密的调查，以了解施工现场的位置、现状，施工的有利和不利条件，以及影响施工进展的各种因素。现场的内容包括：

（1）地形、土质情况；

（2）周围环境情况；

（3）交通状况；

（4）水源、电源情况；

（5）各种地上物情况；

（6）人流活动情况；

（7）恰当安排施工期间的生产。

在栽植完成后，要进行浇水，为了改善人工浇水的困难及提高浇水质量，就用到浇水车。它有使用方便、喷水均匀、水量适当等优点。

11. 攀缘植物、草坪、地被、花卉均不分土壤类别执行本定额。

在自然界里，任何一种土壤的土粒大小不可能完全一致。任何一种土壤都是由粒径不同的各种土粒组成的，但是土壤中各粒级土粒的含量也不是平均分配的，而是以某一级或两级颗粒含量为主，受其影响显示不同的土壤性质。颗粒组成基本相似的土壤，常常具有相似的肥力特征。因此，人们把土壤中各粒级土粒含量百分率的组合，叫做土壤质地。根据土壤质地的不同把土壤进行归类，通常所说的砂土、壤土和黏土就是由此划分的。各种土壤的分类情况详见土壤分类表（普氏）。

12. 对苗木计量的规定

(1) 胸径：指距地坪 1.30m 高处的树干直径；

(2) 株高：指树顶端距地坪高度；

(3) 篱高：指绿篱苗木顶端距地坪高度；

(4) 生长年限：指苗木种植至起苗时止的生长期。

13. 掘苗、运苗定额子目仅限于胸径在 7cm 以上乔木和株高在 4.5m 以上的常绿树进行掘运时执行。胸径在 7cm 以内和株高在 4.5m 以下的乔木、常绿树的掘苗、运苗等费用已包括在苗木预算价值内，不得重复计取。

(1) 乔木

乔木指树体高大而具有明显主干的树种。按其树体高大程度又可分为伟乔（特大乔木树高超过 30m 以上），大乔（树高 20~30m 之间），中乔（树高 10~20m 之间，小乔（树高 6~10m）。乔木分类还有落叶乔木和常绿乔木的划分方法。常见的乔木树种有银杏、雪松、云杉，各种松、柏、杉，各种杨、柳、桂花、榕树等。

(2) 常绿树

常绿树指四季常绿的树木。它们的树叶在枝上展开后留存一年以上，下一批新叶展开之后，老叶才逐渐脱落。这类树木有针叶树，如松、柏、杉、金松等；也有阔叶树，如波罗密、广玉兰、苏铁、紫金牛等。

14. 定额中的掘苗包括挖掘、打包、装箱、粗修剪、填坑、临时性假植、现场清理等全过程。

挖掘是将树苗从某地连根起出的操作。

用蒲包、草绳等材料，将土球包装起来，称"打包"。这是掘苗后质量保障的最重要工序。

装箱是对于必须带土球移植的树木，土球规格如果过大（如直径超过 1.3m 时），很难保证吊装运输的安全和不散坨，一般应用方木箱包装移植。其操作顺序一般为上箱板、上钢丝绳、钉薄钢板。

粗修剪指因运输的损伤，栽植时必须对苗木进行的修剪。粗修剪主要是对已劈裂、严重磨损和生长不正常的偏根及过长根进行修剪。其目的主要是为了提高成活率和培养树形，同时减少自然灾害。乔木应先修剪后种植，绿篱应先种植后修剪。

填坑指在栽种以前，要先将土壤填在坑的底层。填坑时应注意两项规范：一是要依据苗木的特性以及坑周围和下层土壤结构的情况，选用符合质量要求的土壤作底层土；二是填土量和密实度要达到质量要求。操作时要先掌握苗木根系和土球规格所需的填坑高度；

填坑时填土要稍高于要求的高度，随填随踩实。

所谓"假植"是指苗木或树木掘起或搬运后不能及时种植时，为了保护根系、维持生命活动而采取的短期或临时的将根系埋于湿土中的措施。

现场清理指植树工程竣工后（一般指定植灌完三次水后），应将施工现场彻底清理干净，其主要内容为：封堰，单株浇水的应将树堰埋平，若是秋季植树，应在树堰内起约20cm高的土堆；整畦，大畦灌水的应将畦埂整理整齐，畦内进行深中耕，清扫保洁，最后将施工现场全面清扫一次，将无用杂物处理干净，并注意保洁，真正做到场光地净、文明施工。

（四）工程量计算方法

1. 苗木预算价值，应根据设计要求的品种、规格、数量（包括规定的栽植损耗量）分别列项以株、米、平方米计算。

预算价值是按照估计苗木数量的多少，乘以单株的价格所预付的资金。

苗木是具有根系和苗干的树苗。凡在苗圃中培育的树苗不论年龄大小，在未出圃之前，都称苗木。对萌芽力强的树种，将苗干截掉，叫截干苗。

苗木种类是根据育苗所用材料和方法分为实生苗、营养繁殖苗和移植苗。

（1）实生苗

实生苗是用种子繁殖的苗木。凡以人为的方法用种子培育的苗木叫播种苗，在野外由母树天然下种自生的苗木叫野生实生苗。

（2）营养繁殖苗

营养繁殖苗是利用植物的根、茎、叶等营养器官的一部分繁殖新植株所形成的苗木。营养繁殖苗根据所用的育苗材料和具体方法又分为插条苗、埋条苗、插根苗、根蘖苗、嫁接苗、压条苗。

（3）移植苗

移植苗是指各种苗木，凡在苗圃中把原育苗地的苗木移栽到另一地段继续培育的苗木叫移植苗。

2. 栽植苗木按不同土壤类别分别计算。

（1）露根乔木，按不同胸径以株计算。

乔木指树体高大（在5m以上），具有明显的高大主干者。可按树高分为大乔木（高20m以上）如松树、云杉树；中乔木（高10～20m）如槐树；小乔木（高5～10m）如山桃树等。还可按生长速度分为速生树，如杨、柳树；中速树，如栾树、柿树等；缓生树，如松树等。

露根乔木是在栽植时采用露根栽植的一类植物，有利于运输，它在园林植物中占有相当重要的地位。

（2）露根灌木，按不同株高以株计算。

灌木指树体矮小（在5m以下），无明显主干或主干甚短，如玫瑰、金银木、月季等。灌木离心生长时间短，地上部分枝条衰亡较快，大多寿命不长。有些灌木干、枝也可向心更新，但多从茎枝基部及根上发生萌蘖更新。露根灌木根系暴露在外。

（3）土球苗木，按不同的土球规格以株计算。

一般常绿树，名贵树种和较大的花灌木常采用带土球掘苗，这类苗木就称土球苗木。

土球的大小，因苗木大小、根系分布情况、树种成活难易、土壤质地等条件而异。一般土球直径约为根际直径的 8~10 倍，土球高度约为其直径的 2/3，应包括大部分根系在内，灌木的土球大小以其冠幅的 1/4~1/2 为标准。在包装运输过程中应进行单株包装。挖好的土球可用蒲包和草绳进行包装。装运之前，除要仔细检查有无散包外，还需用草绳将树干从基部往上逐圈绕干（高度 1~2m），以避免在运输、吊装时损伤树皮。在运输过程中，要注意检查苗木的温度和湿度。温度过高时，要把包装打开通风降温，若发现湿度不够，要适当喷水。

（4）木箱苗木，按不同的箱体规格以株计算。

规格较小树体需要保护的裸树苗木，放在木制箱中贮藏运输的苗木叫做木箱苗木。在已制好的木箱内，各面覆以塑料薄膜，然后在箱底铺一层湿润物，把苗木分层摆好，不可过于压紧压实。在摆好的每一层苗木根部中间，都需放湿润物以保护苗木体内水分，在最后一层苗木放好后，再在上面覆一层湿润物即可封箱。

（5）绿篱，按单行或双行，按不同篱高以延长米计算（单行 3.5 株/m，双行 5 株/m）。

凡是由灌木或小乔木（极少为乔木）密植成行，紧密而规则的种植形式，称为绿篱，多数绿篱修剪成为各种形状，形成绿色的墙垣，也有不修剪放任生长的。绿篱按高度分为绿墙、高绿篱、中绿篱、矮绿篱。绿墙高度在人视线高 160cm 以上，有的在绿墙中修剪成绿洞门。高绿篱高度在 120~160cm 之间，人的视线可以通过，但不能跳越。中绿篱高度为 50~120cm。矮绿篱高度在 50cm 以下，人们能够跨越。低绿篱一般用于分隔区域，高绿篱常做成树墙或栅栏，具有防护性能。

（6）攀缘植物，按不同生长年限以株计算。

攀缘植物：是一种茎干柔软不能自行独立直立向高处生长，需攀附或顺沿别的物体方可向高处生长的植物，也称藤本植物。在园林绿化中用作垂直绿化，是一种充分利用小块土地达到立体绿化效果的优良植物材料。花架、栅栏、墙垣、枯树、山石、陡壁石岩等的绿化装饰都离不开它们。按攀缘方式不同，可分为：

1）卷须类。以枝或叶的变态形成的卷须缠绕在他物上使茎向上生长。

2）缠绕类。以茎蔓缠绕在他物上向高处延伸生长的植物。

3）攀附类。靠茎枝上的钩刺或分枝攀附他物。

4）吸附类。靠枝叶变态形成吸盘或茎上出生气根吸附于他物上。

（7）草坪、地被和花卉分别以平方米计算（宿根花卉 9 株/m², 木本花卉 5 株/m²）。

1）草坪

草坪又称草地，是城市绿化的重要组成部分，是园林中清洁舒适的绿色地面，为休憩活动提供良好的场地。草坪可与乔木、灌木、草本花卉构成多层次的绿化布置，形成绿荫覆盖、高低错落、繁花似锦的优美景观。草坪犹如园林的底色，对园林中的树木、花卉、山石、建筑、道路、广场等起着衬托作用，能把园林中的景物统一协调起来，使之构成有机的整体。草坪具有重要的卫生防护功能，可防止土壤冲刷和水土流失，是良好的露天活动和休息的场地。有的地方的草坪还可以放牧。

2）地被

地被植物株形低矮，枝叶茂盛能严密覆盖地面，可保持水土，防止扬尘，改善气候并具有一定观赏价值的植物。种类包括草本、木本和攀缘植物都可以作为地被植物。与草坪相比地被植物一般不宜践踏，也无需多次修剪。各地可充分发挥利用本地植物资源，发展地被植物种类。

(8) 色带，按不同高度以平方米计算（12株/m²）。

栽植色带最需要注意的是将所栽植苗木栽成带状，并且配置有序，使之具有一定的观赏价值。色带主要由一些观赏植物组成，包括观花植物、观果植物、观枝干植物及观叶植物、秋色植物等。

(9) 丛生竹，按不同的土球规格以株计算。

竹俗有"花中君子"之称，也是名闻世界的中国五大经济林之一（另四种为香樟、油桐、漆树、杉木）。祖国大地多竹，共有22属，250多种，约占世界竹子种类的40%左右。丛生竹即密聚生长在一起，株间间隙小，结构紧凑的竹子。具有很强的观赏价值。

(10) 散生竹，按不同竹胸径，以栽植竹类的株数计算。

(11) 栽植水生植物工程量，按不同水生植物品种（荷花、睡莲），以栽植水生植物的株数计算，计量单位：10株。

水生植物是自然生长于水中，在旱地不能生存或生长不良；多数为宿根或球茎、地下根状茎的多年生植物，其中许多是供观赏的水生花卉。根据它们的生长习性可分为五类：浅水类、挺水类、沉水类、漂浮类和浮水类。

(12) 树木支撑工程量，按不同桩的材料、桩的型式，以支撑树木的株数计算。

高大的树木，特别是带土球栽植的树木应当支撑，这在多风地方尤其重要。立好支柱可以保证新植树木浇水后，不被大风吹斜倾倒或被人流活动损坏。支柱的材料，各地不同。北方地区多用坚固的竹竿及木棍；沿海地区为防台风也有用钢筋水泥柱的。不同地区可根据需要和条件使用适宜的支撑材料，既要实用也要注意美观。

(13) 草绳绕树干工程量，按不同树干胸径，以绕树干的草绳长度计算，计量单位：米。

(14) 假植工程量，按不同乔木（裸根）胸径，以假植乔木株数计算；或按不同灌木（裸根）冠丛高，以假植灌木的株数计算。

假植是指苗木或树木掘起或搬运后不能及时种植时为了保护根系、维持生命活动而采取的短期或临时的将根系埋于湿土中的措施。这项工作的好坏对保证种植成活关系极大。

(15) 水车浇水，按栽植不同类别的不同品种、规格，以株、米、平方米、株丛计算。

3. 掘苗按不同土质、苗木或箱体规格分别以株计算。

土质即土壤的性质，一般分为黏土、砾土、砂土三大类。

箱体用于带土球移植的苗木。当土球规格过大（如直径超过1.3m时），为了安全，用方箱包装，此方箱即为箱体。

4. 运苗按不同苗木或箱体规格以株计算。

5. 起挖乔木（带土球）工程量，按不同土球直径，以起挖乔木的株数计算。起挖乔木（裸根）工程量，按不同乔木胸径，以起挖乔木的株数计算。

6. 起挖灌木（带土球）工程量，按不同土球直径，以起挖灌木的株数计算。起挖灌木（裸根）工程量，按不同冠丛高度，以起挖灌木的株数计算。

7. 起挖竹类（散生竹）工程量，按不同竹类胸径，以起挖竹类的株数计算。起挖竹类（丛生竹）工程量，按不同竹类根盘丛径，以起挖竹类的丛数计算。

绿 地 喷 灌

绿地喷灌是适用范围广又较节约用水的园林和苗圃温室灌溉手段。由于喷灌可以使水均匀地渗入地下避免径流，因而特别适用于灌溉草坪和坡地，对于希望增加空气湿度和淋湿植物叶片的场所尤为适宜；对于一些不宜经常淋湿叶面的植物则不应使用。适量的喷灌还可避免土壤中的养分流失，但进行不充分的喷灌则会造成土壤表层经常处于不透气状态，下层不能获得足够的水分，从而使植物的吸收根系集中于地表附近，不利于吸收养分和抵抗干旱、酷热、严寒，有些大乔木下层的根系甚至会窒息死亡。

（一）绿地喷灌工程图例（表2-1-6）

绿地喷灌工程图例　　　　　　　　　表2-1-6

序号	名 称	图　　例	说　明
1	永久螺栓	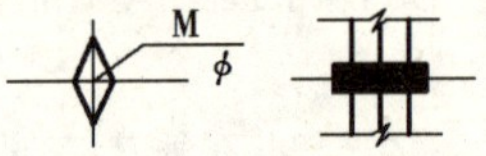	1.细"+"线表示定位线 2.M表示螺栓型号 3.ϕ表示螺栓孔直径 4.d表示膨胀螺栓、电焊铆钉直径 5.采用引出线标注螺栓时，横线上标注螺栓规格，横线下标注螺栓孔直径 6.b表示长圆形螺栓孔的宽度
2	高强螺栓	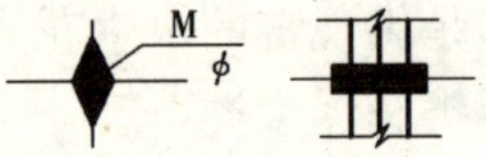	
3	安装螺栓	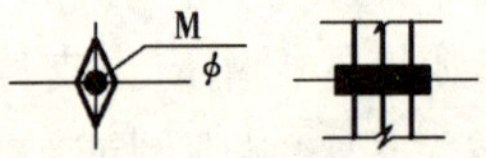	
4	胀锚螺栓	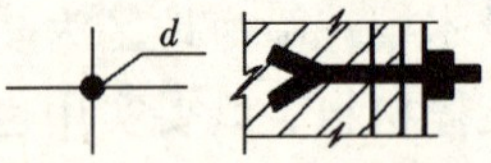	
5	圆形螺栓孔	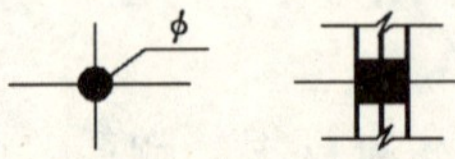	
6	长圆形螺栓孔	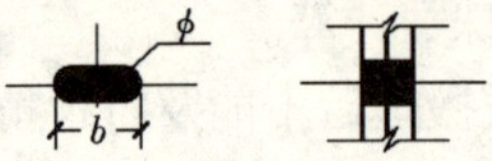	
7	电焊铆钉	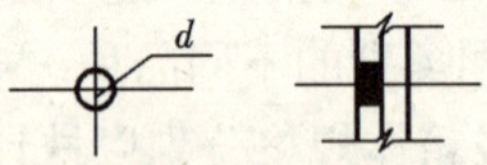	
8	偏心异径管	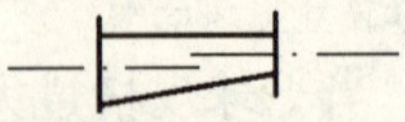	
9	异径管	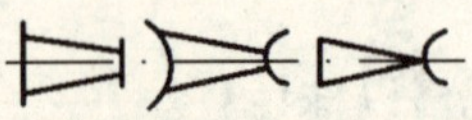	
10	乙字管	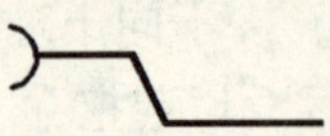	
11	喇叭口	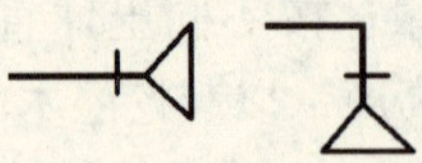	

续表

序号	名称	图例	说明
12	转动接头		
13	短管		
14	存水弯		
15	弯头		
16	正三通		
17	斜三通		
18	正四通		
19	斜四通		
20	浴盆排水件		
21	闸阀		
22	角阀		
23	三通阀		
24	四通阀		

续表

序号	名 称	图 例	说 明
25	截止阀	⋈　•│	
26	电动阀		
27	液动阀		
28	气动阀		
29	减压阀		左侧为高压端
30	旋塞阀	平面　系统	
31	底阀		
32	球阀		
33	隔膜阀		
34	气开隔膜阀		
35	气闭隔膜阀		
36	温度调节阀		
37	压力调节阀		
38	电磁阀		

续表

序号	名　称	图　例	说　明
39	止回阀		
40	消声止回阀		
41	蝶阀		
42	弹簧安全阀		左为通用
43	平衡锤安全阀		
44	自动排气阀	平面　系统	
45	浮球阀	平面　系统	
46	延时自闭冲洗阀		
47	吸水喇叭口	平面　系统	
48	疏水器		
49	法兰连接		
50	承插连接		
51	活接头		
52	管堵		

续表

序号	名称	图例	说明
53	法兰堵盖		
54	弯折管		表示管道向后及向下弯转 90°
55	三通连接		
56	四通连接		
57	盲板		
58	管道丁字上接		
59	管道丁字下接		
60	管道交叉		在下方和后面的管道应断开
61	温度计		
62	压力表		
63	自动记录压力表		
64	压力控制器		
65	水表		

续表

序号	名 称	图 例	说 明
66	自动记录流量计	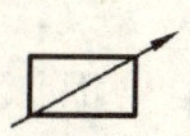	
67	转子流量计		
68	真空表		
69	温度传感器	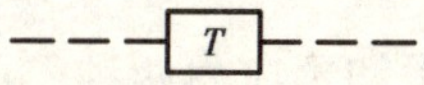 ---[T]---	
70	压力传感器	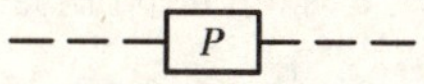 ---[P]---	
71	pH值传感器	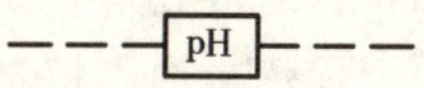 ---[pH]---	
72	酸传感器	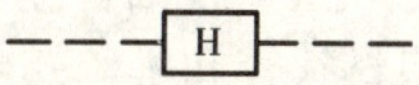 ---[H]---	
73	碱传感器	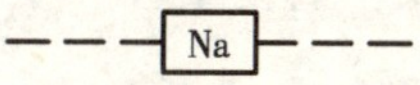 ---[Na]---	
74	氯传感器	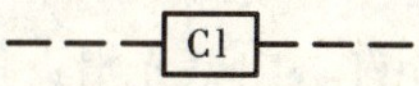 ---[Cl]---	

（二）工程内容

绿地喷灌包括管道安装、埋设、阀门安装、水表安装、喷嘴安装、给水井砌筑、铁栏杆安装等。

1. 管道安装

喷灌管道种类很多，按不同使用方式分有固定管道和移动管道；按材料分有金属管道和非金属管道。金属管道有铸铁管、钢管、薄壁钢管和铝合金管；非金属管道有预应力钢筋混凝土管、石棉水泥管和塑料管。塑料管有聚氯乙烯管、聚乙烯管、改性聚丙烯管、维塑软管和锦塑软管等。管件有三通、四通、异径直通管、渐缩管、45°及90°弯头、堵头、法兰、活接头、外接头等。各种材料制成的管道，由于其物理力学性质的不同，适用于不同的使用条件。金属管、石棉水泥管、钢筋混凝土管、硬塑料管可埋在地下作为固定管道。在园林绿地喷灌中，目前常用硬塑料管埋在地下。铝合金管、薄壁钢管、塑料软管装上快速接头可作为移动式管道。

管道种类及其特点如下所述：

（1）铸铁管。承压能力强，一般为1MPa。工作可靠，寿命长（约30～60年），管体齐全，加工安全方便，但其重量大、搬运不便、价格高。使用10～20年后内壁生铁瘤，内径变小，阻力加大，输水能力下降。

(2) 石棉水泥管。用75%~85%的水泥和15%~25%的石棉纤维混合后制成。承压0.6MPa以下，价格较便宜、重量较轻、输水性能比较稳定、加工性好、耐腐蚀、使用寿命长。但质地较脆、不耐冲击、运输中易损坏、质地不均匀、横向拉伸能力低，在温度变化作用下易发生环向断裂，使用时应用较大的安全系数。

(3) 钢管。承压能力大，工作压力1MPa以上，韧性好、不易断裂、品种齐全、铺设安装方便。但价格高、易腐蚀、寿命比铸铁管短，约20年左右。

(4) 硬塑料管。喷灌常用的硬塑料管有聚氯乙烯管、聚乙烯管、聚丙烯管等。承压能力随壁厚和管径不同而不同，一般为0.4~0.6MPa。硬塑料管耐腐蚀、寿命长、重量小、易搬运、内壁光滑、水力性能好、过水能力稳定、有一定韧性、能适应较小的不均匀沉陷。但受温度影响大，高温变形、低温变脆、受光热老化后强度逐渐下降，工作压力不稳定、膨胀系数较大。

(5) 钢筋混凝土管。有自应力和预应力两种，可承受0.4~0.7MPa的压力，使用寿命长、节省钢材、运输安装施工方便、输水能力稳定、接头密封性好、使用可靠。但自重大、质脆、耐冲击性差、价格高。

(6) 薄壁钢管。用0.7~1.5mm的钢带卷焊而成。重量较轻、搬运方便、强度高、承压能力大，压力达1MPa，韧性好、不易断裂、抗冲击性好、使用寿命长，约10~15年，但价格较高。可制成移动式管道，但重量较铝合金和塑料移动式管道重。

(7) 涂塑软管。主要有锦纶塑料软管和维纶塑料软管两种，分别是以锦纶丝和维纶丝织成管坯，内处涂上聚氯乙烯制成。其重量轻、便于移动、价格低，但易老化、不耐磨、强度低、寿命短，可使用2~3年。

(8) 铝合金管。承压能力较强，一般为0.8MPa，韧性好、不易断裂、耐酸性腐蚀、不易生锈，使用寿命较长，水性能好、内壁光滑，但价格较高、不耐冲击、耐磨性较钢管差，不耐强碱腐蚀。

管道的安装因管道类型的不同而不同，下面介绍几种安装方法：

(1) 孔洞的预留与套管的安装。在绿地喷灌及其他设施工程中，地层上安装管道应在钢筋绑扎完毕时进行。工程施工到预留孔部位时，参照模板标高或正在施工的毛石、砖砌体的轴线标高确定孔洞模具的位置，并加以固定。遇到较大的孔洞，模具与多根钢筋相碰时，须经土建技术人员校核，采取技术措施后进行安装固定。对临时性模具应便于拆除，永久性模具应进行防腐处理。预留孔洞不能适应工程需要时，要进行机械或人工打孔洞，尺寸一般比管径大两倍左右。钢管套管应在管道安装时及时套入，放入指定位置，调整完毕后固定。铁皮套管在管道安装时套入。

(2) 管道穿基础或孔洞、地下室外墙的套管要预留好，并校验符合设计要求，室内装饰的种类确定后，可以进行室内地下管道及室外地下管道的安装。安装前对管材、管件进行质量检查并清除污物，按照各管段排列顺序、长度，将地下管道试安装，然后动工，同时按设计的平面位置、与墙面间的距离分出立管接口。

(3) 立管的安装应在土建主体的基础上完成。沟槽按设计位置和尺寸留好。检验沟槽，然后进行立管安装，裁立管卡，最后封沟槽。

(4) 横支管安装。在立管安装完毕、卫生器具安装就位后可进行横支管安装。

镀锌钢管安装工程内容有钢管、管架制作安装、水压试验、消毒冲洗和刷漆。

钢管是管道安装中最重要最常用的一种管道。其制作工艺包括放样、画线、截料、平直、钻孔、拼装、焊接、成品矫正、除锈、刷防锈漆、遍及成品堆放。

钢管分为焊接钢管和无缝钢管两种。焊接钢管又分直缝钢管和螺旋卷焊钢管。钢管的优点是强度高、耐振动、重量轻、长度大、接头少和加工接口方便等；缺点是易生锈、不耐腐蚀、内外防腐处理费用大、价格高等。所以，通常只在管径过大、水压过高以及穿越铁路、河谷和地震地区使用。普通钢管的工作压力不超过 1.0MPa；加强钢管的工作压力可达到 1.5MPa；高压管可用无缝钢管。室外给水用的钢管管径为 100~220mm 或更大，长 4~10m。钢管一般采用焊接或法兰接口，小管径可用丝扣连接。

管架制作安装：

(1) 放样：在正式施工或制造之前，制作成所需要的管架模型，作为样品。

(2) 画线：检查核对材料；在材料上画出切割、刨、钻孔等加工位置；打孔；标出零件编号等。

(3) 截料：将材料按设计要求进行切割。钢材截料的方法有氧割、机切、冲模落料和锯切等。

(4) 平直：利用矫正机将钢材的弯曲部分调平。

(5) 钻孔：将经过画线的材料利用钻机在作有标记的位置制孔。有冲击和旋转两种制孔方式。

(6) 拼装：把制备完成的半成品和零件按图纸的规定，装成构件或部件，然后经过焊接或铆接等工序成为整体。

(7) 焊接：将金属熔融后对接为一个整体构件。

(8) 成品矫正：将不符合质量要求的成品经过再加工后达到标准，即为成品矫正。一般有冷矫正、热矫正和混合矫正三种。

镀锌钢管指外表镀有一层锌的钢管。此类钢管能有效地防水、防热、防氧化、防污染、防腐蚀，是一类应用普遍、经久耐用的钢管。

焊接钢管指通过焊接而连接固定的一类钢管。

2. 丝扣阀门安装

(1) 丝扣阀门安装工程内容有场内搬运、外观检查、清理污锈、阀门安装、法兰安装及水压试验。

1) 场内搬运

场内搬运包括从机器制造厂把机器搬运到施工现场的过程。在搬运中注意人身和设备安全，严格遵守操作规范，防止意外事故发生及机器损坏、缺失。

2) 外观检查

外观检查是从外观上观察，看机器设备有无损伤、油漆剥落、裂缝、松动及不固定的地方，有效预防才能使施工过程顺利进行，并及时更换、检修缺损之处。

3) 水压试验

管道安装后应作水压试验，它是检验管道安装质量，进行管道验收的主要内容之一。水压试验按其目的分为强度试验和严密性试验两种。管道应分段进行水压试验，每个试验管段的长度不宜大于1km，非金属管道应短一些。试验管段的两端均应以管堵封住，并加支撑撑牢，以免接头撑开发生意外。埋设在地下的管道必须在管道基础检查合格且回填土不小于 0.5m 后进行水压试验。架空、明装及安装在地沟内的管道，应在外观检查合格后进行试验。管道在测压前，应先向试验管段充水，并排除管内空气。管内充水时间满足规定后，即可进行强度试验。埋设在地下的管道在进行水压试验时，用试压泵将试验管段开压到试验压力，恒定时间至少 10min，检查管道、附件和接口，如未发现管道、附件和接口破坏以及较严重的渗漏现象，则认为强度合格，即可进行渗水量测量试验——严密性试验。严密性试验方法为：用试压泵将水压升到试验压力，关闭试压泵的 1 号阀。记录压力下降 98kPa 所需的时间 T_1（min）；打开 1 号阀再将管道压力提高到试验压力，迅速关闭 1 号阀后，立即打开 4 号阀向量水槽放水，记录压力下降 98kPa 所需的时间 T_2（min），同时测量在此段时间内放出的水量 V（L），则试验管段的渗水量 q 可按下式计算：$q = V/(T_2 - T_1)$（L/min）。若在试验时管道未发生破坏，且渗水量不超过规定的数值，则认为试验合格。管径不大于 400mm 的埋地压力管道在进行强度试验时，按规范规定，先升压到试验压力，观测 10min，如压力下降不大于 49Pa，且管道未发生破坏，即可将压力下降至工作压力，再进行外观检查，如无渗漏现象即为试验合格。

丝扣阀门安装时阀门用活接头连接，其定额用镀锌活接头计算。套用镀锌活接头安装。

(2) 丝扣法兰阀门安装工程内容有场内搬运、外观检查、消除污锈、阀门安装、水压试验、加垫、紧螺栓、法兰安装等。

1) 加垫

加垫指在阀门安装时，因为管材和其他方面的原因，在丝扣固定时，需要垫上一定形状或大小的铁或钢垫，这样有利于固定和安装。垫料要按不同情况而定，其形状因需要而定，确保加垫之后，安装连接处没有缝隙。

2) 丝扣法兰

丝扣法兰即螺纹方式连接的法兰。这种法兰与管道不直接焊接在一起，而是以管口翻边为密封接触面，套法兰起紧固作用，多用于铜、铅等有色金属及不锈耐酸管道上。其最大优点是法兰穿螺栓时非常方便，缺点是不能承受较大的压力。也有的是用螺纹与管端连接起来，有高压和低压两种。它的安装执行活头连接项目。

(3) 焊接法兰阀门安装工程内容有场内搬运、外观检查、清除污锈、阀门安装、水压试验、加垫、紧螺栓、法兰安装等。

1) 螺栓

螺栓按加工方法不同，分为粗制和精制两种。粗制螺栓的毛坯用冲制或锻压力法制成，钉头和栓杆都不加工，螺纹用切削或滚压方法制成，这种螺栓因精度较差，多用于土建钢、木结构中。精制螺栓用六角棒料车制而成螺纹且所有表面均经过加工；精制螺栓又分为普通精制螺栓和配合螺栓，由于制造精度高，机械中应用较广，螺柱头一般为六角形，也有方形，这样便于拧紧，它与螺母配合使用，起到连接固定的作用。在拧紧过程中，螺母朝一个方向（一般为顺时针）转动，直到不能再转动为止，有时还需要在螺母与钢材间垫上一垫片，有利于拧紧，防止螺母与钢材磨损及滑丝。

2) 阀门安装

阀门是控制水流、调节管道内的水量和水压的重要设备。阀门通常放在分支管处、穿越障碍物和过长的管线上。配水干管上装设阀门的距离一般为400~1000m，并不应超过3条配水支管。阀门一般设在配水支管的下游，以便关阀门时不影响支管的供水。在支管上也设阀门。配水支管上的阀门不应隔断5个以上消防栓。阀门的口径一般和水管的直径相同。给水用的阀门包括闸阀和蝶阀。

①闸阀也叫闸板门，是给水管上最常见的阀门。闸阀由闸壳内的闸板上下移动来控制或截断水流。根据阀内闸板的不同，分为楔式和平行式两种。根据闸阀使用时阀杆是否上下移动，可分为明杆和暗杆两种。明杆式闸阀的阀杆随闸板的启闭而升降，从阀杆位置的高低可看出阀门开启程度，适用于明装的管道；暗杆式闸阀的闸板在阀杆前进方向留一个圆形的螺孔，当闸阀开启时，阀杆螺丝进入闸板孔内而提起闸板，阀杆仍不露出外面，有利于保护阀杆，通常适用于安装和操作地位受到限制之处。在选用闸阀时，除考虑口径和形式外，还要注意工作压力、传动方式和价格等。给水管网中的阀门宜用暗杆，一般手动操作，口径较大时，也可用电动阀门。

②蝶阀具有结构简单、尺寸小、重量轻、90°回转开启迅速等优点，价格同闸阀差不多，目前应用也较广。它是由阀体内的阀板在阀杆作用下旋转来控制或截断水流的。按照连接形式的不同，分为对夹式和法兰式。按照驱动方式不同分为手动、电动、气动等。此外还有止回阀、排气阀、泄水阀等。

3）焊接法兰阀门

焊接法兰指以焊接方式连接的碳钢法兰安装。使用焊接法兰的阀门叫做焊接法兰阀门。此类法兰有平焊法兰和对焊法兰。

①平焊法兰是最常用的一种。这种法兰与管子的固定形式，是将法兰套在管端，焊接法兰里口和外口，使法兰固定，适用公称压力不超过2.5MPa。用于碳素钢管道连接平焊法兰，一般用Q235和20号钢板制造；用于不锈耐酸管钢管道上的平焊法兰应用与管子材质相同的不锈耐酸钢板制造。平焊法兰密封面，一般都为光滑式，密封面上加工有浅沟槽。

②对焊法兰，也称高颈法兰和大尾巴法兰，它的强度大，不易变形，密封性能较好，有多种形式的密封面，适用的压力范围很广。

3. 水表安装

水表是一种计量建筑物或设备用水量的仪表。室内给水系统中广泛使用流速式水表。流速式水表是根据在管径一定时，通过水表的水流速度与流量成正比的原理来量测的。

(1) 流速式水表按叶轮构造不同，分旋翼式和螺翼式两种。旋翼式的叶轮转轴与水流方向垂直，阻力较大，启步流量和计量范围较小，多为小口径水表，用以测量较小流量。螺翼式水表叶轮转轴与水流方向平行，阻力较小，启步流量和计量范围比旋翼式水表大，适用于流量较大的给水系统。

1) 旋翼式水表按计数机件所处的状态又分为干式和湿式两种。干式水表的计数机件和表盘与水隔开，湿式水表的计数机件和表盘浸没在水中，机件较简单，计量较准确，阻力比干式水表小，应用较广泛，但只能用于水中无固体杂质的横管上。湿式旋翼式水表，按材质又分为塑料表与金属表等。

2) 螺翼式水表依其转轴方向又分为水平螺翼式和垂直螺翼式两种，前者又分为干式和湿式两类，但后者只有干式一种。湿式叶轮水表技术规格有具体规定。

(2) 水表安装应注意表外壳上所指示的箭头方向与水流方向一致，水表前后需装检修门，以便拆换和检修水表时关断水流；对于不允许断水或设有消防给水系统的，还需在设备旁设水表检查水龙头（带旁通管和不带旁通管的水表）。水表安装在查看方便、不受暴晒、不致冻结和不受污染的地方。一般设在室内或室外的专门水表井中，室内水表井及安装在资料上有详细图示说明。为了保证水表计量准确，螺翼式水表的上游端应有 8～10 倍水表公称直径的直径管段；其他型水表的前后应有不小于 300mm 的直线管段。水表口径的选择如下：对于不均匀的给水系统，以设计流量选定水表的额定流量，来确定水表的直径；用水均匀的给水系统，以设计流量选定水表的额定流量，确定水表的直径；对于生活、生产和消防统一的给水系统，以总设计流量不超过水表的最大流量决定水表的口径。住宅内的单户水表，一般采用公称直径为 15mm 的旋翼式湿式水表。

4. 喷嘴安装

小喷嘴指公称直径小于 20mm 的喷嘴。

全圆式喷嘴可绕环 360° 转动，喷嘴水流方向灵活，喷灌时方便，适合于安装在固定式喷头上。

定向式喷嘴是固定的，弯头不能转头，与转动式喷头结合起来，可向不同方向喷灌。

一般来说，园林喷灌可以部分采用农业、林业喷灌喷嘴。但由于园林灌溉的特殊性，喷洒范围应较严格控制，不应喷到人行道上；运动场等场所的喷洒设施不应露出地面等。因此，对园林喷灌的喷嘴应有特殊要求。目前国内外已研制和生产出了符合各种园林绿地景观等需要的园林专用喷嘴，可供选用。

(1) 喷嘴的分类：

1) 按工作压力分类。喷嘴可分为微压、低压、中压、高压喷嘴。微压喷嘴压力为 0.05～0.1MPa，射程 1～2m。微压喷嘴的工作压力很低，雾化好，适用于微灌系统。低压喷嘴（亦称近程喷嘴）压力为 0.1～0.2MPa，射程 2～15m。耗能少、水滴打击强度小。主要用于菜地、苗圃小苗区、温室、花卉等。中压喷嘴压力为 0.1～0.5MPa，射程 15～42m。其特点是喷洒均匀性好，喷灌强度适中，水滴大小适中，适用范围广。果园、草坪、菜地、农业大田作物、苗圃地、经济作物及各种类型土壤均有适宜的型号可供选择。高压喷嘴压力大于 0.5MPa，射程大于 42m。其特点是喷洒范围大，效率高、耗能也高、水滴大。适用于喷洒质量要求不高的大田、牧草及林木等。

2) 按结构形式和喷洒特性分类。喷嘴可分为旋转式（或称旋转射流式、射流式）、固定式（或称散水式、固定散水式或温射式）、喷洒孔管三种。

(2) 喷嘴的结构及工作原理：

1) 旋转式喷嘴。指绕自身铅垂线旋转的喷头，水流呈集中射流状。其特点是边喷洒边旋转。这种喷嘴射程较远，流量范围大，喷灌强度低，均匀度高，是目前农、林、园林绿地使用很广的一种形式。旋转式喷嘴的结构形式很多，根据旋转驱动机构的结构和原理的不同又有摇臂式、叶轮式、反作用式、水涡流驱动等。

2) 固定式喷嘴。指喷洒时其零件无相对运动的喷嘴。其特点是结构简单、工作可靠、要求工作压力低。喷洒时，水流在全圆周或部分圆周同时向四周散开，故射程短。近喷嘴处喷灌强度比平均喷灌强度大得多。一般雾化比较好，但多数喷嘴水量不均。可在公园绿地、苗圃、温室等处使用，也可装在行喷机上。埋藏散水式喷嘴主要用于草坪喷灌。固定式喷嘴按工作原理分为折射式和缝隙式两类。另外，草坪喷灌常用地埋伸缩散水式喷嘴。总之，喷嘴是流道的最后部分，内壁一般为圆锥形，水流流经喷嘴时流速增大，其作用是将水的压能最大限度地变为动能而喷射出去。喷嘴是影响流量、射程和喷洒质量的部件。

5. 给水井砌筑

(1) 给水井砌筑技术要点

1) 在已安装完毕的排水管的检查井位置，放出检查井中心位置线，按检查井半径摆出井壁砌墙位置。

2) 在检查井基础面上，先铺砂浆后再砌砖，一般圆形检查井采用一砖墙砌筑。采用内缝小外缝大的摆砖方法，外灰缝塞碎砖，以减少砂浆用量。每层砖上下皮竖灰缝应错开。随砌筑随检查弧形尺寸。

3) 井内踏步，应随砌随安随坐浆，其埋入深度不得小于设计规定。踏步安装后，在砌筑砂浆未达到规定强度前，不得踩踏。混凝土检查井井壁的踏步在预制或现浇时安装。

4) 排水管管口伸入井室 30mm，当管径大于 30mm 时，管顶应砌砖圈加固，以减少管顶压力，当管径大于或等于 1000mm 时，拱圈高应为 250mm；当管径小于 1000mm 时，拱圈高应为 125mm。

5) 砖砌圆形检查井时，随砌随检查井直径尺寸，当需收口时，若四面收进，则每次收进应不超过 30mm，若三面收进，则每次收进最大不超过 50mm。

6) 排水检查井内的流槽，应在井壁砌到管顶时进行砌筑。污水检查井流槽的高度与管顶齐平；雨水检查井流槽的高度为管径的 1/2。当采用砖砌筑时，表面应用 1:2 水泥砂浆分层压实抹光，流槽应与上下游管道接顺。

7) 砌筑检查井的预留支管，应随砌随安，预留管的管径、方向、标高应符合设计要求。管与井壁衔接处应严密不得漏水，预留支管口宜用低标号砂浆砌筑，封口抹平。

(2) 抹面、勾缝技术要求

砌筑检查井、井室和雨水口的内壁应用原浆勾缝，有抹面要求时，内壁抹面应分层压实，外壁用砂浆严密搓缝。其抹面、勾缝、坐浆、抹三角灰等均采用 1:2 水泥砂浆，抹面、勾缝用水泥砂浆的砂子应过筛。抹面要求：当无地下水时，污水井内壁抹面高度抹至工作顶板底；雨水井抹至底槽顶以上 200mm。其余部用 1:2 水泥砂浆勾缝。当有地下水时，井外壁抹面，其高度抹至地下水位以上 500mm。抹面厚度 20mm。抹面时用水泥板搓平，待水泥砂浆初凝后及时抹光、养护。勾缝一般采用平缝，要求勾缝砂浆塞入灰缝中，应压实拉平深浅一致，横竖缝交接处应平整。

(3) 井口、井盖的安装

检查井、井室及雨水口砌筑安装至规定高程后，应及时浇筑或安装井圈，盖好井盖。安装时砖墙顶面应用水冲刷干净，前铺砂浆。按设计高程找平，井口安装就位后，井口四周用 1:2 水泥砂浆嵌牢，井口四周围成 45°三角。安装铸铁井口时，核正标高后，井口周围用 C20 细石混凝土筑牢。

防冻给水井外表面加盖，并采取了相关的防冻措施，在外界温度较低情况下，不会发生冰冻现象，不会影响水量的供给。所以在寒冷季节，低温地区，砌筑防冻给水井是有必要的。

6. 绿地围牙、铁栏杆安装

铁栏杆是绿地喷灌及在其他设施外部设置的垂直构件。主要承担人们扶倚的侧向推力，以保障人身安全，还可以对整个建筑物起装饰美化作用。栏杆形式有实体、空花和混合式。一般栏杆有砖砌、钢筋混凝土和金属材料。在金属栏杆中以铁为材料的居多。铁栏杆在安装时应注意做好防腐措施，防止铁受到空气、水分、矿物质等的腐蚀，所以在铁栏杆安装时，经过清洗除锈后，应在上面涂刷一层油漆。同时铁栏杆要固定结实，防止脱落。固定连接方式一般采用焊接。

绿地围牙、铁栏杆安装工程内容：

(1) 挖槽、干铺围牙、回填土、余土外运、围牙勾缝等。

1) 挖槽

槽系指墙基下地槽，地沟系指管道沟，工程量按体积以立方米计算，按挖土深度不同分别执行相应地槽、地坑定额。

2) 干铺围牙

为了隔离施工现场，防止施工过程中造成交通运输的不便，以及防止人畜伤亡而设置的护卫墙。

3) 回填土

在建筑过程中，回填土可分为人工回填土和机械回填土碾压两种。机械回填土碾压按施工图纸的图示尺寸，以立方米为单位计算，其土方体积应乘以1.10系数。人工回填土可分为松填和夯填两种。基础工程完成后或为了达到室内垫层以下的设计标高，都必须进行土方回填。回填土一般在距离5m内取用，故常称就地回填土。夯填包括碎土、平土和打夯。松填则不包括打夯工序。夯实填土和松填土方的工程量分别以立方米为计量单位。室外地槽、地坑回填土，按地槽、地坑挖土量减去地槽、地坑内设计室外地坪以下建筑物被埋置部分所占体积。设计室外标高以下埋设的基础及垫层等体积，一般包括：基础垫层、墙基础、柱基础和管道基础等砌筑工程体积。

4) 余土外运

把施工过程中没有利用的土向施工场外运输称为余土外运。运输方式有人工运输和机械运输。单位工程总挖方量大于总填方量时的多余土方运至堆土场；取土系指单位工程总填方量大于总挖方量时，不足土方从堆土场取回运至填土地点。

①人工运土方：人工用铁锹、耙、锄等工具装土，用手推车送土。

②单轮双轮车运土方：手推车是施工工地上普遍使用的水平运输工具，其种类有独轮、双轮、三轮等多种。手推车具有小巧、轻便等优点，不但适用于一般的地面水平运输，还能在脚手架、施工栈道上使用；也可与塔吊、井架等配合使用，解决垂直运输需要。

5) 围牙勾缝

是指砌好围牙之后，先用砖凿刻修砖缝，然后用勾缝器将水泥砂浆堵塞于灰缝之间。缝的形状有凸缝、平缝和凹缝之分。勾缝时应作的准备工作：

①清除围牙上粘结的砂浆、泥浆和杂物等，并洒水润湿。

②开凿眼缝，并对缺棱掉角的部位用与墙面相同颜色的砂浆修补平整。

③将脚手眼内清理干净并洒水湿润，用与围牙相同的砖补砌严密。

(2) 挖坑、铁栏杆安装、刷油漆、回填土、余土外运、清理现场。

1) 清理现场

在施工之前,应清理障碍物,把一些垃圾、砖块等有碍交通、行动和施工的物体清理干净,并且平整场地,把人畜等隔离出去。

2) 挖坑

有用铁锹或铲子人工倾斜45°挖起土方和用机械挖坑等两种方法。

3) 铁栏杆

按一定的造型浇铸,耐腐蚀,装饰性强,较石栏杆通透,比钢材栏杆稳重,有气派,能预制,宜用于室外,但造价昂贵,是具有防护与分隔空间作用的园林小品。

4) 绿地预制混凝土围牙

绿地预制混凝土围牙是将预制的混凝土块(混凝土块的形状、大小、规格依具体情况而定)埋置于种植有花草树木的地段,对种植有花草树木的地段起围护作用,防止人员、牲畜和其他可能的外界因素对花草树木造成伤害的保护性设施。

5) 树池预制混凝土围牙

树池预制混凝土围牙是将预制的混凝土块(混凝土块的形状、规格、大小依树的大小和装饰的需要而定)埋置于树池的边缘,对树池起围护作用的保护性设施。

6) 绿地栏杆

绿地栏杆是保护绿地和对绿地进行分隔的园林小品,绿地栏杆有钢栏杆、铁栏杆、木竹栏杆、砖栏杆等,绿地栏杆的高度依空间尺度的需要来确定。

7) 管道铁件

管道铁件是为了保证管网能够正常运行、消防和维修管理工作而装设的附件,种类有阀门、止回阀、水锤清除设备、消火栓、排气阀和泄水阀等。

(三) 统一规定

1. 管道安装,分管道安装(指在地表铺设)与管道埋设,执行时应根据设计要求分别列项。

无论是地上管道还是地下管道,施工埋设的首要问题是坐标、标高要准确。因而,在测量标高时要将原始基准点查清,并对已有的建筑物进行校核。

(1) 埋地敷设。埋地敷设不占用有效空间,不需要设管道支架、建造成本低、施工简单。

1) 埋地管道主要适用于室外给排水、输油、煤气等管道。室外管道的埋设深度由土壤的冰冻深度及地面荷载情况确定。通常以管顶在冰冻线以下20~30cm为宜。覆土不小于0.7~1.0m的深度。如局部管道必须埋设在冰冻线以上时,要采取保温措施。

2) 埋地管道应按设计要求做好防腐处理。在运输、下管时应采取相应的措施保护防腐层。

3) 埋地管道互相交叉或管道与电缆交叉时,应有25cm以上的垂直距离。在平行敷设时,不允许上下重叠排列。

4) 易燃、易爆和剧毒管道穿过地下构筑物时,应设置套管,同时套管两端要伸到地下构筑物以外。

(2) 地沟敷设。当管道不适于埋地敷设或根数较多时，可采取地沟敷设，如热力管道。管沟的形式一般有以下三种：

1) 通行地沟：一般来说管道在六根以上应采用通行地沟。通行地沟的过人通道一般高为 1.8m。即人可站在沟中进行安装、检验。为使维修人员进出方便，在装有套管伸缩器及其他需要维修的管道配件处应设置人孔。人孔间距在有蒸汽管时不超过 10m，无蒸汽管时不超过 200m。

2) 半通行地沟：管道数量不多，维修量小的情况下可采用半通行地沟。半通行地沟内的管道可沿地沟一侧或两侧敷设。其通道的宽度不应小于 0.6m 左右。如果管道较长应在其中间设置人孔或小室以便维修人员出入。

3) 不通行地沟：这种方式耗资少。对管道配件少、维修量小的管道采用这种形式较为经济、合理。不通行地沟的管道宜采用水平单层排列，以便利于安装和维修。地沟中的管道在交叉换位，标高相同而相交时，应遵循：液体介质管道应从下面绕行，气体介质管道应从上面绕行的原则，以免影响管道的正常运行。

(3) 架空敷设

1) 室外架空敷设是将管道敷设于地面上的独立支架或带横梁的桁架上，也可以敷设于栽入墙体的支架上。架空敷设支架可采用砖砌、钢筋混凝土预制或现浇，以及钢制。厂区的管架敷设应尽量利用建筑物外墙和其他永久性建筑物。沿墙敷设是最简单的一种方法，但当管径推力较大时不宜采用此种方法。目前我国广泛采用混凝土支架，它不仅坚固耐用，能承受较大的纵向推力，且与钢支架比较还可以节约大量钢材。架空敷设分为三种：

①低支架敷设：为防止地面水浸泡管道，这种支架底部与地面间距通常为 0.5~1.0m。这种形式由于管道高度较低，受推力而形成的力矩较小，所以柱基和柱断面比较小，可节省材料。

②中支架敷设：在行人繁多、有大车通行处采用支架方式，其净高在 2.5~4m。

③高支架敷设：用于通行汽车或火车，净空高度一般为 4~6m。

2) 室内架空敷设应尽量沿设备、墙、柱、梁及其他构筑物敷设。

①沿墙敷设：一般立管均贴墙壁敷设，干管应让过立管后沿墙敷设。其优点是安装方便、占空间少、管架材料省。但沿墙敷设的管道不宜太多，管道推力不可过大。

②楼板下敷设：管道可吊在楼板上，但每个吊架的负荷不得超过 100kg。楼板下敷设可以使管道少走弯路，可在现制混凝土结构施工中预埋铁件。

③靠柱敷设：此方式敷设对管道是适宜的。柱子承受荷载较大，能承受管道的水平推力便于安装固定支架。但柱子的间距过大，敷设小管径管道在两柱之间还需要设置吊架。

④沿地面敷设：沿地面敷设应安装在较隐蔽的地方，以免挡路，妨碍使用功能，管底标高一般比地面高 10~15mm。若局部管道必须通过通道时，则在通道处应设保护措施。

2. 管道安装与埋设均已包括铺设、水压试验、消毒冲洗等全部操作过程。

消毒冲洗指给水管道试压合格后，应分段连通，进行冲洗、消毒，用以排除管内污物和消灭有害细菌，使管内出水符合《绿地灌溉条件》。经检验合格后，方可交付使用。

(1) 冲洗要求

1) 管道冲洗。一般以上游管道的自来水为冲洗水源，冲洗后的水可通过临时放水口排至附近河道或排水管道。安装放水口时，其冲洗管道接口应严密，并设有闸阀、排气管和放水阀门等，弯头处应进行临时加固。冲洗水管可比被冲洗的水管管径小，但断面不宜小于被冲洗管直径的1/2。冲洗水的流速不小于1.0m/s。冲洗时尽量避开用水高峰时间，不能影响周围的正常用水。冲洗应连续进行，直至检验合格后停止冲洗。

2) 冲洗步骤及注意事项

①准备工作：同自来水管理部门商定冲洗方案，如冲洗水量、冲洗时间、排水路线和安全措施等。

②开闸冲洗：放水冲洗时应先开出水闸阀，再开来水闸阀，注意排水，并派专人监护放水路线和安全措施等。

③检查放水口水质：观察放水口的外观，至水质外观澄清，化验合格为止。

④关闭闸阀：冲洗后，尽量使来水闸阀、出水闸阀同时关闭，如做不到，可先关闭出水闸阀，但留几扣暂不关死，等来水闸阀关闭后，再将出水闸阀关闭。

⑤化验：冲洗完毕后，管内应存水24h以上，再取水化验，色度、浊度合格后进行管道消毒。

(2) 管道消毒

管道消毒的目的是为了消灭新安装管道内的细菌，使水质达到饮用水标准。消毒液通常采用漂白粉溶液，其氯离子浓度不低于2mg/L。消毒液由试验管段进口注入。灌注时可少许开启来水闸阀和出水闸阀，使清水带着消毒液流经全部管段，当从放水口检验出规定浓度的氯为止，然后关闭进出水闸阀，将含氯水浸泡24h后再次用清水冲洗，直至水质管理部门取样化验合格为止。

3. 阀门安装均已包括场内搬运、外观检查、清除污锈及水压试验等全部过程。

常见的清除污锈的处理方法有以下几种：

(1) 手工除锈：这种方法目前仍大量采用，也是最简单的方法。通常是用钢丝刷或砂布将管道的表面锈污刷掉。在手工除锈时应特别注意焊药皮和焊渣的处理，因为焊渣更具有腐蚀性。在施工过程中，施焊完毕不清理就刷油的做法是不负责任的表现，必须克服和纠正。

(2) 机械除锈：当除锈工作量较大时，采用机械除锈的方法，此方法宜广泛采用。目前工地所用的除锈机多是自行设计的，多种多样。有外圆除锈及软轴内圆除锈机，以清除管内外壁的铁锈。

(3) 喷砂除锈：它不但能去掉金属表面的铁锈、污物，还能去掉旧的漆层。金属表面经过喷砂处理后变得粗糙，能增强油漆层对金属表面的附着力，效果较好。

4. 法兰阀门安装，定额中已综合法兰、垫片、螺栓、螺母的安装费和本身价值。

(1) 法兰

法兰种类很多，对各种法兰简要介绍如下：

1) 平焊法兰。平焊法兰是最常用的一种。这种法兰与管子的固定形式，是将法兰套在管端，焊接法兰口和外口，使法兰固定，适用公称压力不超过2.5MPa。用于碳素钢管道连接的平焊法兰，一般用Q235和20号钢板制造；用于不锈钢耐酸钢管道上的平焊法兰应用与管子材质相同的不锈耐酸钢板制造。平焊法兰密封面，一般都为光滑式，密封面上加工钢有浅沟槽。通常统称为水线。

2) 对焊法兰。也称高颈法兰和大尾巴法兰，它的强度大，不易变形，密封性能较好，有多种形式的密封面，适用的压力范围很广。光滑式对焊法兰，其公称压力为2.5MPa以下，规格范围为10~800mm。凹凸式密封面对焊法兰，由于凹凸密封面严密性强，承受的压力大，每副法兰的密封面，必须一个是凹面，另一个是凸面，不能搞错。榫槽式密封面对焊法兰，这种法兰密封性能好，结构形式类似凹凸式密封面法兰，也是一副法兰必须两个配套使用。梯形槽式密封面对焊法兰，这种法兰在石油工业管道中比较常用，承受压力大，常用在公称压力为6.4MPa、16.6MPa。上述各种密封对焊法兰，只是按密封面的形式不同，而加以区别的。从安装的角度来看，不论是哪种形式的对焊法兰，其连接方法是相同的，因而所耗用的人工、材料和机械台班，基本上也是一致的。

3) 管口翻边活动法兰（也称卷边松套法兰）。这种法兰与管道不直接焊接在一起，而是以管口翻边为密封接触面，套法兰起紧固作用，多用于铜、铅等有色金属及不锈钢耐酸钢管道上。其最大优点是由于法兰可以自由活动，法兰穿螺栓时非常方便，缺点是不能承受较大的压力。

4) 焊环活动法兰（也称焊环松套法兰）。它是将与管子材质相同的焊环，直接焊在管端，利用焊环作密封面，其密封面有光滑式和榫槽式两种。焊环法兰多用于管壁较厚的不锈钢管和钢管法兰的连接。法兰的材料为Q235、Q255碳素钢。

5) 螺纹法兰。是用螺纹与管端连接的法兰，有高压和低压两种。低压螺纹法兰，包括钢制和铸铁制造两种，随着工业的发展，低压螺纹法兰已被平焊法兰所代替，除特殊情况下，基本不采用。高压螺纹法兰，密封面由管端与透镜垫圈形成，对螺纹与管端垫圈接触面的加工要求精密度很高。

6) 其他法兰

①对焊翻边短管活动法兰，其结构形式与翻边活动法兰基本相同，不同之处是它不在管端直接翻边，而是在管端焊成一个成品翻边短管，其优点是翻边的质量较好，密封面平整。

②插入焊法兰，其结构形式与平焊法兰基本相同，不同之处在于法兰口内有一环形凸台，平焊法兰没有这个凸台。插入焊法兰适用压力在1.6MPa以下，其规格范围为15~80mm。

③铸铁两半式法兰，这种法兰可以灵活拆卸，随时更换。它是利用管端两个平面紧密结合以达到密封效果，适用压力较低的管道。

(2) 螺栓

螺栓按加工方法不同，分为粗制和精制两种。粗制螺栓的毛坯用冲制或锻压方法制成，钉头和栓杆都不加工；螺纹用切削或滚压方法制成，这种螺栓因精度较差，用于土建钢、木结构中。精制螺栓用六角棒料车制而成螺纹且所有表面均经过加工，精制螺栓又分普通精制螺栓和配合螺栓。由于其制造精度高，在机械中应用较广。螺栓头一般为六角形，也有方形，这样便于拧紧。常用的螺栓材料有Q215、Q235等碳素钢。

(3) 螺母

所有螺栓和双头螺栓连接都需要和螺母配合使用,螺母材料比配用螺栓材料略软为宜。

(4) 垫片

垫片的用途是保护被连接件的表面不被擦伤,增大螺母与连接件的接触面积,以及遮盖被连接件的表面不平,材料是Q215、Q235钢,粗制垫圈没有倒角,精制垫片带有倒角,当被连接件表面倾斜时,为避免在拧紧和传力时螺栓受到弯曲,要采用斜垫片。

5. 水表分丝接和焊接,定额中已包括水表安装与刷漆。

(1) 丝接

即管道之间连接不采用法兰而是采用如抱箍、插条等方法。在使用插条连接时,为了保证接口处严密,需采用密封胶带粘贴。

(2) 焊接

焊接是一种重要的金属加工工艺。焊接是指通过加热、加压或同时加热、加压,使两个分离的固态物体产生原子或分子间的结合和扩散,形成永久性连接的一种工艺方法。焊接方法的种类很多,通常分为三大类。

1) 熔化焊:利用局部加热的方法,将焊件的结合处加热到熔化状态,冷凝后彼此结合为一体。

2) 加压焊:在焊接过程中,使被焊金属达到原子或分子间的结合,从而连接在一起。

3) 钎焊:焊件经适当加热,但未达到熔点,而熔点比焊件低,钎料同时加热到熔化,润湿并填充在焊件连接处的间隙中。液态钎料凝固后形成钎缝,在钎缝中,钎料和母材相互扩散、溶解,形成牢固的结合。常见的钎焊方法有烙铁钎焊、火焰钎焊等。

(3) 刷漆

1) 常用的油漆有以下几种:

①樟丹防锈漆:用于钢铁表面第一层,能防止钢铁表面生锈,和其他油漆粘结力较好。

②银粉漆:一般用于面漆,它主要起美观作用。

③沥青底漆:是用70%的汽油与30%的沥青配制而成。当金属不加热而涂刷沥青时应先涂刷底漆,它能使沥青和金属面很好地粘结在一起。

④沥青黑漆:市场有成品出售,使用方便。阀门等防锈漆均是这种材料。

2) 刷漆的作用是防锈、保温、防水和美化等,对保护管道、钢铁铸件有非常重要的作用。

3) 刷漆的方法是在经过除锈且干燥的防腐材料表面均匀涂上一层油漆,保持干燥,使管道等不受大气、地下水、管道本身的介质腐蚀以及电化学腐蚀。

6. 绿地喷灌安装均已包括场内搬运、外观检查、切管、套丝、上喷嘴等全部操作过程。

(1) 场内搬运

包括从车间把喷灌机器搬运到安装场地等过程。在搬运过程中要采取相应措施,防止机器磨损及缺失。

(2) 外观检查

在检查外观的时候,主要看机器外部有无缺损,油漆有无剥落,有无裂缝等。

(3) 切管

管子安装之前，根据所要求的长度将管子切断。常用切断方法有锯断、刀割、气割等。施工时可根据管材、管径和现场条件选用适当的切断方法。切断的管口应平正，无毛刺，无变形，以免影响接口的质量。

(4) 套丝

管道安装工程中，要加工管端使之产生螺纹以便连接，管螺纹加工过程叫套丝。一般可分为手工和机械加工两种方法，即采用手工纹板和电动套丝机。这两种套丝机结构基本相同，即纹板上装有四块板牙，用以切削管壁产生螺纹。套出的螺纹应端正，光滑无毛刺，无断丝缺口，螺纹松紧度适宜，以保证螺纹接口的严密性。

(5) 上喷嘴

喷嘴是喷头的最后一部分。其安装方式因喷头类型的不同而不同，固定式和转动式喷头的喷嘴安装大同小异。

7. 水井砌筑包括挖填土方、砌砖、垫层、勾缝、抹水泥井圈、铸铁井盖。

(1) 挖填土方

挖填土方前，应符合下列规定：

1) 预制混凝土或钢筋混凝土圆形管道的现浇混凝土基础强度，接口抹带或预制物件现场装配的接缝水泥砂浆强度不小于 $5N/mm^2$。

2) 现场浇筑混凝土管道的强度达到设计规定。

3) 混合结构的矩形管道或拱形管道，其砖石砌体水泥砂浆强度达到设计规定；当为矩形管道时，应在安装盖板以后再挖填土方。

4) 现场浇筑的预制构件、现场装配的钢筋混凝土拱形管道或其他拱形管道，已采取措施保证回填时不发生位移，不产生裂缝和不失稳。

5) 钢管、铸铁管、球墨铸铁管、预应力混凝土管等压力管道；水压试验前，除接口外，管道两侧及管顶以上回填高度不应小于 0.5m；水压试验合格后，及时回填其余部分；管径大于 900mm 的钢管道，必要时可采取措施控制管顶的竖向变形。

6) 土方回填时，应将井内的砖、石、木块等杂物清除干净。

7) 采用集水井明沟排水时应保持排水沟畅通，沟槽内不得有积水，严禁带水作业；采用井点降低地下水位时，其动水位应保持最低填面以下不小于 0.5m。挖填土方还包括还土、摊平、夯实、检查等工序。

(2) 砌砖

绿地喷灌及其他施工工程中大多采用普通黏土砖砌筑而成。砌筑井室用砖应采用普通黏土砖，其强度不应低于 MU7.5，并应符合国家现行《普通黏土砖》标准的规定。机制普通黏土砖的外形为直角平行六面体，标准尺寸为 240mm×115mm×53mm。在砌筑时考虑灰缝为 10mm，则 4 块砖长、8 块砖宽和 16 块砖厚的长度均为 1m。每块砖重约为 2.5kg，圆形井砌筑的技术要点如下：

1) 在已安装完毕的排水管的检查井位置处，放出检查井中心位置线，按检查水井半径摆出井壁砖墙位置。

2) 在检查井基础表面上，先铺砂浆再砌砖，一般圆形水井采用 24 墙砌筑。

3) 砖砌圆形检查井时，随砌随检测检查水井直径尺寸，当需收口时，若四面收进，则每次收进应不超过30mm；若三面收进，则每次收进不超过50mm。

4) 其他技术要求见相关内容。

(3) 垫层、勾缝

垫层和勾缝的技术要求有以下几点：

1) 砌筑水井、井室和雨水口的内壁应用原浆勾缝，有垫层要求时，内壁垫层应分层压实，外壁用砂浆搓缝应严密。其垫层、勾缝、坐浆、抹三角灰等均采用1:2水泥砂浆，垫层、勾缝用水泥砂浆的砂子应过筛。

2) 垫层要求：当无地下水时，井外壁垫层，其高度抹至地下水位以上500mm。垫层厚度200mm，垫层时用水泥板搓平，待水泥砂浆初凝后及时抹光、养护。

3) 勾缝一般采用平缝，要求勾缝砂浆塞入灰缝中，应压实拉平深浅一致，横竖缝交接处应平整。

(4) 铸铁井盖

水井、井室及雨水井砌筑安装至规定高程后，应及时浇筑或安装井圈，盖好井盖。安装时砖墙顶面应用水冲刷干净，并铺砂浆。按设计高程找平，井口安装就位后，井口四周用1:2水泥砂浆嵌牢，井口四周围成45°三角。安装铸铁井口时，核正标高后，井口四周用C20细石混凝土筑牢。

(四) 工程量计算规则

1. 管道安装，按管线设计长度分管径以延长米计算。

2. 阀门安装，分材质、规格型号、连接方式以个计算。

闸门有闸阀、球阀、给水阀、弯头阀、竖管收接控制阀等。

(1) 闸阀用得较多，它的阻力小，开关省力，但结构较复杂，密封面易损伤而造成止水功能降低，结构高度大。

(2) 球阀多用于开关控制喷头。结构简单、重量轻、阻力小。但开关速度不易控制，易引起水锤。

(3) 给水阀是装于干管与支管之间或者固定管与移动管之间的一种给水阀门。分上、下阀体与固定管出口连接，上阀体为阀门开关，与移动管道连接。上阀体可在360°内任意转动而适应各方向管道的需要。

(4) 简易变头阀是为了方便水泵出口与管道连接，另外在竖管与支管连接处设有竖管快接控制阀，便于快速拆装竖管，竖管拆下后可自动封闭支管出口。

(5) 安全阀的作用是当管道内压力升高时自动开启，起防止水锤的作用。

(6) 减压阀是当系统内压力超过正常压力时，自动打开降低压力，保证系统在正常压力下工作。

(7) 空气阀的作用是当管路系统内有空气时，自动打开排气；当管内产生局部真空时，在大气压力下打开出水口，使空气进入管道，防止负压破坏。

3. 水表按图示数量以组计算。

4. 喷嘴安装，按不同型号以个计算。

5. 水表井、闸门井以座计算。

6. 绿地、树池围牙按延长米计算。

7. 绿地铁栏杆，按图示尺寸用量，以吨计算。

绿地铁栏杆是指绿地周围用铁为材料设置的安全设施。一般都为空心栏杆，采用圆钢、扁钢或方钢制作，在各交叉部位采用铁件焊接。

二、绿化工程规范

E.1.1 绿地整理。工程量清单项目设置及工程量计算规则，应按表2-1-7的规定执行。

绿地整理（编码：050101） 表2-1-7

项目编码	项目名称	项目特征	计量单位	工程量计算规则	工程内容
050101001	伐树、挖树根	树干胸径	株	按估算数量计算	1. 伐树、挖树根 2. 废弃物运输 3. 场地清理
050101002	砍挖灌木丛	丛高	株（株丛）		1. 灌木砍挖 2. 废弃物运输 3. 场地清理
050101003	挖竹根				1. 砍挖竹根 2. 废弃物运输 3. 场地清理
050101004	挖芦苇根			按估算面积计算	1. 苇根砍挖 2. 废弃物运输 3. 场地清理
050101005	清除草皮		m²		1. 除草 2. 废弃物运输 3. 场地清理
050101006	整理绿化用地	1. 土壤类别 2. 土质要求 3. 取土运距 4. 回填厚度 5. 弃渣运距		按设计图示尺寸以面积计算	1. 排地表水 2. 土方挖、运 3. 耙细、过筛 4. 回填 5. 找平、找坡 6. 拍实
050101007	屋顶花园基底处理	1. 找平层厚度、砂浆种类、强度等级 2. 防水层种类、做法 3. 排水层厚度、材质 4. 过滤层厚度、材质 5. 回填轻质土厚度、种类 6. 屋顶高度 7. 垂直运输方式			1. 抹找平层 2. 防水层铺设 3. 排水层铺设 4. 过滤层铺设 5. 填轻质土壤 6. 运输

E.1.2 栽植花木。工程量清单项目设置及工程量计算规则，应按表2-1-8的规定执行。

栽植花木（编码：050102） 表 2-1-8

项目编码	项目名称	项目特征	计量单位	工程量计算规则	工程内容
050102001	栽植乔木	1. 乔木种类 2. 乔木胸径 3. 养护期	株（株丛）	按设计图示数量计算	1. 起挖 2. 运输 3. 栽植 4. 养护
050102002	栽植竹类	1. 竹种类 2. 竹胸径 3. 养护期			
050102003	栽植棕榈类	1. 棕榈种类 2. 株高 3. 养护期	株		
050102004	栽植灌木	1. 灌木种类 2. 冠丛高 3. 养护期			
050102005	栽植绿篱	1. 绿篱种类 2. 篱高 3. 行数 4. 养护期	m	按设计图示以长度计算	
050102006	栽植攀缘植物	1. 植物种类 2. 养护期	株	按设计图示数量计算	
050102007	栽植色带	1. 苗木种类 2. 苗木株高 3. 养护期	m²	按设计图示尺寸以面积计算	
050102008	栽植花卉	1. 花卉种类 2. 养护期	株	按设计图示数量计算	
050102009	栽植水生植物	1. 植物种类 2. 养护期	丛		
050102010	铺种草皮	1. 草皮种类 2. 铺种方式 3. 养护期	m²	按设计图示尺寸以面积计算	1. 坡地细整 2. 阴坡 3. 草籽喷播 4. 覆盖 5. 养护
050102011	喷播植草	1. 草籽种类 2. 养护期			

E.1.3 绿地喷灌。工程量清单项目设置及工程量计算规则,应按表 2-1-9 的规定执行。

绿地喷灌（编码：050103） 表 2-1-9

项目编码	项目名称	项目特征	计量单位	工程量计算规则	工程内容
050103001	喷灌设施	1. 土石类别 2. 阀门井材料种类、规格 3. 管道品种、规格、长度 4. 管件、阀门、喷头品种、规格、数量 5. 感应电控装置品种、规格、品牌 6. 管道固定方式 7. 防护材料种类 8. 油漆品种、刷漆遍数	m	按设计图示尺寸以长度计算	1. 挖土石方 2. 阀门井砌筑 3. 管道铺设 4. 管道固筑 5. 感应电控设施安装 6. 水压试验 7. 刷防护材料、油漆 8. 回填

E.1.4 其他相关问题,应按下列规定处理:

1. 挖土外运、借土回填、挖（凿）土（石）方应包括在相关项目内。

2. 苗木计量应符合下列规定:

1）胸径（或干径）应为地表面向上 1.2m 高处树干的直径。

2）株高应为地表面至树顶端的高度。

3）冠丛高应为地表面至乔（灌）木顶端的高度。

4）篱高应为地表面至绿篱顶端的高度。

5）生长期应为苗木种植至起苗的时间。

6）养护期应为招标文件中要求苗木栽植后承包人负责养护的时间。

三、绿化工程编制注意事项

（一）概况

本章共 3 节 19 个项目。包括绿地整理、栽植苗木、绿地喷灌等工程项目,适用于绿化工程。

（二）有关项目的说明

1. 整理绿化地是指土石方的挖方、凿石、回填、运输、找平、找坡、耙细。

2. 伐树、挖树根,砍挖灌木林,挖竹根,挖芦苇根,除草项目包括:砍、锯、挖、剔枝、截断、废弃物装、运、卸、集中堆放、清理现场等全部工序。

3. 屋顶花园基底处理项目包括:铺设找平层、粘贴防水层、闭水试验、透水管、排水口埋设、填排水材料、过滤材料剪切、粘结、填轻质土、材料水平、垂直运输等全部工序。

4. 栽植苗木项目包括:起挖苗木、临时假植、苗木包装、装卸押运、回土填塘、挖穴假植、栽植、支撑、回土踏实、筑水围浇水、覆土保墒、养护等全部工序。

5. 喷播植草项目包括:人工细整坡地、阴坡、草籽配制、洒胶粘剂（丙烯酰胺、丙烯酸钾交链共聚物等）、保水剂（无毒高分子聚合物）、喷播草籽、铺覆盖物、钉固定钉、施肥浇水、养护及材料运输等全部工序。

6. 喷灌设施安装项目包括:阀门井砌筑或浇筑、井盖安装、管道检查、清扫、切割、焊接（粘结）、套丝、调直和阀门、管件、喷头安装,感应电控装置安装,管道固筑,管道水压实验调试、管沟回填等全部工序。

（三）有关项目特征的说明

1. 屋顶高度指室外地面至屋顶顶面的高度。
2. 屋顶花园基底处理的垂直运输方式，包括人工、电梯或采用井字架等垂直运输。
3. 苗木种类应根据设计具体描述苗木的名称。
4. 喷灌设施项目防护材料种类，包括阀门井需要的防护材料（如防潮、防水材料），管道、管材、阀门的防护材料。

（四）有关工程量计算规则的说明

1. 伐树、挖树根项目应根据树干的胸径或区分不同胸径范围（如胸径150~250mm 等），以实际树木的株数计算。
2. 砍挖灌木丛项目应根据灌木丛高或区分不同丛高范围（如丛高800~1200mm等），以实际灌木丛数计算。
3. 栽植乔木等项目应根据胸径、株高、丛高或区分不同胸径、株高、丛高范围，以设计数量计算。
4. 喷灌设施项目工程量应分不同管径从供水主管接口处算至喷头各支管（不扣除阀门所占长度，喷头长度不计算）的总长度计算。

（五）有关工程内容的说明

1. 屋顶花园基底处理项目材料运输，包括水平运输和垂直运输。
2. 苗木栽植项目，如苗木由市场购入，投标人则不计起挖苗木、临时假植、苗木包装、装卸押运、回土填塘等的价值，以苗木购入价及相关费用进行报价。

（六）举例

【例1】 某公园绿地喷灌设施，从供水主管接出分管为43m，管外径 $DN32$；从分管至喷头的支管为54m，管外径 $DN20$，共97m；喷头采用美国鱼鸟牌旋转喷头 $DN50$ 共6个；分管、支管均采用川路牌 UPVC 塑料管。

（1）经业主根据施工图计算：

分管为 $DN32.43m$，支管为 $DN20.54m$，共97m，喷头6个，低压塑料丝扣阀门1个，水表1个。

（2）投标人计算：

1）挖管沟土方，19.4m³

①人工费： 5.11元/m³ × 19.4m³ = 99.134元

②材料费：无

③机械费： 0.12元/m³ × 19.4m³ = 2.328元

2）回填土：19.4m³

①人工费： 3.59元/m³ × 19.4m³ = 69.646元

②材料费：无

③机械费： 0.09元/m³ × 19.4m³ = 1.746元

3）低压塑料丝扣阀门安装，φ32，1个

①人工费： 3.66元/个 × 1个 = 3.66元

②材料费： 11.24元/个 × 1个 = 11.24元

  阀门φ32： 1.00个/个 × 6元/个 × 1个 = 6元

③机械费： 0.14元/个 × 1个 = 0.14元

4）低压塑料丝扣阀门安装，$\phi 20$，2个
①人工费： 3.00元/个×2个＝6.00元
②材料费： 8.66元/个×2个＝17.32元
　阀门$\phi 20$： 1.00个/个×6元/个×2个＝12元
③机械费： 0.12元/个×2个＝0.24元

5）水表，螺纹连接，$\phi 32$，1组
①人工费： 17.57元/组×1组＝17.57元
②材料费： 27.17元/组×1组＝27.17元
　1块/组×1组×25元/块＝25元
③机械费： 0.69元/组×1组＝0.69元

6）塑料管安装，$\phi 32$，43m
①人工费： 1.85元/m×43m＝79.55元
②材料费： 4.91元/m×43m＝211.13元
③机械费： 0.07元/m×43m＝3.01元

7）塑料管安装，$\phi 20$，54m
①人工费： 1.58元/m×54m＝85.32元
②材料费： 2.92元/m×54m＝157.68元
③机械费： 0.06元/m×54m＝3.24元

8）喷头安装，6个，换向摇壁式
①人工费： 1.26元/个×6个＝7.56元
②材料费： 0.18元/个×6个＝1.08元
　可调喷头： 1套/个×6个×90元/套＝540元
③机械费： 0.05元/个×6个＝0.3元

9）综合
①直接费合计：1388.754元，其中人工费368.44元
②管理费： 368.44元×38%＝140.007元
③利润： （368.44元×19%＋1388.754元）×7%＝102.113元
④总计： 1388.754＋140.007＋102.113＝1630.874元
⑤综合单价： 1630.874元÷97m＝16.813元/m

分部分项工程量清单计价表

工程名称：公园绿地　　　　　　　　　　　　　　　　　　　　第　　页共　　页

序号	项目编码	项目名称	计量单位	工程数量	金额（元）	
					综合单价	合价
1	050103001001	喷灌设施 分管 DN32.43m（川路UPVC塑料管） 支管 DN20.54m（川路UPVC塑料管） 美国鱼鸟旋转喷头 DN50 6个，水表1个 低压塑料线丝扣阀门1个 挖土深度0.5m，一类土	m	97	16.813	1630.874
		合　　计				1630.874

分部分项工程量清单综合单价计算表

工程名称：公园绿地　　　　　　　　　　　　　　　　　　　　　　计量单位：m
项目编码：050103001001　　　　　　　　　　　　　　　　　　　工程数量：97
项目名称：喷灌设施　　　　　　　　　　　　　　　　　　　　　　综合单价：17.48元

序号	定额编号	工程内容	单位	数量	其中（元）					
					人工费	材料费	机械费	管理费	利润	小计
1	9-1-2	挖管沟土方	m³	19.4	99.134		2.328			
	9-1-4	管沟土方回填	m³	19.4	69.646		1.746			
	9-5-65	低压塑料丝扣阀门安装，φ32	个	1	3.66	17.24	0.14			
	9-5-64	低压塑料丝扣阀门安装，φ20	个	2	6	29.32	0.24			
	9-5-76	水表安装，螺纹连接，φ32	组	1	17.57	52.17	0.69			
	9-5-30	塑料管安装，φ32	m	43	79.55	211.13	3.01			
	9-5-28	塑料管安装，φ20	m	54	85.32	157.68	3.24			
	9-5-83	喷头安装	个	6	7.56	541.08	0.3			
		合　计			368.44	1008.62	11.694	140.007	102.113	1630.874

【例2】 有块4000m²的绿化地，栽新疆杨172株（胸径3.5～4cm），馒头柳103株（胸径9～10cm）。

（1）经业主根据施工图计算：

新疆杨172株（胸径3.5～4cm），馒头柳103株（胸径9～10cm），共275株。

（2）投标人计算：

1）馒头柳（胸径9～10m），103株。

$$28.8 元/株 \times 103 株 = 2966.4 元$$

2）新疆杨（胸径3.5～4cm），172株。

$$11.7 元/株 \times 172 株 = 2012.4 元$$

3）普坚土掘苗，新疆杨172株，胸径3.5～4cm。

①人工费：　　　　　8.47元/株×172株＝1456.84元

②材料费：　　　　　0.17元/株×172株＝29.24元

③机械费：　　　　　0.20元/株×172株＝34.4元

4）普坚土掘苗，馒头柳103株，胸径9～10cm。

①人工费：　　　　　8.47元/株×103株＝872.41元

②材料费：　　　　　0.17元/株×103株＝17.51元

③机械费：　　　　　0.20元/株×103株＝20.6元

5）场外运苗，新疆杨172株，馒头柳103株。

①人工费：　　　　　4.72元/株×275株＝1298元

②材料费：　　　　　0.24元/株×275株＝66元

③机械费：　　　　　7.00元/株×275株＝1925元

6）裸根乔木客土（70×50），新疆杨172株（胸径3.5～4cm）。

①人工费：　　　　　1.03元/株×172株＝177.16元

②材料费：无

③机械费：　　　　　0.02元/株×172株＝3.44元

7) 裸根乔木客土（100×70），馒头柳 103 株（胸径 9~10cm）。
①人工费： 2.86 元/株 × 103 株 = 294.58 元
②材料费：无
③机械费： 0.07 元/株 × 103 株 = 7.21 元
8) 普坚土种植，新疆杨 172 株（胸径 3.5~4cm）。
①人工费： 5.38 元/株 × 172 株 = 925.36 元
②材料费： 3.25 元/株 × 172 株 = 559 元
③机械费： 0.13 元/株 × 172 株 = 22.36 元
9) 普坚土种植，馒头柳 103 株（胸径 9~10cm）。
①人工费： 14.37 元/株 × 103 株 = 1480.11 元
②材料费： 5.99 元/株 × 103 株 = 616.97 元
③机械费： 0.34 元/株 × 103 株 = 35.02 元
10) 综合
①直接费合计：14820.01 元，其中人工费 6504.46 元
②管理费： 6504.46 元 × 38% = 2471.695 元
③利润： (6504.46 × 19% + 14820.01) × 7% = 1123.910 元
④总计： 14820.01 + 2471.695 + 1123.910 = 18415.615 元
⑤综合单价： 18415.615 元 ÷ 275 = 66.966 元

分部分项工程量清单计价表

工程名称：绿化地　　　　　　　　　　　　　　　　　　第　页共　页

序号	项目编码	项目名称	计量单位	工程数量	金额（元）	
					综合单价	合价
2	050102001001	栽植乔木 新疆杨（胸径 3.5~4cm） 馒头柳（胸径 9~10cm）	株	275	66.966	18415.615
		合　　计				18415.615

分部分项工程量清单综合单价计算表

工程名称：绿化地　　　　　　　　　　　　　　　　计量单位：m
项目编码：050102001001　　　　　　　　　　　　　工程数量：275
项目名称：栽植乔木　　　　　　　　　　　　　　　综合单价：66.994 元

序号	定额编号	工程内容	单位	数量	其　中（元）						小计
					人工费	材料费	机械费	管理费	利润	
2	4702002	新疆杨（胸径 3.5~4cm）	株	172		2012.4				
	4703010	馒头柳（胸径 9~10cm）	株	103		2966.4				
	9-3-1	普坚土掘苗，胸径 10cm 以下	株	275	2329.25	46.75	55			
	9-3-25	场外运苗，胸径 10cm 以下	株	275	1298	66	1925			
	9-4-1	裸根乔木客土，70×50	株	172	177.16		3.44			
	9-4-3	裸根乔木客土，100×70	株	103	294.58		7.21			
	9-2-1	普坚土种植，胸径 5cm 以内	株	172	925.36	559	22.36			
	9-2-3	普坚土种植，胸径 10cm 以内	株	103	1480.11	616.97	35.02			
		合　　计			6504.46	6267.52	2048.03	2471.695	1123.910	18415.615

第二节　园路、园桥、假山工程

一、园路、园桥、假山工程造价概论

园　路　工　程

园路是园林绿地构图中的重要组成部分，是联系各景区、景点以及活动中心的纽带，具有引导游览、分散人流的功能，同时也可供游人散步和休息之用。园路本身与植物、山石、水体、亭、廊、花架一样都能起展示景物和点缀风景的作用。园路还需满足园林建设、养护管理、安全防火和职工生活对交通运输的需要。园路配布合适与否，直接影响到公园的布局和利用率，因此需要把道路的功能作用和艺术性结合起来，精心设计，因景设路，因路得景，做到步移景异。一般园路可分为主干道、次干道和游步道三种类型。主干道是园林绿地道路系统的骨干，与园林绿地的主要出入口，各功能分区以及风景点相联系，也是各区的分界线。次干道一般由主干道分出，是直接联系各区及风景点的道路，以便将人流迅速分散到各个所需去处。游步道是引导游人深入景点、寻胜探幽的道路。一般设在山丘、峡谷、小岛、丛林、水边、花间或草地上。

（一）园路及地面

工程图例见表 2-2-1。

工程图例与绘图　　　　　　　　　表 2-2-1

序　号	名　　称	图　　例	说　　明
1	道路		
2	铺装路面		
3	台阶		箭头指向表示向上
4	铺砌场地		也可依据设计形态表示

1. 绘制园路平面图

单条园路的绘制范围，如城市游憩林阴道及其他绿化街道，宜超出道路红线范围以外 20~50m。绘制范围内的交叉口，人行道、车行道、绿化带、建筑等都要明确绘出。整个园路路网系统的平面图，则要将该处园林绿地用地范围内的地形、水体、场地、建筑、绿化等基本的环境与地形要素全部绘出。平面图图纸的上部应标明指北的方向标。

绘图时，先用细的点画线在描好的现状地形图上画出道路中心线，然后用粗实线绘出道路红线（即边线）、人行道与车行道的分界线，用细实线绘出绿化带、边沟、雨水口、路灯、桥涵、园林建筑出入口等。最后，要将园路设计的各种尺寸要素完整地标注出来，

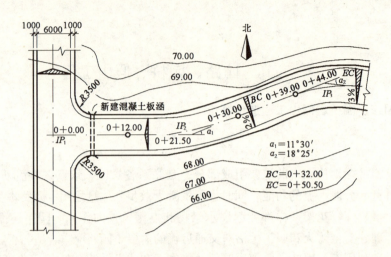

图 2-2-1　园林道路设计平面图

一些技术要求、说明，也要用简明的文字注出。

园路平面设计图的示例，见图 2-2-1。

2. 园路横断面图绘制

道路横断面图有标准横断面与施工横断面两种图示方式。标准横断面即各个路段上的设计横断面，一般采用 1:100 或 1:200 的比例尺作图。在图上应绘出园路的红线宽度、路拱、绿化带等基本组成部分，有的园路还要绘出车行道、人行道、分车带、路肩、边沟、边坡等部分。园路的铺装路面部分，要用粗线绘制，表示道路的剖切线，如图 2-2-2（a）所示。施工横断面图，则是在现状横断面图的基础上，根据道路纵断面设计所确定的桩号、设计高差和设计标准横断面，在厘米方格纸上绘制的简图，是作为土石方量计算及施工放样的依据。其比例尺一般也采用 1:100 或 1:200，图 2-2-2（b）为施工横断面图的示例。绘制出的若干个施工横断面图，一般都是按园路中线桩的编号顺序，自上而下、自左向右地布置。

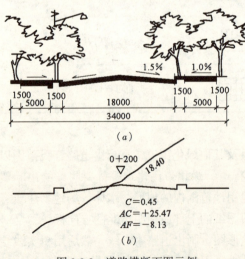

图 2-2-2　道路横断面图示例
（a）标准横断面图；（b）施工横断面图

3. 绘制园路纵断面图

在园路纵断面设计图中，一般要绘制出：道路中心线的地面线、纵坡设计线、竖曲线及其组成要素、起点、中点、终点的标高、施工设计、土质剖面图、桥涵位置、孔径和结构类型以及道路的交点、已有地下管线位置以及地下水位高程等。对沿线的水准点、高程也应注明。道路纵断面图的示例，可见图 2-2-3。

（二）工程内容

园路及地面工程包括垫层、路面、地面、台阶、路牙等。

1. 垫层

垫层是承重和传递荷载的构造层。垫

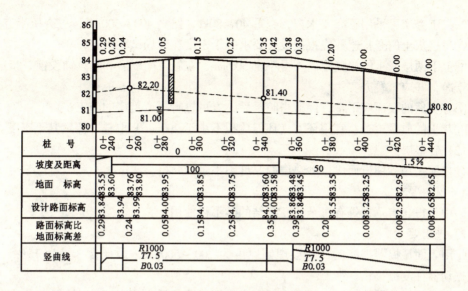

图 2-2-3 园路纵断面图示例

层工程内容包括底层平整及原材料处理，洒水拌合、分层铺设、找平压实、养护、砂浆调制运输等过程。

底层平整是指填挖土方使底层土地平坦整齐。

拌合是将两种或两种以上的混合物混合搅拌均匀。

铺设就是将上面拌合好的垫层材料铺垫在素土基础上。

找平是将所铺设的垫层材料整平。

压实是利用人力或打夯机的作用，使上面找平后的垫层材料变得密实。

养护是指混凝土浇筑后的初期，在凝结硬化过程中进行湿度和温度控制，以利于混凝土获得设计要求的物理力学性能。

砂浆调制就是将砂子和胶结材料（水泥、石灰膏、黏土等）加水按一定比例混合调制。运输就是将按一定比例拌合好的砂浆运到现场工地上。

(1) 灰土垫层

灰土垫层是用消石灰和黏土（或粉质黏土、粉土）的拌合料铺设而成。应铺在不受地下水浸湿的基土上，其厚度一般不小于100mm。

1) 材料要求

①消石灰应采用生石灰块，使用前3~4d予以消解，并加以过筛，其粒径不得大于5mm，不得夹有未熟化的生石灰块，也不得含有过多水分；

②土料直接采用就地挖出的土，不得含有有机杂质，使用前应过筛，其粒径不得大于15mm；

③灰土的配合比（体积比）一般为2:8或3:7。

2) 施工要点

①灰土拌合料应保证比例准确、拌合均匀、颜色一致，拌好后及时铺设夯实；

②灰土拌合料应适当控制含水量；

③灰土拌合料应分层铺平夯实，每层虚铺厚度一般为150~250mm，夯实到100~150mm；

④人工夯实可采用石夯或木夯，夯重 40～80kg，路高 400～500mm，一夯压半夯；

⑤每层灰土的夯打遍数应根据设计要求的干密度在现场试验确定；

⑥上下两层灰土的接缝距离不得小于 500mm，在施工间歇后和继续铺设前，接缝处应清扫干净，并应重叠夯实；

⑦夯实后的表面应平整，经适当晾干后，方可进行下道工序的施工；

⑧灰土的质量检查，宜用环刀（环刀体积不小于 200cm³）取样，测定其干密度。

（2）砂垫层

砂垫层是用砂铺设而成，砂垫层的厚度不小于 60mm。

1）材料要求

砂中不得含有草根等有机杂质，冻结的砂不得使用。

2）施工要点

①用表面振捣器捣实时，每层虚铺厚度为 200～500mm，最佳含水量为 15%～20%，要使振动器往复振捣；

②用内部振捣器捣实时，每层虚铺厚度为振捣器的插入深度，最佳含水量为饱和，振捣时不应插至基土上，振捣完毕后，所留孔洞要用砂填塞；

③用木夯或机械夯实时，每层虚铺厚度为 150～200mm，最佳含水量为 8%～12%，一夯压半夯全面压实；

④用压路机碾压时，每层虚铺厚度为 250～300mm，最佳含水量为 8%～12%，要往复碾压；

⑤砂垫层的质量检查，可用容积不小于 200cm³ 的环刀取样，测定其密度，以不小于该砂料在中密状态下的干密度数值为合格，中砂在中密状态的干密度一般为 1.55～1.60g/cm³。

（3）天然级配砂石垫层

天然级配砂石垫层是用天然砂石铺设而成，其厚度不小于 100mm。

1）材料要求

①砂和石子不得含有草根等有机杂质，冻结的砂和冻结的石子均不得使用；

②石子的最大粒径不得大于垫层厚度的 2/3。

2）施工要点

①用表面振捣器捣实时，每层虚铺厚度为 200～250mm，最佳含水量为 15%～20%，要使振捣器往复振捣；

②用内部振捣器捣实时，每层的虚铺厚度为振捣器的插入深度，最佳含水量为饱和，插入间距应按振动器的振幅大小决定，振捣时不应插至基土上，振捣完毕后，所留孔洞要用砂塞填；

③用木夯或机械夯实时，每层虚铺厚度为 150～200mm，最佳含水量为 8%～12%，要一夯压半全面压实；

④用压路机碾压时，每层的虚铺厚度为 250～350mm，最佳含水量为 8%～12%，要往复碾压。

⑤砂石垫层的质量检查，可在垫层中设置纯砂检查点，在同样施工条件下，按砂垫层质量检查方法及要求检查。

（4）素混凝土垫层

素混凝土垫层是用不低于 C10 的混凝土铺设而成的，其厚度不应小于 60mm。

1）材料要求

①水泥可采用硅酸盐水泥、普通硅酸盐水泥、炉渣硅酸盐水泥、火山灰质硅酸盐水泥和粉煤灰硅酸盐水泥；

②砂的质量应符合《普通混凝土用砂质量标准及检验方法》；

③石的质量应符合《普通混凝土用碎石或卵石质量标准及检验方法》，石的粒径不得大于垫层厚度的 1/4；

④水宜用饮用水。

2）施工要点

①混凝土的配合比，应通过计算和试配决定，混凝土浇筑时的坍落度宜为 1~3cm；

②混凝土应拌合均匀；

③浇筑混凝土前，应消除淤泥和杂物，如基土为干燥的非黏性土，应用水湿润；

④捣实混凝土宜采用表面振动器，表面振动器的移动间距，应能保证振动器的平板覆盖已振实部分的边缘，每一振处应使混凝土表面呈现浮浆和不再沉落；

⑤垫层边长超过 3m 的应分仓进行浇筑，其宽度一般为 3~4m。分格缝应结合变形缝的位置，按不同材料的地面连接处和设备基础的位置等划分；

⑥混凝土浇筑完毕后，应在 12h 以内用草帘加以覆盖和浇水，浇水次数应能保持混凝土具有足够的润湿状态，浇水养护日期不少于 7d；

⑦混凝土强度达到 1.2MPa 后，才能在其上做面层。

2. 路面、地面

路面就是道路的表层，用土、小石块、混凝土或沥青等材料铺成。地面是指房屋等建筑物内部以及周围的地上铺筑的一层材料，材料多为木头、砖石或混凝土。

路面、地面工程内容包括：清理底层、砂浆调制、坐浆、铺设、找平、灌缝、模板制、安、拆、混凝土搅拌、运输、压实、抹平、养护等全过程。

清理底层是指清除底层上存在的一些有机杂质和粒径较大的物件，以便进行下一道工序。

灌缝是利用各种适当的填缝材料，向变形缝内填塞嵌灌，使材料充满缝隙，以达到建筑的要求。

模板指浇灌混凝土工程用的模型板，一般用木料或钢材制成。

混凝土搅拌是将按配合比配制的水泥、砂、石子、水放在搅拌机中搅拌形成混凝土拌合物。

运输是将按一定配合比拌合好的砂浆运到现场工地上。

压实指要求混凝土层密实，使其中不含气泡，且整体保持一致的硬度。

抹平指将水泥浆面层抹平。

养护是在水泥砂浆面层刷好后采取相应的措施以确保水泥砂浆面层的顺利形成。

（1）水泥方格砖路面

水泥方格砖路面是直接用水泥砂浆做成方格砖铺设路面。

1）材料要求

①水泥宜采用硅酸盐水泥、普通硅酸盐水泥；

②砂应用中砂和粗砂，含泥量不大于3%；

③如用石屑代砂其粒径宜为3～6mm，含泥量不大于3%。

2）施工要点

①水泥砂浆面层宜在垫层或找平层的混凝土或水泥砂浆抗压强度达到1.2MPa后铺设；

②垫层或找平层表面应粗糙、洁净、湿润；

③水泥砂浆应采用机械搅拌，搅拌不少于2min，要拌合均匀，颜色一致，其稠度（以标准圆锥体深入度计）不应大于3.5cm；

④铺设时，要先用木板隔成宽小于3m的条形区段，并以木板作为厚度标准。抹平工作应在初凝前完成，压光工作应在终凝前完成；

⑤水泥砂浆面层铺好后一天内应以砂或锯末覆盖。并在7～10d内每天浇水不少于1次；

⑥水泥石屑浆面层的施工按水泥砂浆面层的要求。

(2) 异型水泥砖路面

异型水泥砖路面用水泥砂浆做成各种不同形状的砖块铺设路面。材料要求与施工要点同上。

(3) 豆石麻石混凝土路面

豆石麻石混凝土路面即采用水泥豆石浆或水泥麻石浆抹面的地面。水泥豆石浆是采用水泥:豆石=1:1.25所配合而成的。

麻石：规格为197mm×76mm，采用砂浆粘贴或干粉型胶粘剂粘贴。

(4) 铺预制混凝土块

预制混凝土块以水泥为胶结材料，以砂、碎石（卵石）、炉渣、煤矸石等为骨料，加水做成薄块状，用于铺筑路面。

1）材料要求

①水泥可采用硅酸盐水泥、普通硅酸盐水泥、炉渣硅酸盐水泥、火山灰质硅酸盐水泥；

②砂的质量应符合《普通混凝土用砂质量标准及检验方法》；

③石的质量应符合《普通混凝土用碎石或卵石质量标准及检验方法》。

2）施工要点

①混凝土的配合比，应通过计算和试配决定，混凝土浇筑时的坍落度宜为1～3cm；

②混凝土应拌合均匀；

③混凝土浇筑完毕后，应在12h以内用草帘覆盖和浇水。浇水养护日期不少于7d。

(5) 水泥面层

水泥面层是指直接用水泥砂浆抹面。

1）材料要点

①水泥宜用硅酸盐水泥、普通硅酸盐水泥，强度等级分别不低于42.5和32.5（如用石屑代砂时，水泥强度等级不低于42.5）；

②砂应用中砂或粗砂，含泥量不大于3%；

③如用石屑代砂其粒径宜为3～6mm，含泥量不大于3%。

2）施工要点

①水泥砂浆面层宜在垫层或找平层的混凝土或水泥砂浆抗压强度达到1.2MPa后铺设；

②垫层或找平层表面应粗糙、洁净、湿润，在预制钢筋混凝土板上铺设，如表面光滑应予凿毛；

③水泥砂浆应用机械搅拌，搅拌时间不少于2min，要拌合均匀，颜色一致，其稠度（以标准圆锥体沉入度计）不应大于3.5cm；

④铺设时，应先用木板隔成小于3m的条形区域，并以木板作为厚度标准，先刷水灰比为0.4~0.5的水泥砂浆，随刷随铺水泥砂浆，随铺随拍实，用刮尺找平，用木抹抹平，铁抹压光，抹平工作应在初凝前完成，压光工作应在终凝前完成；

⑤通过管道处水泥砂浆面层因局部过薄，必须采取防止开裂的措施，符合要求后，方可继续施工；

⑥水泥砂浆面层铺好后一天内应以砂或锯末覆盖，并在7~10d内每天浇水不少于一次。如温度高于15℃时，最初3~4d内每天浇水最少两次；

⑦水泥石屑浆面层的施工按水泥砂浆面层的要求，其配合比为1:2，水灰比为0.3~0.4。要做好压光和养护工作。

(6) 卵石面层

素墁卵石面层是用大小卵石间隔铺成；拼花卵石面层选用精雕的砖、细磨的瓦和经过严格挑选的各色卵石拼凑成的路面。

1) 材料要求

①水泥宜采用硅酸盐水泥、普通硅酸盐水泥，其强度等级分别不低于42.5和32.5；

②卵石粒径不大于面层厚度的2/3。

2) 施工要点

①在铺设面层时，应将下一层清理干净，夯实；

②细石混凝土要捣实压平。

(7) 方整石板路面

石板一般被加工成497mm×497mm×50mm；697mm×497mm×60mm；997mm×697mm×70mm等规格，其下直接铺30~50mm的砂土作找平的垫层，可不做基层；或者以砂土层作为中间层，在其下设置80~100mm厚的碎（砾）石层作基层也行。石板下不用砂土垫层，而用1:3水泥砂浆或4:6石灰砂浆作结合层，可以保证面层更坚固和稳定。

(8) 碎石板路面

碎石板路面一般采用大理石、花岗石的碎片，价格比较便宜，用来铺地很经济，既装饰了路面，又可减少铺路经费。形状不规则的石片在地面上铺贴出的纹理，多数是冰裂缝，使路面显得比较别致。

(9) 拌石或块石路面

拌石即预制混凝土砌块。预制混凝土砌块按设计有多种形状，大小规格也有很多种，也可做成各种彩色砌块。其厚度都不小于80mm，一般厚度都设计为100~150mm。砌块基本可分为实心和空心两类。

由于砌块是在相互分离的状态下构成路面，使得路面特别是在边缘部分容易发生歪斜、散落。因此，在路面边缘最好设置路牙，以规范路面并对其起保护作用。另外，也可用板材铺砌作为边带。使整个路面更加稳定，不易损坏。

(10) 拌石或片石蹬道

拌石或片石蹬道是用预制混凝土条板或片石铺筑成上山的蹬道。

片石是指厚度在 5~20mm 之间的装饰性铺地材料，常用的主要有大理石、花岗石、陶瓷锦砖等。

(11) 碎大理石板路面

碎大理石板路面指用砂浆或其他胶粘剂将大理石与基层牢接形成路面。结合层一般为砂、水泥砂浆或沥青玛琋脂。砂结合层厚度为 20~30mm；水泥砂浆结合层厚度为 10~15mm；沥青玛琋脂的结合层厚度为 2~5mm。

(12) 蓝机砖地面垫浆

蓝机砖为机制标准青砖，其规格为 240mm×120mm×60mm，砖墁地时，用 30~50mm 厚细砂土或 3:7 灰土作找平垫层。有平铺和侧铺两种铺设方式，但一般采用平铺方式；铺地砖纹亦有多种样式。

(13) 预制磨石地面

预制磨石用水泥将彩色石屑拌合，经成型、研磨、养护、抛光后制成。

白水泥是一种带白色的硅酸盐水泥。用含有氧化铁、氧化锰等成分的少数的原料制成，在制作过程中须避免着色杂质的混入。白水泥主要用作建筑装饰材料。

(14) 大理石地面

大理石构造致密，密度大但硬度不大，易于分割。纯大理石常显雪白色，含有杂质时，呈现黑、红、黄、绿等各种色彩。锯切、雕刻性能好，磨光后非常美丽。

大理石成品保护，即地面层做好后对面层的防护。保护方法如下：

1) 地面完工后，应在表面覆盖锯末或席子；

2) 当室内其他项目尚未完工并足以破坏地面时，应在面层上粘贴一层纸，现浇 8~10mm 厚石膏加以保护（配合比为石膏粉:水:纤维素 = 3:1:0.003~0.005，先将纤维与水拌合均匀后浇抹），可有效防止重物撞击面层造成的损伤。

(15) 糙墁方砖地面

1) 普通砖

普通砖的原料以砂质黏土为主，其主要化学成分为二氧化硅，氧化铝及氧化铁等。

2) 青砖

若砖在氧化气氛中烧成后，再在还原气氛中闷窑，促使砖内的红色高价氧化铁还原成低价氧化铁，即得青砖。青砖较普通砖结实，耐碱耐久，但价格较普通砖贵。青砖一般在土窑中烧成。

3) 普通黏土砖

普通黏土砖的尺寸规定为 240mm×115mm×53mm，若加上砌筑灰缝的厚度，则四块砖长、八块砖宽或十六块砖厚都恰好是 1m，故砖砌体 1m³ 需砖 512 块。

平铺指砖的平铺形式一般采用"直行"、"对角线"或"人字形"铺法。在通道内宜铺成纵向的人字纹，同时在边缘的行砖应加工成 45°角。

铺砌砖时应挂线，相邻两行的错缝应为砖长的 1/3~1/2。

倒铺指采用砖的侧面形式铺砌。

4) 尺二方砖、尺四方砖、尺七方砖

尺二方砖、尺四方砖、尺七方砖三种砖是以古代尺（清营造尺）规格命名的方砖。尺二方砖是长宽方向均为一尺二，按清营造尺的规格为 1.2×1.2×0.2（尺）。而清营造尺一尺为320mm，故尺二方砖为 384mm×384mm×64mm。尺四方砖是长宽方向均为一尺四，即清营造尺规格为 1.4×1.4×0.2（尺），换算公制为 448mm×448mm×64mm。上述两种砖有一扩大规格，即二尺二方砖和二尺四方砖，清营造尺为 2.2×2.2×0.35（尺）和 2.4×2.4×0.45（尺），换算公制为 704mm×704mm×112mm 和 768mm×768mm×114mm。尺七方砖为 1.7×1.7×0.25（尺），即为 540mm×540mm×80mm。它们多用于地面、檐墙和博风等部位。

3. 台阶

台阶踏步，是为了解决地势高差而设计的。台阶在园林中除了本身的功能外，还具有装饰的作用。

台阶工程内容包括：模板制作、安装、拆装、码垛、混凝土搅拌、运输、浇捣、养护。基础清理，材料运输、砂浆调制运输，砌筑砖、石，抹面压实，赶光，剁斧等。

（1）模板

模板是新浇筑混凝土成型用的模型。由于水泥、砂石、水及外加剂经过搅拌机拌出的混凝土具有一定流动性，需要浇筑在与构件形状尺寸相同的模型内，经过凝结硬化，才能成为所需要的结构构件。模板就是使钢筋混凝土结构或构件成型的模型。

（2）模板的制作

预制木模板注意要求刨光，配制木模板尺寸时，要考虑模板拼装接合的需要，适当加长或缩短一部分长度，拼制木模板，板边要找平，刨直，接缝严密，使其不漏浆。木料上有节疤、缺口等疵病的部位，应放在模板反面或者截去。备用的模板要遮盖保护，以免变形。

（3）模板的安、拆、装

模板的安装和拆装要求最省工，机械使用最低，混凝土质量最好，收到最好的经济效益。拆模后注意模板的集中堆放，不仅利于管理，而且便于后续的运输工作顺利进行。场外运输在模板工程完工后统一进行，以便于节约运费。

（4）浇捣

浇筑捣实，将拌合好的混凝土拌合物放在模具中经人工或机械振捣，使其密实，均匀。

（5）养护

养护是指在混凝土浇筑后的初期，在凝结硬化过程中进行湿度和温度控制，以利于混凝土达到设计要求的物理力学性能。

（6）基础清理

基础清理是清理基层上存在的一些有机杂质和粒径较大的物体，以便进行下一道工序。

（7）材料运输

材料运输指将调配好的材料运到施工场地。

（8）砌筑砖石

砌筑用砖分为实心砖和承重黏土空心砖两种，根据使用材料和制作方法的不同，实心砖又分为烧结普通砖、蒸压灰砂砖、粉煤灰砖和炉渣砖等。实心砖的规格为240mm×115mm×53mm，承重黏土空心砖的规格为190mm×190mm×90mm，240mm×115mm×90mm，240mm×180mm×115mm三种。砌筑用石分为毛石和料石两类。毛石又分为乱毛石和平毛石。乱毛石指形状不规则的石块；平毛石指形状不规则，但有两个平面大致平行的石块。毛石的中部厚度不小于150mm。料石按其加工面的平整程度分为细料石、半细料石、粗料石和毛料石四种。

(9) 抹面

抹面是指将水泥浆面层抹平。

(10) 混凝土台阶

混凝土台阶是用现浇混凝土浇筑的踏步形成台阶。

(11) 砌机砖台阶

砌机砖台阶是用标准机制砖与水泥砂浆砌筑而成的台阶。

(12) 砌毛石台阶

砌毛石台阶是选用合适的毛石，用水泥砂浆砌筑而成的台阶。

1) 砖石阶梯踏步

以砖或整形毛石为材料，M2.5混合砂浆砌筑台阶与踏步，砖踏步表面按设计可用1:2水泥砂浆抹面，也可做成水磨石踏面，或者用花岗石、防滑釉面地砖作贴面装饰。根据行人在踏步上行走的规律，一步踏的踏面宽度应设计为28～38cm，适当再加宽一点也可以，但不宜宽过60cm；二步踏的踏面可以宽90～100cm。每一级踏步的宽度最好一致，不要忽宽忽窄。每一级踏步的高度也要统一起来，不得高低相间。一级踏步的高度一般情况下应设计为10～16.5cm。低于10cm时行走不安全，高于16.5cm时行走较吃力。儿童活动区的梯级道路，其踏步高应为10～12cm，踏步宽不超过45cm。一般情况下，园林中的台阶梯道都要考虑伤残人轮椅车和自行车推行上坡的需要，要在梯道两侧或中带设置斜坡道。梯道太长时，应当分段插入休息缓冲平台；使梯道每一段的梯级数最好控制在25级以下；缓冲平台的宽度应在1.58m以上，太窄时不能起到缓冲作用。在设置踏步的地段上，踏步的数量至少应为2～3级，如果只有一级而又没有特殊的标记，则容易被人忽略，使人绊跤。

2) 混凝土踏步

一般将斜坡上素土夯实，坡面用1:3:6三合土（加碎砖）或3:7灰土（加碎砖石）作垫层并筑实，厚6～10cm；其上采用C10混凝土现浇做踏步。踏步表面的抹面可按设计进行。每一级踏步的宽度、高度以及休息缓冲平台、轮椅坡道的设置等要求，都与砖石阶梯踏步相同，可参照进行设计。

3) 剁假石

剁假石是一种人造石料，制作过程是用石屑、石粉、水泥等加水拌合，抹在建筑物的表面，半凝固后，用斧子剁出像经过细凿的石头那样的纹理。

4. 路牙

路牙铺装在道路的边缘，起保护路面的作用，有用石材凿打成正方形或长条形的，也有按设计用混凝土预制的，也可直接使用砖。

路牙工程内容包括挖槽沟、灰土基础、砂浆调制运输、砌路牙、回填、勾缝等全过程。

(1) 槽沟

槽沟的挖土深度，均按自然地坪平均标高减去地槽或槽沟底面平均标高之差计算。自然地坪标高是指工程开挖前施工场地的原有地坪。

(2) 灰土基础

灰土基础是用消石灰和黏土（或粉质黏土、粉土）的拌合料铺设而成，应铺在不受地下水浸湿的基土上，其厚度一般不小于100mm。

(3) 砂浆调制运输

砂浆调制运输是将按一定配合比拌合好的砂浆运行现场工地上。

(4) 砌路牙

路牙铺装在道路边缘，起保护路面作用，有用石材凿打成整形为长条形的，也有按设计用混凝土预制的，也可直接用砖。

(5) 回填

回填指把挖起来的土重新填回去。

(6) 勾缝

勾缝指用勾缝器将水泥砂浆填塞于砖墙灰缝之内。

(7) 混凝土块路牙

混凝土块路牙指按设计用混凝土预制的长条形砌块铺装在道路边缘，起保护路面的作用。

(8) 机砖路牙

机砖路牙指用机械标准砖铺装路牙，有立栽和侧栽两种形式。

5. 路面铺装

根据路面铺装材料、装饰特点和园路使用功能，可以把园路的路面铺装形式分为整体现浇、片材贴面、板材砌块铺装、砌块嵌草和砖石镶嵌铺装等五类。各类路面铺装设计的具体情况如下所述（图2-2-4、图2-2-5）。

(1) 整体现浇铺装

整体现浇铺装的路面适宜风景区通车干道、公园主园路、次园路或一些附属道路。本章第三节中所讲的园林铺装广场、停车场、回车场等，也常常采用整体现浇铺装。采用这种铺装的路面，主要是沥青混凝土路面和水泥混凝土路面。

沥青混凝土路面，用60~100mm厚泥结碎石作基层，以30~50mm厚沥青混凝土作面层。根据沥青混凝土的骨料粒径大小，有细粒式、中粒式和粗粒式沥青混凝土可供选用。这种路面属于黑色路面，一般不用其他方法来对路面进行装饰处理。

水泥混凝土路面的基层做法，可用80~120mm厚碎石层，或用150~200mm厚大块石层，在基层上面可用30~50mm粗砂作间层。面层则一般采用C20混凝土，做120~160mm厚。路面每隔10m设伸缩缝一道。对路面的装饰，主要是采取各种表面抹灰处理。抹灰装饰的方法有以下几种。

1) 普通抹灰

是用水泥砂浆在路面表层做保护装饰层或磨耗层。水泥砂浆可采用1:2或1:2.5比例，常以粗砂配制。

2) 彩色水泥抹灰

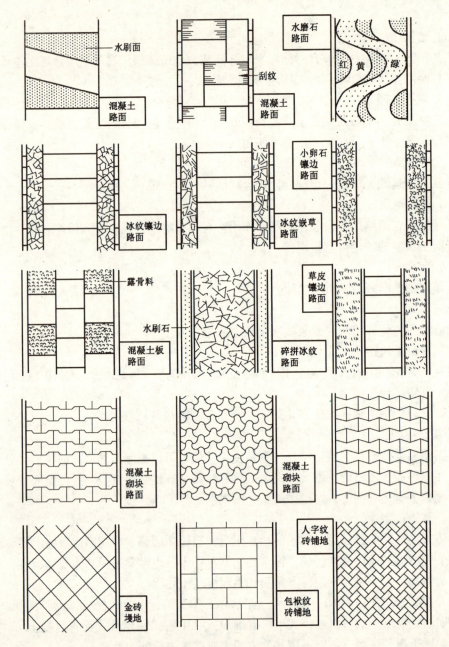

图 2-2-4 园林路面铺装示例（一）

在水泥中加各种颜料，配制成彩色水泥，对路面进行抹灰，可作出彩色水泥路面。

3）水磨石饰面

水磨石路面是一种比较高级的装饰型路面，有普通水磨石和彩色水磨石两种做法。水磨石面层的厚度一般为 10~20mm。是用水泥和彩色细石子调制成水泥石子浆，铺好面层后打磨光滑。

4）露骨料饰面

一些园路的边带或作障碍性铺装的路面，常采用混凝土露骨料方法饰面，做成装饰性边带。这种路面立体感较强，能够和其旁的平整路面形成鲜明的质感对比。

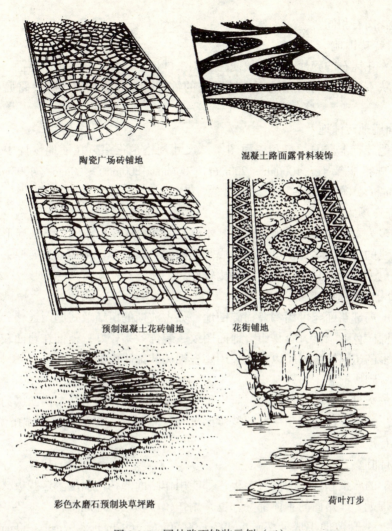

图 2-2-5 园林路面铺装示例（二）

(2) 片材贴面铺装

这种铺地类型一般用在小游园、庭园、屋顶花园等面积不太大的地方。若铺装面积过大，路面造价将会太高，经济上常不能允许。

片材是指厚度在 5~20mm 之间的装饰性铺地材料，常用的片材主要是花岗石、大理石、釉面墙地砖、陶瓷广场砖和陶瓷锦砖等。这类铺地一般都是在整体现浇的水泥混凝土路面上采用。在混凝土面层上铺垫一层水泥砂浆，起路面找平和结合作用。水泥砂浆结合层的设计厚度为 10~25mm，可根据片材具体厚度而确定；水泥与砂的配合比例采用 1:2.5。用片材贴面装饰的路面，其边缘最好要设置道牙石，以使路边更加整齐和规范。各种片材铺地的进一步情况如下所述。

1) 花岗石铺地

这是一种高级的装饰性地面铺装。花岗石可采用红色、青色、灰绿色等多种，要先加工成正方形、长方形的薄片状，才用来铺贴地面。其加工的规格大小，可根据设计而定，一般采取 500mm×500mm、700mm×500mm、700mm×700mm、600mm×900mm 等尺寸。大理石铺地与花岗石相同。

2）石片碎拼铺地

大理石、花岗石的碎片，价格较便宜，用来铺地很划算，既装饰了路面，又可减少铺路经费。形状不规则的石片在地面上铺贴出的纹理，多数是冰裂纹，使路面显得比较别致。

3）釉面墙地砖铺地

釉面墙地砖有丰富的颜色和表面图案，尺寸规格也很多，在铺地设计中选择余地很大。其商品规格主要有：100mm×200mm、300mm×300mm、400mm×400mm、400mm×500mm、500mm×500mm等多种。

4）陶瓷广场砖铺地

广场砖多为陶瓷或琉璃质地，产品基本规格是100mm×100mm，略呈扇形，可以在路面组合成直线的矩形图案，也可以组合成圆形图案。广场砖比釉面墙地砖厚一些，其铺装路面的强度也大一些，装饰路面的效果比较好。

5）陶瓷锦砖铺地

庭园内的局部路面还可用陶瓷锦砖铺地，如古波斯的伊斯兰式庭园道路，就常见这种铺地。陶瓷锦砖色彩丰富，容易组合地面图纹，装饰效果较好；但铺在路面较易脱落，不适宜人流较多的道路铺装，所以目前采用陶瓷锦砖装饰路面的并不多见。

(3) 板材砌块铺装

用整形的板材、方砖、预制的混凝土砌块铺在路面，作为道路结构面层的，都属于这类铺地形式。这类铺地适用于一般的散步游览道、草坪路、岸边小路和城市游憩林荫道、街道上的人行道等。

1）板材铺地

打凿整形的石板和预制的混凝土板，都能用作路面的结构面层。这些板材常用在园路游览道的中带上，作路面的主体部分；也常用作较小场地的铺地材料。

①石板：一般被加工成497mm×497mm×50mm、697mm×497mm×60mm、997mm×697mm×70mm等规格，其下直接铺30~50mm的砂土作找平的垫层，可不做基层；或者，以砂土层作为间层，在其下设置80~100mm厚的碎（砾）石层作基层也行。石板下不用砂土垫层，而用1:3水泥砂浆或4:6石灰砂浆作结合层，可以保证面层更坚固和稳定。

②混凝土方砖：正方形，常见规格有297mm×297mm×60mm、397mm×397mm×60mm等，表面经翻模加工为方格纹或其他图纹，用30mm厚细砂土作找平垫层铺砌。

③预制混凝土板：其规格尺寸按照具体设计而定，常见有497mm×497mm、697mm×697mm等规格，铺砌方法同石板一样。不加钢筋的混凝土板，其厚度不要小于80mm。加钢筋的混凝土板，最小厚度可仅60mm，所加钢筋一般用直径6~8mm的，间距200~250mm，双向布筋。预制混凝土铺砌板的顶面，常加工成光面、彩色水磨石面或露骨料面。

2）黏土砖墁地

用于铺地的黏土砖规格很多，有方砖，亦有长方砖。方砖及其设计参考尺寸（单位：mm）如：尺二方砖，400×400×60；尺四方砖，470×470×60；足尺七方砖，570×570×60；二尺方砖，640×640×96；二尺四方砖，768×768×144。长方砖如：大城砖，480×

240×130；二城砖，440×220×110；地趴砖，420×210×85；机制标准青砖，240×120×60。砖墁地时，用 30~50mm 厚细砂土或 3:7 灰土作找平垫层。方砖墁地一般采取平铺方式，有错缝平铺和顺缝平铺两种做法。铺地的砖纹，在古代建筑庭园中有多种样式。长方砖铺地则既可平铺，也可仄立铺装，铺地砖纹亦有多种样式。在古代，工艺精良的方砖价格昂贵，用于高等级建筑室内铺地，特别被叫做"金砖墁地"。庭园地面满铺青砖的做法，则叫"海墁地面"。

3）预制砌块铺地

用凿打整形的石块，或用预制的混凝土砌块铺地，也是作为园路结构面层使用的。混凝土砌块可设计为各种形状、各种颜色和各种规格尺寸，还可以相互组合成路面的不同图纹和不同装饰色块，是目前城市街道人行道及广场铺地的最常见材料之一。

4）预制道牙铺装

道牙铺装在道路边缘，起保护路面作用，有用石材凿打整形为长条形的，也有按设计用混凝土预制的。

(4) 砌块嵌草铺装

预制混凝土砌块和草皮相间铺装路面，能够很好地透水透气；绿色草皮呈点状或线状有规律地分布，在路面形成好看的绿色纹理，美化了路面。这种具有鲜明生态特点的路面铺装形式，现在已越来越受到人们的欢迎。采用砌块嵌草铺装的路面，主要用在人流量不太大的公园散步道、小游园道路、草坪道路或庭园内道路等处，一些铺装场地如停车场等，也可采用这种路面。

预制混凝土砌块按照设计可有多种形状，大小规格也有很多种，也可做成各种彩色的砌块。但其厚度都不小于 80mm，一般厚度都设计为 100~150mm。砌块的形状基本可分为实心的和空心的两类。

由于砌块是在相互分离状态下构成路面，使得路面特别是在边缘部分容易发生歪斜、散落。因此，在砌块嵌草路面的边缘，最好要设置道牙加以规范和对路面起保护作用。另外，也可用板材铺砌作为边带，使整个路面更加稳定，不易损坏。

(5) 砖石镶嵌铺装

用砖、石子、瓦片、碗片等材料，通过镶嵌的方法，将园路的结构面层做成具有美丽图案纹样的路面，这种做法在古代被叫做"花街铺地"。采用花街铺地的路面，其装饰性很强，趣味浓郁；但铺装中费时费工，造价较高，而且路面也不便行走。因此，只在人流不多的庭院道路和一部分园林游览道上，才采用这种铺装形式。

镶嵌铺装中，一般用立砖、小青瓦瓦片来镶嵌出线条纹样，并组合成基本的图案。再用各色卵石、砾石镶嵌作为色块，填充图形大面，并进一步修饰铺地图案。我国古代花街铺地的传统图案纹样种类颇多，有几何纹、太阳纹、卷草纹、莲花纹、蝴蝶纹、云龙纹、涡纹、宝珠纹、如意纹、席字纹、回字纹、寿字纹等。还有镶嵌出人物事件图像的铺地，如：胡人引驼图、奇兽葡萄园、八仙过海图、松鹤延年图、桃园三结义图、赵颜求寿图、凤戏牡丹图、牧童图、十美图等。

除了路面铺装以外，园路路口的设计安排对园林景观也有较大的影响，并对园路功能的完善起着一定制约作用。因此，我们还要进一步探究和了解园林路口的设计方法和设计基本要求。

(三) 统一规定

1. 本章定额中的园路是指庭园内的行人甬路、蹬道和带有部分踏步的坡道。对厂、院及住宅小区内的道路则不适用。

(1) 甬道

甬道是园林中对着主要建筑物的、多用砖石砌成的路。

(2) 蹬道

蹬道指在天然岩坡或石壁上，凿出踏脚的踏步或穴，或用条石、石块、预制混凝土条板、树桩以及其他形式，铺筑成上山的蹬道。

(3) 山石磴道

山石磴道在园林土山或石假山及其他一些地方，为了与自然山水园林相协调，梯级道路不采用砖石材料砌筑成整齐的阶梯，而是采用顶面平整的自然山石，依山随势地砌成山石磴道。山石材料可根据各地资源情况选择，砌筑用的结合材料可用石灰砂浆，也可用1:3水泥砂浆，还可以采用山土垫平塞缝，并用片石刹垫稳当。踏步石踏面的宽窄允许有些不同，可在30～50cm之间变动。踏面高度还是应统一起来，一般采用12～20cm。设置山石磴道的地方本身就是供登攀的，所以踏面高度大于砖石阶梯。

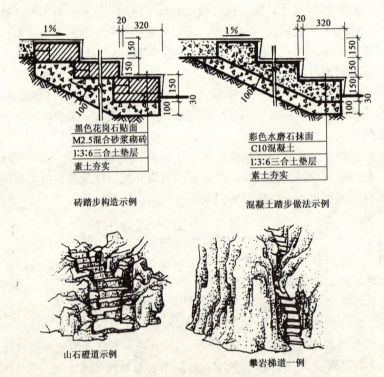

图 2-2-6 园林梯道踏步示例

(4) 坡道

坡道是整体呈坡形趋势的道路。它的台阶（台阶即踏步）每一级都向下坡方向作20%的倾斜，以利排水。石阶断面要上挑下收，以免人们上台阶时脚尖碰到石级上沿。用小块山石拼合的石级，拼缝要上下交错，以上石压下缝。如果厅堂台基不高时，也可采用斜坡。总之，台阶虽小，但花样繁多，装饰意义不小，结合环境要求，需要认真设计。

（5）攀岩天梯梯道

这种梯道是在风景区山地或园林假山上最陡的崖壁处设置的攀登通道。一般是从下至上在崖壁凿出一道道横槽作为梯步，如同天梯一样。梯道旁必须设置铁链或铁管矮栏并固定于崖壁壁面，作为登攀时的扶手。各种梯道的其他情况，还可参考图2-2-6所示。

（6）踏步

踏步就是台阶，它的作用是为了解决地势高差的问题。有时为了强调主题，使主题升高而筑平台或基座，平台或基座与地面之间也需用台阶过渡。台阶本身具有一定的韵律感，尤其是螺旋形的楼梯相当于音乐中的旋律。故台阶在园林中，除自身的功能外，还具有装饰作用。台阶造型十分丰富，基本上可分为规则式与拟自然式两类。同时按取材不同，还可分为石阶。混凝土阶、钢筋混凝土阶、竹阶、木阶、草皮阶等。台阶可与假山、挡土墙、花台、树池、池岸、石壁等结合，以代替栏杆，能给游人带来安全感，又能掩蔽裸露的台阶侧面，使台阶有整体感和节奏感。

2. 本定额用于山丘坡道时，其垫层、路面、路牙等项目，分别按相应定额子目的人工费乘以1.4系数，材料费不变。

（1）垫层分类

垫层分刚性和柔性（又称沸刚性）两类。刚性垫层一般是C7.5~C10的混凝土捣成，它适用于薄而大的整体面层和块状面层；柔性垫层一般是用各种松散材料，如砂、炉渣、碎石、灰土等加以压实而成，它适用于较厚的块状面层。

（2）路面铺砌

由于铺砌材料不同，图案和纹样均极丰富。传统的铺砌方法有：

1）用砖铺砌可铺成席纹、人字纹、间方纹及斗纹式；

2）以砖瓦为图案界线，镶以各色卵石或碎瓷片，其可以拼合成的图案有六方式、攒六方式、八方间六方、套六方式、长八方式、海棠式、八方式、四方间十字方式；

3）香草边式，香草边是用砖为边，用瓦为草的砌法，中间铺砖或卵石均可；

4）球门式，用卵石嵌瓦，仅此一式可用；

5）波纹式用废瓦检取厚薄，分别砌之，波头宜用厚的，波旁宜镶薄的；

6）乱石路即用小乱石砌成石榴子形，是一种比较坚实、雅致的路。路有曲折高低，从山上到谷口都宜用这种方法，有人用卵石间隔砌成花纹，这样反而不坚实；

7）卵石路应用在不常走的路上，同时要用大小卵石间隔铺成为宜；

8）砖卵石路面被誉为"石子画"，它是选用精雕的砖、细磨的瓦和经过严格挑选的各色卵石拼凑成的路面，图案内容丰富，美不胜收，成为我国园林艺术的特点之一；

9）用乱青板石攒成冰裂纹，这种方法宜铺在山之崖、水之坡、台之前、亭之旁，可灵活运用，砌法不拘一格，破方砖磨平之后，铺之更佳；

10）块料路面，用六方砖、石板或预制成各种纹样或图案的混凝土板铺砌而成的路面，这类路面简朴大方、防滑，能减弱路面反光强度，美观舒适；

11）机制石板路、选深紫色、深灰色、灰绿色、绛红色、褐红色等岩石，用机械磨砌成为15cm×15cm，厚为10cm以上的石板，表面平坦而粗糙，铺成各种纹样或色块，既耐磨又美观；

12) 整体路面，是用水泥混凝土或沥青混凝土铺砌而成，平整度较好，耐压、耐磨，便于清扫，适用于大公园的主干道，但它大多为灰色和黑色，色彩不够理想；

13) 嵌草路面，把不等边的石板或混凝土板铺成冰裂纹或其他纹样，铺筑时在块料间预留 3～5cm 的缝隙，填入培养土，用来种草和其他地被植物；

14) 草路路面，其优点是柔软舒适，没有路面反光和热辐射；其缺点是不耐用线路，且管理费工。

3．墁卵石路面是按本市一般常用卵石和简单图案编制的，如设计或建设单位特定卵石的色泽、粒径或拼花图案时，应按照定额规定另编补充单位估价。

卵石路面指应用在不常走的路上，同时要用大小卵石间隔铺成为宜。卵石路面被誉为"石子画"，它是精选各色卵石拼凑成路面，图案内容丰富，题材广泛，还有传统民间图案等。

4．墁卵石路面定额中的卵石单价，是按北京地区产的一般卵石价并包括了选、洗卵石的加工费用。设计或建设单位如指定使用外地卵石时，应按建设工程材料预算价格的编制原则另编卵石预算单价。其中选、洗卵石的加工费用，按照本定额相应的选、洗卵石子目执行。

(1) 卵石

卵石是岩石经自然风化、水流冲击和摩擦所形成的卵形、圆形或椭圆形的石块。它表面光滑，直径 5～150mm，是一种天然的建筑材料，用于铺路、制混凝土等。

(2) 选、洗卵石

按照工程的要求对卵石的质地、粒径、色泽进行选择称为选卵石；洗卵石就是用一定型号的筛盛装卵石，用水强力冲洗，兼有清洁和粒径选择的作用。

5．拼花卵石面层，以卵石、瓦片兼墁简单图案（如拼字、宝瓶、栀花、古钱、方胜等）为准。如作细（如人物、花鸟、瑞兽等）活，应按有关规定另作单位估价补充。遇有卵石路面层加铺其他料面层者，应分别按各自的相应定额执行。

拼花卵石面层是用砖、石子、瓦片、碗片等材料，通过镶嵌的方法，将园路的结构面层做成具有美丽图案纹样的路面。采用这种面层的路面，其装饰性很强，趣味浓郁，但铺装中费时费工，造价较高，而且路面也不便行走。因此，只在人流不多的庭院道路和一部分园林游览道上，才采用这种铺装形式。

6．园路、地面、台阶的土方项目，应按土方工程相应定额执行。

7．蹬道道边挡土墙，除山石挡土墙执行第六章假山工程的相应定额外，其他砖石挡土墙按砖石工程的相应定额执行。

广义的讲，园林挡墙应包括园林内所有能起到阻挡作用的，以砖石、混凝土等实体性材料修筑的竖向工程构筑物，根据基本的功能作用，园林挡墙类构筑物可以分为四类，即挡土墙、假山石陡坎、隔声挡墙和背景（障景）挡墙。在山区、丘陵区的园林中，挡土墙是最重要的地上构筑物，而在平原地区的园林中，挡土墙也常常起着十分重要的作用。

(四) 工程量计算规则

1．垫层按设计图示尺寸，以立方米计算。但园路垫层宽度：带路牙者，按路面宽度加 20cm 计算；无路牙者，按路面宽度加 10cm 计算；蹬道有山石挡土墙者，按蹬道宽度加

120cm 计算;蹬道无山石挡土墙者,按蹬道宽度加 40cm 计算。

2．园路土基整理路床工程量,按整理路床面积计算,计量单位:10m²。

3．路面(不含蹬道)和地面,按设计图示尺寸以平方米计算,坡道路面带踏步者,其踏步部分应予扣除,并另按台阶相应定额计算。

4．园路面层工程量,按不同面层材料、面层厚度、面层花式,以面层的铺设面积计算,计量单位 10m²。

5．路牙,按单侧长度以延长米计算。

6．混凝土或砖石台阶,按设计图示尺寸以立方米计算。

园 桥 工 程

步桥是指建筑在庭园内的、主桥孔洞 5m 以内、供游人通行兼有观赏价值的桥梁。园桥最基本的功能就是联系园林水体两岸上的道路,使园路不至于被水体阻断。由于它直接伸入水面,能够集中视线,就自然而然地成为某些局部环境的一种标识点,因而园桥能够起到导游作用,可作为导游点进行布置。低而平的长桥、栈桥还可以作为水面的过道和水面游览线,把游人引到水上,拉近游人与水体的距离,使水景更加迷人。

园林中桥的设计都很讲究造型和美观。为了造景的需要,在不同环境中就要采取不同的造型。园桥的造型形式很多,结构形式也有多种。在规划设计中,完全可以根据具体环境的特点来灵活地选配具有各种造型的园桥。

常见的园桥造型形式,归纳起来主要可分为如下九类,参见图 2-2-7。

平桥

有木桥、石桥、钢筋混凝土桥等。桥面平整,结构简单,平面形状为一字形。桥边常不做栏杆或只做矮护栏。桥体的主要结构部分是石梁、钢筋混凝土直梁或木梁,也常见直接用平整石板、钢筋混凝土板作桥面而不用直梁的。

平曲桥

基本情况和一般平桥相同。桥的平面形状不为一字形,而是左右转折的折线形。根据转折数,可有三曲桥、五曲桥、七曲桥、九曲桥等。桥面转折多为 90°直角,但也可采用 120°钝角,偶尔还可用 150°转角。平曲桥桥面设计为低而平的效果最好。

拱桥

常见有石拱桥和砖拱桥,也少有钢筋混凝土拱桥。拱桥是园林中造景用桥的主要形式,其材料易得,价格便宜,施工方便;桥体的立面形象比较突出,造型可有很大变化;并且圆形桥孔在水面的投影也十分好看;因此,拱桥在园林中应用极为广泛。

亭桥

在桥面较高的平桥或拱桥上,修建亭子,就做成亭桥。亭桥是园林水景中常用的一种景物,它既是供游人观赏的景物点,又是可停留其中向外观景的观赏点。

廊桥

这种园桥与亭桥相似,也是在平桥或平曲桥上修建风景建筑,只不过其建筑是采用长廊的形式罢了。廊桥的造景作用和观景作用与亭桥一样。

吊桥

是以钢索、铁链为主要结构材料(在过去,则有用竹索或麻绳的),将桥面悬吊在水

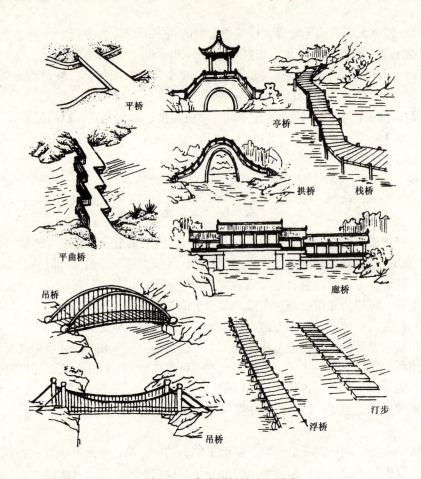

图 2-2-7　各类园桥的造型形式

面上的一种园桥形式。这类吊桥吊起桥面的方式又有两种。一种是全用钢索铁链吊起桥面，并作为桥边扶手。另一种是在上部用大直径钢管做成拱形支架，从拱形钢管上等距地垂下钢制缆索，吊起桥面（见图 2-2-7）。吊桥主要用在风景区的河面上或山沟上面。

栈桥与栈道

架长桥为道路，是栈桥和栈道的根本特点。严格地讲，这两种园桥并没有本质上的区别，只不过栈桥更多地是独立设置在水面上或地面上，而栈道则更多地依傍于山壁或岸壁。关于栈道的设计，在后面还要专门讲述。

浮桥

将桥面架在整齐排列的浮筒（或舟船）上，可构成浮桥。浮桥适用于水位常有涨落而又不便人为控制的水体中。

汀步

这是一种没有桥面，只有桥墩的特殊的桥，或者也可说是一种特殊的路。是采用线状排列的步石、混凝土墩、砖墩或预制的汀步构件布置在浅水区、沼泽区、沙滩上或草坪上，形成的能够行走的通道。

以上介绍的各类园桥，还可参见图 2-2-7 中所绘实例。

（一）步桥工程图例（表2-2-2）

步桥工程图例　　　　表2-2-2

序号	名称	截面	标注	说明
1	等边角钢	∟	∟$b×t$	b为肢宽 t为肢厚
2	不等边角钢	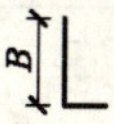 ∟	∟$B×b×t$	B为长肢宽　b为短肢宽　t为肢厚
3	工字钢	 I	IN　QN	轻型工字钢加注Q字N工字钢的型号
4	槽钢	[	[N　QN	轻型槽钢加注Q字N槽钢的型号
5	方钢	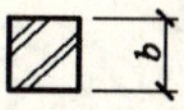	□b	
6	扁钢	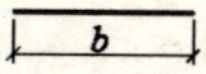	—$b×t$	
7	钢板	——	$\dfrac{-b×t}{l}$	宽×厚 板长
8	圆钢	⊘	ϕd	
9	钢管	○	$DN××$ $d×t$	内径 外径×壁厚

93

续表

序号	名称	截面	标注	说明
10	薄壁方钢管	□	B□$b×t$	薄壁型钢加注 B 字 t 为壁厚
11	薄壁等肢角钢	∟	B∟$b×t$	
12	薄壁等肢卷边角钢	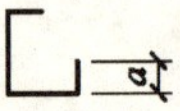	B$b×a×t$	
13	薄壁槽钢	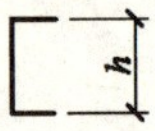	B$h×b×t$	
14	薄壁卷边槽钢	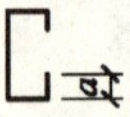	B$h×b×a×t$	
15	薄壁卷边 Z 型钢	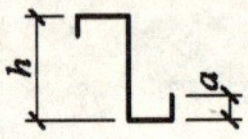	B$h×b×a×t$	
16	T 型钢	T	TW×× TM×× TN××	TW 为宽翼缘 T 型钢 TM 为中翼缘 T 型钢 TN 为窄翼缘 T 型钢
17	H 型钢	H	HW×× HM×× HN××	HW 为宽翼缘 H 型钢 HM 为中翼缘 H 型钢 HN 为窄翼缘 H 型钢

(二) 工程内容

步桥工程内容包括桥基、桥身、桥面、栏杆等。

1. 桥基、桥身

桥基是介于墩身与地基之间的传力结构。桥身指桥的上部结构，包括人行道、栏杆与灯柱等部分。

(1) 基础与拱碹工程内容有：混凝土桥基础、模板制作、安装、拆除、钢筋成型绑扎、混凝土搅拌、运输、浇捣、养护等。

砌拱碹：清理底层、砂浆调制、运输、搭拆碹胎、砌筑灌浆等全过程。

1) 模板安装

模板是施工过程中的临时性结构，对梁体的制作十分重要。桥梁工程中常用空心板梁的木制芯模构造。

模板在安装过程中，为避免壳板与混凝土粘接，通常均需在壳板面上涂以隔离剂，如石灰乳浆、肥皂水或废机油等。

2) 钢筋成型绑扎

在钢筋绑扎前要先拟定安装顺序。一般的梁肋钢筋，先放箍筋，再安下排主筋，后装上排钢筋。

3) 混凝土搅拌

混凝土一般应采用机械搅拌，上料的顺序一般是先石子，次水泥，后砂子。人工搅拌只许用于少量混凝土工程的塑性混凝土或硬性混凝土。不管采用机械或人工搅拌，都应使石子表面包满砂浆、拌合料混合均匀、颜色一致。人工拌合应在铁板或其他不渗水的平板上进行，先将水泥和细骨料拌匀，再加入石子和水，拌至材料均匀、颜色一致为止，如需掺外加剂，应先将外加剂调成溶液，再加入拌合水中，与其他材料拌匀。

4) 浇捣

当构件的高度（或厚度）较大时，为了保证混凝土能振捣密实，就应采用分层浇筑法。浇筑层的厚度与混凝土的稠度及振捣方式有关，在一般稠度下，用插入式振捣器振捣时，浇筑层厚度为振捣器作用部分长度的 1.25 倍；用平板式振捣器时，浇筑厚度不超过 20cm。薄腹 T 梁或箱形的梁肋，当用侧向附着式振捣器振捣时，浇筑层厚度一般为 30～40cm。采用人工捣固时，视钢筋密疏程度，通常取浇筑厚度为 15～25cm。

5) 养护

在混凝土终凝后，在构件上覆盖草袋、麻袋、稻草或砂子，经常洒水，以保持构件经常处于湿润状态。这是 5℃以上桥梁施工的自然养护。

6) 灌浆

石活安装好后，先用麻刀灰对石活接缝进行勾缝（如缝子很细，可勾抹油灰或石膏）以防灌浆时漏浆。灌浆前最好先灌注适量清水，以湿润内部空隙，有利于灰浆的流动。灌浆应在预留的"浆口"进行，一般分三次灌入，第一次要用较稀的浆，后两次逐渐加稠，每次相隔约 3～4h 左右。灌完浆后，应将弄脏的石面洗刷干净。

(2) 细石安装

石活的连接方法一般有三种，即：构造连接、铁件连接和灰浆连接。

构造连接是指将石活加工成公母榫卯、做成高低企口的"磕绊"、剔凿成凸凹仔口等形式，进行相互咬合的一种连接方式。

铁件连接是指用铁制拉接件，将石活连接起来，如铁"拉扯"、铁"银锭"、铁"扒锔"等。铁"拉扯"是一种长脚丁字铁，将石构件打凿成丁字口和长槽口，埋入其中，再灌入灰浆。铁"银锭"是两头大，中间小的铁件，需将石构件剔出大小槽口，将银锭嵌入。铁"扒锔"是一种两脚扒钉，将石构件凿眼钉入。

灰浆连接是最常用的一种方法，即采用铺垫坐浆灰、灌浆汁或灌稀浆灰等方式，进行砌筑连接。灌浆所用的灰浆多为桃花浆、生石灰浆或江米浆。

细石安装工程内容有砂浆调制、运输、截头打眼、拼缝安装、灌缝净面、搭拆烘炉、碹胎及起重架等全过程。

1）砂浆

一般用水泥砂浆，指水泥、砂、水按一定比例配制成的浆体。对于配制构件的接头、接缝加固、修补裂缝应采用膨胀水泥。运输砂浆时，要保证砂浆具有良好的和易性，和易性良好的砂浆容易在粗糙的表面抹成均匀的薄层，砂浆的和易性包括流动性和保水性两个方面。

2）金刚墙

金刚墙是指券脚下的垂直承重墙，即现代的桥墩，有叫"平水墙"。梢孔（即边孔）内侧以内的金刚墙一般作成分水尖形，故称为"分水金刚墙"。梢孔外侧的叫"两边金刚墙"。

3）碹石

碹石古时多称券石，在碹外面的称碹脸石，在碹脸石内的叫碹石，主要是加工面的多少不同，碹脸石可雕刻花纹，也可加工成光面。

4）檐口和檐板

建筑物屋顶在檐墙的顶部位置称檐口。钉在檐口处起封闭作用的板称为檐板。

5）型钢

型钢指断面呈不同形状的钢材的统称。断面呈L形的叫角钢，呈U形的叫槽钢，呈圆形的叫圆钢，呈方形的叫方钢，呈工字形的叫工字钢，呈T形的叫T字钢。

将在炼钢炉中冶炼后的钢水注入锭模，烧铸成柱状的是钢锭。

（3）混凝土构件

混凝土构件制作的工程内容有模板制作、安装、拆除、钢筋成型绑扎、混凝土搅拌运输、浇捣、养护等全过程。

模板制作要注意以下几点：

1）木模板配制时要注意节约，考虑周转使用以及以后的适当改制使用；

2）配制模板尺寸时，要考虑模板拼装结合的需要；

3）拼制模板时，板边要找平刨直，接缝严密，不漏浆；木料上有节疤、缺口等疵病的部位，应放在模板反面或者截去，钉子长度一般宜为木板厚度的2~2.5倍；

4）直接与混凝土相接触的木模板宽度不宜大于20cm；工具式木模板宽度不宜大于15cm梁和板的底板，如采用整块木板，其宽度不加限制；

5）混凝土面不做粉刷的模板，一般宜刨光；

6）配制完成后，不同部位的模板要进行编号，写明用途，分别堆放，备用的模板要遮盖保护，以免变形。

安装主要是用定型模板和配制以及配件支承件根据构件尺寸拼装成所需模板。及时拆除模板，将有利于模板的周转和加快工程进度，拆模要把握时机，应使混凝土达到必要的强度。拆模时要注意以下几点：

1）拆模时不要用力过猛过急，拆下来的木料要及时运走、整理；

2）拆模程序一般是后支的先拆，先支的后拆，先拆除非承重部分，后拆除承重部分，重大复杂模板的拆除，事先应预先制定拆模方案；

3）定型模板，特别是组合式钢模板要加强保护，拆除后逐块传递下来，不得抛掷，拆下后，即清理干净，板面涂油，按规格堆放整齐，以利于再用。如背面油漆脱落，应补刷防锈漆。

混凝土构件安装的工程内容有砂浆调制运输、构件场内运输、安装、坐浆、搭拆支架等全过程。

预制构件安装主要包括构件翻身、就位、加固、安装、校正、垫实节点、焊接或紧固螺栓等，但不包括构件连接处填缝灌浆。

在园林工程木材中，宽度是厚度3倍以下的称为枋材，3倍以上的称为板材。

2. 桥面

桥面指桥梁上构件的上表面。通常布置要求为线型平顺，与路线顺利搭接。城市桥梁在平面上宜做成直桥，特殊情况下可做成弯桥，如采用曲线形时，应符合线路布设要求。桥梁平面布置应尽量采用正交方式，避免与河流或桥上路线斜交。若受条件限制时，跨线桥斜度不宜超过15°，在通航河流上不宜超过15°。

梁桥的桥面通常由桥面铺装、防水和排水设施、伸缩缝、人行道、栏杆、灯柱等构成。

（1）桥面铺装

桥面铺装的作用是防止车轮轮胎或履带直接磨耗行车、道板；保护主梁免受雨水浸蚀，分散车轮的集中荷载。因此桥面铺装的要求是：具有一定强度，耐磨，防止开裂。

桥面铺装一般采用水泥混凝土或沥青混凝土，厚6~8cm，混凝土强度等级不低于行车道板混凝土的强度等级。在不设防水层的桥梁上，可在桥面上铺装厚8~10cm有横坡的防水混凝土，其强度等级亦不低于行车道板的混凝土强度等级。

（2）桥面排水和防水

桥面排水是借助于纵坡和横坡的作用，使桥面水迅速汇向集水碗，并从泄水管排出桥外。横向排水是在铺装层表面设置1.5%~2%的横坡，横坡的形成通常是铺设混凝土三角垫层构成，对于板桥或就地建筑的肋梁桥，也可在墩台上直接形成横坡，而做成倾斜的桥面板。

当桥面纵坡大于2%而桥长小于50m时，桥上可不设泄水管，而在车行道两侧设置流水槽以防止雨水冲刷引道路基，当桥面纵坡大于2%但桥长大于50m时，应沿桥长方向12~15m设置一个泄水管，如桥面纵坡小于2%，则应将泄水管的距离减小至6~8m。

桥面防水是将渗透过铺装层的雨水挡住并汇集到泄水管排出。一般可在桥面上铺8~10cm厚的防水混凝土，其强度等级一般不低于桥面板混凝土强度等级。当对防水要求较高时，为了防止雨水渗入混凝土微细裂纹和孔隙，保护钢筋时，可以采用"三油三毡"防水层。

(3) 伸缩缝

为了保证主梁在外界变化时能自由变形，就需要在梁与桥台之间，梁与梁之间设置伸缩缝（也称变形缝）。伸缩缝的作用除保证梁自由变形外，还能使车辆在接缝处平顺通过，防止雨水及垃圾泥土等渗入，其构造应方便施工安装和维修。

常用的伸缩缝有：U形镀锌薄钢板式伸缩缝、钢板伸缩缝、橡胶伸缩缝。

(4) 人行道、栏杆和灯柱

城市桥梁一般均应设置人行道，人行道一般采用肋板式构造。

栏杆是桥梁的防护设备，城市桥梁栏杆应该美观实用、朴素大方，栏杆高度通常为1.0~1.2m，标准高度是1.0m。栏杆柱的间距一般为1.6~2.7m，标准设计为2.5m。

城市桥梁应设照明设备，照明灯柱可以设在栏杆扶手的位置上，也可靠近边缘石处，其高度一般高出车道5m左右。

(5) 梁桥的支座

梁桥支座的作用是将上部结构的荷载传递给墩台，同时保证结构的自由变形，使结构的受力情况与计算简图相一致。

梁桥支座一般按桥梁的跨径、荷载等情况分为：简易垫层支座、弧形钢板支座、钢筋混凝土摆柱、橡胶支柱。桥面的一般构造详见图2-2-8。

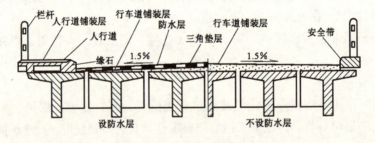

图2-2-8 桥面的一般构造

桥面细石安装工程内容有砂浆调制、运输、截头拼缝、安装灌缝、净面、搭拆烘炉及起重架子等全过程。

仰天石指位于桥面两边的边缘石。在桥长正中带弧形的仰面石叫"罗锅仰天"，在桥长两头的仰面石叫"扒头仰天"。

如意石指桥面两端入口处的面石，是桥面与路面的分界石。

踏步形成楼梯坡度。踏步分为踏面（供行走时踏脚的水平部分）和踢面（形成踏步高差的垂直部分）。

桥面混凝土构件的工程内容有模板制作、安装、拆除、钢筋成型绑扎、混凝土搅拌、运输浇捣、养护、构件运输安装等全过程。

平桥板一般是钢筋混凝土或预应力混凝土板。

3. 栏杆安装

栏杆安装工程内容有砂浆调制运输、成品、截头安装、灌缝净面、搭拆烘炉及起重架等。

(1) 梐杖栏板

梐杖栏板是指在两栏杆柱之间的栏板中，最上面为一根圆形模杆的扶手，即为梐杖，其下由雕刻云朵状石块承托，此石块称为云扶，再下为瓶颈状石件称为瘿项。支立于盆臀之上，再下为各种花饰的板件。

(2) 罗汉板

罗汉板是指只有栏板而不用望板的栏杆，在栏杆端头用抱鼓石封头。

位于雁翅桥面里端拐角处的柱子叫"八字折柱"，其余的栏杆柱都叫"正柱"或"望柱"，简称栏杆柱。

(3) 栏杆地栿

栏杆地栿是栏杆和栏板最下面一层的承托石，在桥长正中带弧形的叫"罗锅地栿"，在桥面两头的叫"扒头地栿"。

(三) 统一规定

1. 步桥是指建筑在庭园内的、主桥孔洞 5m 以内、供游人通行兼有观赏价值的桥梁。凡在庭园外建造的桥梁，均不适用。

步桥是一种特殊的桥，与一般桥梁工程中的桥不同。

2. 步桥桥基是按混凝土桥基编制的，已综合了条型、杯型和独立基础因素，除设计采用桩基础时按有关规定编制补充单位估价计算外，其他类型的混凝土桥基，均不得换算。

(1) 条形基础

条形基础：条形基础又称带形基础，是由柱下独立基础沿纵向串联而成。可将上部框架结构连成整体，从而减少上部结构的沉降差。它与独立基础相比，具有较大的基础底面积，能承受较大的荷载。

(2) 独立基础：凡现浇钢筋混凝土独立柱下的基础都称为独立基础，其断面形式有阶梯形、平板形、角锥形和圆锥形。

(3) 杯形基础：凡现浇钢筋混凝土独立柱下的基础都称为独立基础，独立基础中心预留有安装钢筋混凝土预制柱的孔洞时，则称为杯形基础（其形如水杯）。它是独立基础的一种形式。

(4) 桩基础：将某种构件或某种材料事先埋入地基之中，以提高地基承载能力的构件或材料，就称为桩。桩基础的分类见图 2-2-9。

3. 步桥的混凝土预制构件，是按现场预制、土法吊装编制的。如采用工厂预制构件时，可按"1996 年建设工程材料预算价格"第四册工厂制价格计算，构件运输按相应子目执行，但如使用机械吊装，其安装费不变，仍执行本定额。

混凝土预制构件：指在施工现场安装之前，按照采暖、卫生和通风空调工程施工图纸及土建工程的有关尺寸，进行预先下料、加工和部件组合或在预制加工厂定购的各种构件。这种方法可以提高机械化强度和加快施工现场安装速度、缩短工期，但对土建工程施工尺寸要求准确。

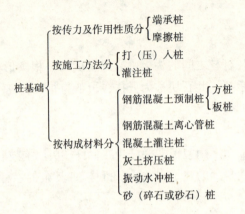

图 2-2-9 桩基础分类图

4. 步桥的土方、垫层、砖石基础、找平层、桥面、墙面勾缝、装饰、金属栏杆、防潮防水等项目,按有关章节的相应子目执行。

承受并传递地面荷载至基土的构造层称为垫层。

装饰是对房屋的局部或全部进行修饰、打扮与装饰、点缀的一种再创作的艺术活动。

找平层指的是在垫层上起整平、找坡或加强使用的构造层,它一般包括水泥砂浆找平层和细石混凝土找平层。

(1) 防潮

防潮是为了防止土中水分沿基础墙上升和勒脚部位的地面水影响墙身而采取的措施。对房屋的防潮,一般在室内地坪与室外地坪之间连续设置一层防潮层。防潮层的标高与房屋底层地面构造有关,但至少高出人行道或散水表面 100~150mm,避免雨水溅及勒脚时引起潮湿。

防潮层的材料和具体做法:

1) 防水砂浆防潮层:具体做法是抹一层 25mm 厚 1:2.5 水泥砂浆,掺入适量的防水剂,一般为水泥用量的 5%,以代替油毡等防水材料。

2) 油毡防潮层:在防潮层部位先抹 20mm 厚砂浆找平层,然后做一毡二油,油毡的宽度应比找平层每侧宽 10mm,油毡沿长度方向铺设,其搭接长度应大于 100mm。

3) 混凝土防潮层:由于混凝土本身具有一定的防水性能,所以在防潮层的部位浇筑一层 60mm 厚细石混凝土带,内配 $3\phi6$ 钢筋或 $3\phi8$ 钢筋。

4) 采用防水砂浆砌三皮砖,作为防潮层。

防水对位于非冰冻地区的桥梁要作适当的防水,可在桥面上铺筑 8~10cm 厚的防水混凝土铺装层。

(2) 栏杆

金属栏杆是指布置在楼梯段、平台边缘或走廊等边缘外,有一定刚度和安全性的保护设施。它一般多用方钢、圆钢、扁钢等型钢焊接而成。方钢多为 15~25mm,圆钢为 $\phi16$~$\phi25$,扁钢多为 $(30~50)mm \times (3~6)mm$,钢管多为 $\phi20~\phi50$,栏杆高度 900~1100mm,栏杆垂直件的空隙不应大于 110mm。

栏杆与楼段的连接通常有三种方法:在楼段与栏杆的对应位置预埋铁件焊接;预留孔洞用细石混凝土填实;电锤钻孔膨胀螺栓固定。

(3) 墙面勾缝

墙面勾缝指在砌砖墙时,利用砌砖的砂浆随砌随勾,达到合格为准。

墙面勾缝分为原浆勾缝和加浆勾缝。砖墙面勾缝应做的准备工作有:

1) 清除墙面上粘结的砂浆、泥浆和杂物等,并洒水调湿;

2) 开凿眼缝,并对缺棱掉角的部位用与墙面相同颜色的砂浆修补平整;

3) 将脚手眼内清理干净并洒水湿润,用与原墙相同的砖补砌严密。

砖墙面勾缝一般采用1:1水泥砂浆(1:1指水泥与细砂之比),也可用砌筑砂浆,随砌随勾,缝的深度一般为4~5mm。墙面勾缝应横平竖直,深浅一致。搭接平整并压实抹光,不得有丢缝、开裂和粘结不平等现象。

采用原浆勾缝,其砂浆与原砌筑体砂浆相同,工料乘以系数0.55,加浆勾缝的砂浆为1:1水泥砂浆,每100m²需水泥砂浆0.25m³。

(4) 砖石基础

基础指位于建筑物或构筑物与地基之间的传力结构。砖石基础指用砖石作为材料的基础。

砖石基础施工简单、造价低、适用面广。砖石基础砌成台阶形,一般为二皮一收或二间隔收。砖不低于MU7.5,砂浆一般为M5或M2.5。砖筑时,基底应先铺100mm厚砂或200mm砂石垫层。

5. 石桥桥身的砖石背里和毛石金刚墙,分别照砖石工程的砖石挡土墙和毛石墙定额子目执行。

由爆破直接获得的石块叫做毛石(又称片石乱毛石)。其形状不规则,石块中部厚度应不小于150mm。

古建筑一般对墙体外表要求很严格,故墙体分为里外两层,砌筑里层的墙面叫"背里"。

在桥梁工程中,用来固土护坡的墙称为挡土墙。根据材料的不同,有砖石挡土墙、混凝土挡土墙等。

6. 预制混凝土望柱,按预制混凝土花架制作和安装定额子目执行。

在园林工程中支撑亭等园林小品建筑的柱称为望柱,所用材料可以是砖石,也可以是混凝土或预应力混凝土等。

花架是用钢性材料构成的一定形状的格架,供攀缘植物攀附的园林设施。花架可作遮阳供游人通过或休息,或作为分隔空间、增加景观层次或起背景的作用。

7. 石桥的金刚墙细石安装项目中,已综合了桥身各部位金刚墙的因素,不分雁翅金刚墙、分水金刚墙和两边的金刚墙,均按本定额执行。

金刚墙是一种加固性质的墙,一般在装饰面墙的背后保证其稳固性。(金刚二字来源于佛教,在佛身边的侍从力士称为金刚),因此古建筑对凡是看不见的加固墙都称为金刚墙。

毛石金刚墙:毛石金刚墙就是用毛石材料砌成的,对建筑起加固作用的围墙。

雁翅金刚墙:是指在装饰面墙的前后保证其稳固性的加固墙。

8. 石桥桥身的撞碹石项目,按金刚墙细石安装定额子目执行。

碹石即旋石,古时多称为券石,在碹外面的称碹脸石,在碹脸石内的叫碹石。

9. 细石安装项目中均已包括细石安装损耗,是根据常用的青白石和花岗石两种石料编制的,如设计或建设单位采用其他石料时,除砖碴石、汉白玉石料可按青白石相应子目(含安装损耗率)执行,并将石料成品单价予以换算外,其他石料均不适用。

花岗石是花岗岩的俗称。花岗岩属于酸性结晶深成岩,是火成岩中分布最广的岩石,其主要矿物组成为长石、石英和少量云母。主要化学成分为 SiO_2,含量在65%以上。

汉白玉是一种纯白色大理石,因其石质晶莹纯净、洁白如玉、熠熠生辉而得名。汉白玉石料就是指这种大理石。

青白石是石灰岩的俗称,颜色为青白色。

10. 细石安装如设计要求采用铁锔子或铁银锭时,其铁锔子或铁银锭应另列项目,套用相应子目执行。

11. 石桥的抱鼓安装,按栏板安装定额子目执行。

抱鼓石即滚墩石,一般用于台阶和垂带尽端,还用于独立柱垂花门上,它是以柱为中心两面对称的,专门用来稳定独立柱,镌刻有托泥、主角、卷子花、鼓子及浮雕图案等。在抱鼓石中间凿有插入柱子的通透圆孔,使柱子穿过圆孔埋入基础之中。

12. 石桥的栏板(包括抱鼓)、望柱安装定额以平直为准,遇有斜栏板、斜抱鼓及其相连的望柱安装,另按斜形栏板、望柱安装定额执行。

13. 河底(桥底)海墁作乱铺块石者,按乱铺块石路面定额子目执行。

海墁指庭院中除了甬路以外,其他地方也都墁砖的做法称之为海墁。甬路指通向厅堂、走廊和主要建筑物的道路。

14. 对于望柱、栏板、抱鼓和碹脸等石料加工成品安装,在竣工验收前的成品保护。已经根据一般保护措施,包括在安装定额子目内,不得另行计取。

15. 预制构件安装用的坐浆,按有关章节找平层的相应子目执行。

坐浆:指在园林工程中铺垫在基层上面的一层砂浆,可以用来找平。

(四)工程量计算规则

1. 桥基础按设计图示尺寸以立方米计算。
2. 现浇混凝土柱(桥墩)、梁、门式梁架、拱碹等,均按设计尺寸以立方米计算。

桥墩指多跨桥梁的中间支承结构物,它除承受上部结构的荷重外,还要承受流水压力、水面以上的风力以及可能出现的冰荷载、船只、排筏和漂浮物的撞击力。

建筑物的上部荷载通过梁传给柱,梁是一种传递荷载的中间支承结构物。

我国传统屋顶的结构形式,以柱和梁形成梁架来支承檩条,并利用檩条及连系梁(枋),使整个房屋形成一个整体的骨架。

3. 现浇桥洞底板,按设计图示厚度,以平方米计算。
4. 预制混凝土拱碹、望柱、平桥板的制作和安装,均按设计图示尺寸以立方米计算。

预制指根据施工图的尺寸、材料等要求,在预制构件厂预先制作。

平板桥指桥体的主要部分是石梁、钢筋混凝土直梁或木梁的桥。通常有木桥、石桥、钢筋混凝土桥等。桥面平板桥,结构简单,平面形状为一字形,桥边常不做栏杆或只做矮护栏。

5. 砖石拱碹砌筑和内碹石安装,均按设计图示尺寸以立方米计算。
6. 金刚墙方整石、碹脸石和水兽(螭首)石安装,均按设计图示尺寸,分别以立方米计算。

7. 挂檐贴面石，按设计图示尺寸以平方米计算。

在园林工程中一般采用人造大理石作为贴面石。

8. 型钢锔子、铸铁银锭安装，以个计算。

铸铁是含碳量大于 2.0% 的铁碳合金。

角钢分等边角钢和不等边角钢。等边角钢的型号是以角钢单边宽度厘米数来命名，如 2.5 号角钢代表的是单边宽度为 25mm 的等边角钢。不等边角钢以长边宽度和短边宽度的厘米数值的比例命名型号，如 4/2.5 号角钢，代表长边宽度为 40mm，短边宽度为 25mm 的不等边角钢。装饰工程中常用的等边角钢的规格为 2~5 号，厚度为 3mm 和 4mm。

型钢是普通碳素结构钢或普通低合金钢经热轧而成的异型断面钢材，在建筑装饰工程中常用作为钢构架、各种幕墙的钢骨架、包门包柱的骨架等。根据型钢截面形式的不同可分为角钢、扁钢、槽钢和工字钢。其中角钢用途最为广泛，其较易加工成型，截面惯性矩较大，刚度适中，焊接方便，施工便利。

9. 仰天石、地伏石、踏步石、牙子石安装，均按设计图示尺寸以延长米计算。

牙子石是指栽于路边的压线石块，相当于现代道路面的侧缘石（也称路牙），主要用于保证路面宽度和整齐。用砖栽边称牙子砖。

地伏石指一般用于台基栏杆下面或须弥座平面上栏杆栏板下面的一种特制条石。

10. 河底海墁、桥面石安装，按设计图示面积、不同厚度，以平方米计算。

在园林工程中，园桥一般采用天然的或人造加工的石料作为铺面层。

桥面两边仰天石里皮之间的海墁石叫"桥板石"或"路板石"。桥宽正中心，沿桥长的一路叫"桥心石"；在桥心两边的叫"两边桥面石"；在桥栏杆八字柱至牙子石里皮，左右斜捌角部分的叫"雁翅桥面"。

11. 石栏板（含抱鼓）安装，按设计底边（斜栏板按斜长）长度，分别按块计算。

12. 石望柱安装，按设计高度，分别以根计算。

13. 预制构件的接头灌缝，除杯型基础按个计算外，其他均按构件的体积以立方米计算。

接头灌缝是指预制钢筋混凝土构件的坐浆、灌浆、堵板孔、塞板梁缝等。

14. 预制桥板支撑，按预制桥板的体积以立方米计算。

预制桥板支撑指由预制混凝土板搭成的桥边。

（五）石作配件的预算编制

1. 石作配件的工程量计算

（1）鼓磴、覆盆柱顶石的工程量计算

鼓磴、覆盆柱顶石都是一种较固定的形式，因此，鼓磴石分圆形和方形，按其直径、见方尺寸和厚度，以每 10 个为单位进行计算。覆盆柱顶石一般都为圆形，故按直径和厚度大小，以每 10 个为单位进行计算。

（2）磉石、抱鼓石和砷石的工程量计算

磉石分：150cm×150cm×30cm 内、100cm×100cm×20cm 内、80cm×80cm×16cm 内、60cm×60cm×15cm 内等四种规格，因此其工程量可按看面的见方尺寸和厚度，以每 10 块为单位进行计算。

抱鼓石和砷石的外形也基本固定，因此，抱鼓石（体积在 0.15m³ 内）和砷石（体积在 0.12m³ 内）的制作安装工程量，也以每 10 个为单位进行计算。

2. 石作配件预算中的注意事项

（1）鼓磴、覆盆柱顶石、抱鼓石、砷石等定额，是以表面为准进行编制的，如设计要求雕刻花纹和线脚者，应按石浮雕部分的相应子目，另行列项计算。

（2）鼓磴、覆盆柱顶石、砷石等定额均包括制作和安装，如果制作与安装要分开计算者，定额规定：鼓磴制作人工费按 90%，安装人工费按 10%；覆盆式柱顶石和磲石的制作人工费按 94%，安装人工费按 6%进行分开计算。因此，套用定额基价时，应注意基价的调整。

堆 塑 假 山

中国园林艺术的一个特点，就是把山石作为最重要的景物来利用，特别是大量营造的石山地形和石景景观，使园林"无园不山，无园不石"，假山工程成了中国造园中的一项重要工程。

假山施工是具有明显再创造特点的工程活动。在大中型的假山工程中，一方面要根据假山设计图进行定点放线，随时控制假山各部分的立面形象及尺寸关系；另一方面还要根据所选用石材的形状、皱纹特点，在细部选型和技术处理上有所创造，有所发展。小型假山工程和石景工程有时并不进行设计，而是直接在施工过程中临场发挥，一面构思一面施工，最后完成假山作品的艺术创造。

假山的类型划分历来有很多不同的方式，这里只就最常用的堆山材料和景观特征两个划分依据来介绍其类别。

从堆山主要材料分：有土山、带石土山、带土石山和石山等四类，各类基本情况如下。

土山：是以泥土作为基本堆山材料，在陡坎、陡坡处可有块石作护坡、挡土墙或作蹬道，但不用自然山石在山上造景。这种类型的假山占地面积往往很大，是构成园林基本地形和基本景观背景的重要构造因素。

带石土山：主要堆山材料是泥土；是在土山的山坡、山脚点缀有岩石，在陡坎或山顶部分用自然山石堆砌成悬崖绝壁景观，一般还有山石做成的梯级磴道。带石土山可以做得比较高，但其用地面积却能够比较少，多用在较大的庭园中。

带土石山：山体从外观看主要是由自然山石造成的，山石多用在山体的表面，由石山墙体围成假山的基本形状，墙后则用泥土填实。这种土石结合而露石不露土的假山，占地面积较小，但山的特征最为突出，适于营造奇峰、悬崖、深峡、丛山峻岭等多种山地景观。

石山：其堆山材料主要是自然山石，只在石间空隙处填土配植植物。石山造价较高，堆山规模若是比较大，则工程费用十分可观。因此，这种假山一般规模都比较小，主要用在庭院、水池等空间比较闭合的环境中，或者作为瀑布、滴泉的山体应用。

从景观特征来分：采用这种方式可将假山分为仿真型、写意型、透漏型、实用型、盆景型等五类，其具体情况如图 2-2-10 所示。

仿真型：这种假山的造型是模仿真实的自然山形，山景如同真山一般。峰、崖、岭、

图 2-2-10 假山的类型
(a)、(b) 仿真型；(c) 写意型；(d) 透漏型；(e)、(f) 实用型；(g) 盆景型

谷、洞、壑的形象都按照自然山形塑造，能够以假乱真，达到"虽由人作，宛如天开"的景观效果。

写意型：其山景也具有一些自然山形特征，但经过明显的夸张处理。在塑造山形时，特意夸张了山体的动势、山形的变异和山景的寓意，而不再以真山山形为造景的主要依据。

透漏型：山景基本没有自然山形的特征，而是由很多穿眼嵌空的奇形怪石堆叠成可游可行可登攀的石山地。山体中洞穴、孔眼密布，透漏特征明显，身在其中，也能感到一些山地境界。

实用型：这类假山既可能有自然山形特征，又可以没有山的特征，其造型多数是一些庭院实用品的形象，如庭院山石门、山石屏风、山石墙、山石楼梯等。在现代公园中，也常把工具房、配电房、厕所等附属小型建筑掩藏于假山内部。这种在山内藏有功能性建筑的假山，也属于实用山一类。

盆景型：在有的园林露地庭园中，还布置有大型的山水盆景。盆景中的山水景观大多数都是按照真山真水形象塑造的，而且还有着显著的小中见大艺术效果，能够让人领会到咫尺千里的山水意境。

(一)假山工程图例与绘图(表 2-2-3)

假山工程图例　　　　　　　　表 2-2-3

序 号	名 称	图 例	说 明
1	自然山石假山		
2	人工塑石假山	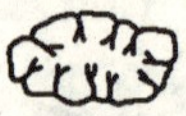	
3	土石假山		包括"土包石"、"石包土"及土假山
4	独立景石		

1. 假山平面图绘制

在假山设计图的制图方面,目前还没有制定相应的国家标准。所以在制图中,只要能够套用建筑制图标准的,就应尽量套用,以使假山设计图更加规范、科学。下面是绘制假山平面图的几个要点。

(1) 图纸比例

根据假山规模大小,可选用 1:200、1:100、1:50、1:20。

(2) 图纸内容

应绘出假山区的基本地形,包括等高线、山石陡坎、山路与蹬道、水体等。如区内有保留的建筑、构筑物、树木等地物,也要绘出。然后再绘出假山的平面轮廓线,绘制山涧、悬崖、巨石、石峰等的可见轮廓及配植的假山植物。

(3) 线型要求

等高线、植物图例、道路、水位线、山石皴纹线等用细实线绘制。假山山体平面轮廓线(即山脚线)用粗实线,或用间断开裂式粗线(如图 2-2-11 所示)绘出,悬崖、绝壁的平面投影外轮廓线若超出了山脚线,其超出部分用粗的或中粗的虚线绘出。建筑物平面轮廓用粗实线绘制。假山平面图形内,悬崖、山石、山洞等可见轮廓的绘制则用标准实线。平面图中的其他轮廓线也用标准实线绘制。

(4) 尺下标注

假山的形状是不规则的形状,因此在设计与施工的尺寸上就允许有一定的误差。在绘制平面图时,许多地方都不好标注——或者为了施工方便而不能标注详尽的、准确的尺寸。所以,假山平面图上就主要是标注一些特征点的控制性尺寸,如假山平面的凸出点、凹陷点、转折点的尺寸和假山总宽度、总厚度、主要局部的宽度和厚度等。尺寸标注方法,则按现行《建筑制图标准》的规定。

(5) 高程标注

在假山平面图上应同时标明假山的竖向变化情况,其方法是:土山部分的竖向变化,用等高线来表示;石山部分的竖向高程变化,则可用高程箭头法来标出。高程箭头主要标

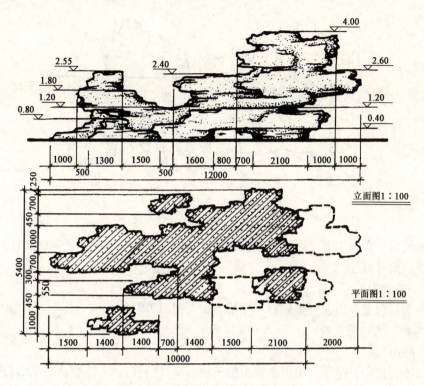

图 2-2-11 假山平、立面设计图示例

注山顶中心点、大石顶面中心点、平台中心点、山肩最高点、谷底中心点等特征点的高程。这些高程也是控制性的。假山下有水泥的，要注出水面、水底、岸边的标高。

假山平面设计图的示例，见图 2-2-11。

2. 假山立面设计图绘制

绘制假山立面图的方法和标准，如能套用现行《建筑制图标准》的，就要按照该标准来绘制。没有标准可套用的，则可按照通行的习惯绘制方法绘出。

（1）图纸比例

应与同一设计的假山平面图比例一致。

（2）图纸内容

要绘出假山立面所有可见部分的轮廓形状、表面皱纹，并绘出植物等配景的立面图形。

（3）线型要求

绘制假山立面图形一般可用白描画法。假山外轮廓线用粗实线绘制，山内轮廓以中粗实线绘出，皱纹线的绘制则用细实线，假山立面设计步骤如图 2-2-12。绘制植物立面也用细实线。为了表达假山石的材料质感或阴影效果，也可在阴影处用点描或线描方法绘制，将假山立面图绘制成素描图，则立体感更强。但采用点描或线描的地方不能影响尺寸标注或施工说明的注写。

（4）尺寸标注

假山立面的方案图，可只标注横向的控制尺寸，如主要山体部分的宽度和假山总宽度等。在竖向方面，则用标高箭头来标注主要山头、峰顶、谷底、洞底、洞顶的相对高程。

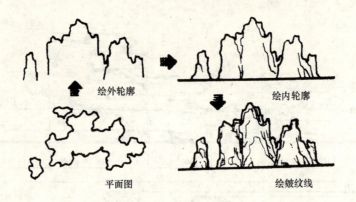

图 2-2-12 假山立面设计步骤

如果绘制假山立面施工图,则横向的控制尺寸应标注更详细一点,竖向也要对立面的各种特征点进行尺寸标注。

(二)工程内容

假山工程包括叠山、安布景石、零星点布、塑山等。

1. 叠山、人造独立峰

(1)叠山

叠山亦称掇山,是指利用可叠假山的天然石料(品石),人工叠造而成的石假山。

叠砌假山是我国一门古老艺术,是园林建设中的重要组成部分,它通过造景、托景、陪景、借景等手法,使园林环境千变万化,气魄更加宏伟壮观,景色更加宜人,别具洞天。叠山工程不是简单的山石堆垒,而是模仿真山风景,突出真山气势,具有林泉立壑之美,是大自然景色在园林中的缩影。了解假山石材,便可以按掇山的目的、意境和艺术形象来斟酌采用何种山石。如要雄浑、豪放、磅礴之山,则当以黄石为材;若需纤秀、轻盈、宛转之态,则以湖石类为宜。但作为艺术而言,没有太绝对的事,只有相对的理法。

(2)人造独立峰

人造独立峰是指人工叠造的独立峰石。园林中特置的人造独立峰,亦称仿孤块峰石,是以自然界为蓝本的。大凡可作为特置的石都为峰石,因而对峰石的形态和质量要求很高。人造独立峰要有较完整的形象,用多块岩石拼合而成的独立峰石务必做到天衣无缝,不露一点人工痕迹,凡有缺陷的地方,可用攀缘植物掩饰。特置岩石要配特置的基座,方能作为庭院中的摆设。

(3)砌筑假山

砌筑假山所用的材料主要有山石石材和胶结材料两类。

1)山石石材

①湖石和英石

湖石是产于湖崖中,由长期沉积的粉砂及水的溶蚀作用所形成的石灰岩。颜色浅灰泛白,色调丰润柔和,质地轻脆易损。该石材经湖水的溶蚀形成有大小不同的洞、窝、环、沟;具有圆润柔曲、嵌空婉转、玲珑剔透的外形,叩之有声。以产于苏州太湖之洞庭山的为最优,故此称为"太湖石"。如太湖石、宜兴石、龙潭石、灵璧石、湖口石、巢湖石、房山石等都属于这类,如图 2-2-13 所示。

英石是产于石灰岩地区的山坡、河岸之地，是石灰岩经地表水风化溶蚀而成。颜色多为青色或黑灰色，质地坚硬，叩之铿锵。其中以产于广东英德县最为代表，故称此为"英石"。安徽宁国县的宣石也属于这一类。如图2-2-13所示。

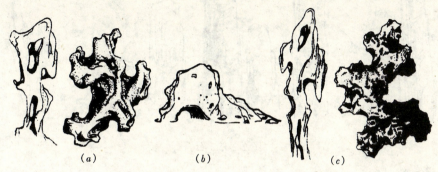

图 2-2-13　几种石材
(a) 太湖石；(b) 房山石；(c) 英石

②黄石

它是一种呈茶黄色的细砂岩，以其黄色而得名。质重、坚硬、形态浑厚沉实、拙重顽夯，且具有雄浑挺括之美。其产地大多山区都有，但以江苏常熟虞山质地为最好。

采下的单块黄石多呈方形或长方墩状，如图2-2-14 (a) 所示，少有极长或薄片状者。由于黄石节理接近于相互垂直，所形成的峰面具有棱角锋芒毕露，棱之两面具有明暗对比立体感较强的特点，无论掇山、理水都能发挥出其石形的特色。

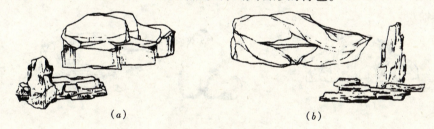

图 2-2-14　黄石和青石
(a) 黄石；(b) 青石

③青石

它是一种呈青灰色的水成细砂岩，石内具有水平层理，使石形成为片状，故有"青云片"之称呼。也有呈倾斜交织纹理的，多成块状，如图2-2-14 (b) 所示。其产地以北京西郊红山口最为代表，故在北京园林的假山叠石中最为常见。

④石笋石

这种石实际上不是一种山石，它是水成岩沉积在地下沟中而成的各种单块石，因其石形修长呈条柱状，立地似笋而得名。产于浙江与江西交界的常山、玉山一带。其石质类似青石者称为"慧剑"，对含有白色小砾石或小卵石者称为"白果笋"或"子母剑"，对色黑如炭者称为"乌炭笋"，如图2-2-15所示。

石笋石宜单点作小品或与竹林相配合，创造出"雨后春笋"的观赏效果。如苏州沧浪亭的"竹林七贤"、扬州个园的"竹石春景"等均为此石所作。

图 2-2-15 石笋石

⑤石蛋

即大卵石,产于河床之中,经流水的冲击和相互摩擦磨去棱角而成,如图 2-2-16（a）所示。大卵石的石质有花岗岩、砂岩、流纹岩等,颜色白、黄、红、绿、蓝等各色都有。

这类石多用作园林的配景小品,如路边、草坪、水池旁等的石桌石凳；棕树、蒲葵、芭蕉、海芋等植物处的石景。

⑥黄蜡石

它是具有蜡质光泽,圆光面形的墩状块石,也有呈条状的,如图 2-2-16（b）所示。其产地主要分布在我国南方各地。此石以石形变化大而无破损、无灰砂,表面滑若凝脂、石质晶莹润泽者为上品。一般也多用作庭园石景小品,将墩、条配合使用,成为更富于变化的组合景观。

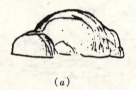 

(a)　　　　　　　　　　　(b)

图 2-2-16　石蛋与黄蜡石
(a) 石蛋；(b) 黄蜡石

⑦钟乳石、水秀石

钟乳石是石灰岩经水溶解后在山洞山崖下沉淀而成的一种石灰石,质量坚硬。其形状有石钟乳、石幔、石柱、石笋、石兽、石蘑菇、石葡萄等；其颜色有乳白、乳黄、土黄等色。如图 2-2-17（a）所示。

水秀石是石灰岩的砂泥碎屑,随着含有碳酸钙的地表水,被冲到低洼地或山崖下沉淀凝结而成。石质不硬,疏松多空,石内含有草根、苔藓、枯枝化石和树叶印痕等,易于雕琢。其石面形状有:纵横交错的树枝状、草秆化石状、杂骨状、粒状、蜂窝状等凹凸形状。其颜色有黄白色、土黄色至红褐色。如图 2-2-17（b）所示。

2) 胶结材料

胶结材料是指将山石粘结起来掇石成山的一些常用粘结性材料,如水泥、石灰、砂和颜料等,市场供应比较普遍。粘结时拌合成砂浆,受潮部分使用水泥砂浆,水泥与砂配合

图 2-2-17 钟乳石与水秀石
(a) 钟乳石;(b) 水秀石

比为 1:1.5~1:2.5;不受潮部分使用混合砂浆,水泥:石灰:砂 = 1:3:6。水泥砂浆干燥比较快,不怕水;混合砂浆干燥较慢,怕水,但强度较水泥砂浆高,价格也较低廉。

叠山、人造独立峰工程内容包括放样、相石、运石、搭拆脚手架、混凝土、砂浆、搅拌(调制)运输、吊装堆砌、清理养护等全过程。

(1) 放样

放样是施工过程中重要的步骤之一。它是依据设计图在施工场地找出景物的预设位置,精确度很高,误差不超过 0.30m。找到后在相应位置作出标记。

(2) 相石、运石

相石即山石的选择,它是假山工程中一项很重要的工作,贯彻于假山施工的整个过程中。其目的是为了将不同的山石选用到最合适的位点上,组成最和谐的山石景观。它包括山石尺度、石形、山石皱纹、石态、石质、颜色的选择。

运石即将选好的石材用人工或机械运至施工现场。

(3) 脚手架

在建筑施工中,当施工高度超过地面(室外自然地面、室内地面、室外设计地面)1.2m,为继续进行操作、堆放和运送材料,必须搭设相应高度的架子,称脚手架。

(4) 混凝土

普通混凝土是由水泥、水、砂及石子等四种主要材料组成。这四种材料的作用各不相同。硬化前,水泥和水形成的水泥浆起包裹骨料表面、减少骨料颗粒间摩擦力的作用;硬化后的水泥浆将粒状的砂、石子粘结成为一个坚实的整体。砂、石则作为混凝土骨料,在混凝土结构中起骨架作用,减小混凝土变形的作用。

(5) 砂浆搅拌、运输、养护

砂浆是由胶凝材料、细骨料和水等,按适当比例配制而成。胶凝材料包括水泥、石灰等,细骨料为天然砂。常用的砂浆包括砌筑砂浆和抹灰砂浆。

砂浆的调制运输就是将砂子和胶结材料(水泥、石灰膏、黏土等)加水按一定比例混和调制。运输就是将按一定比例拌合好的砂浆运到现场工地上。

养护是在水泥砂浆面层刷好后采取相应的措施以确保水泥砂浆面层的顺利形成。

(6) 盆景山

在有的园林露地庭院中,布置有大型的山水盆景,称盆景山。盆景中的山水景观大多数都是按照真山形象塑造的,而且有着显著的小中见大的艺术效果,能够让人领会到咫尺千里的山水意境。

2. 安布景石

安布景石指天然孤块的非竖向景石的安布。

石景是以山石为材料，作独立性或附属性的造景布置，主要表现山石的个体美或山石组合体的美。石景体量较小，不具备完整的山形特征，主要以观赏为主，但也可结合一些功能方面的作用。

(1) 石景的设计形式

石景的种类不同，其在造景中的作用也不尽相同。根据造景作用和观赏效果方面的差异，石景可有特置、孤置、对置、群置、散置和作为器设小品等几种布置方式（参见图2-2-18）。

图 2-2-18 石景的四种布置方式
(a) 特置；(b) 孤置；(c) 对置；(d)、(e) 山石器设

1) 特置

将形状玲珑剔透、古怪奇特而又比较罕见的大块山石珍品，特意设置在一定基座上供观赏，这种置石方法就叫特置。

特置的石景，在园林中一般作为局部空间的主景或重要配景使用，可布置在庭院中央、十字园路交叉口中心、观赏性草坪中央、游憩草坪的一侧、园景小广场中央或一角、园林主体建筑前场地中央或两侧等，也可布置在园林入口内作为对景、在照壁前作画屏式景物、在屋顶花园上作主景等。总之，特置石景可布置的环境是多种多样的。

我国园林中现存的一些山石名品，基本上都采用特置方式。例如，上海豫园的"玉玲珑"石景，就是以自然山石为基座而布置在园路边；其石形穿眼嵌空，玲珑剔透，堪称绝世石品。苏州留园的"冠云峰"也是以较小的山石为基座，石形兼具透、漏、瘦的奇石特征，耸然高矗，气宇轩昂，并因此而名噪江南。杭州花圃的"绉云峰"，体量虽不太大，但石态斜飞，石面浅纹深皱，显示出岁月沧桑，陈设在高台上，极富动感。北京颐和园的"青芝岫"，则布置在特制的须弥座上，巨石宽峰，既玲珑又凝重，无数石窝、石孔、石沟槽、石灵芝将石景装扮得如同有云霓环绕，一派尊贵气。从这些石景珍品来看，能够用作特置展示的山石，必定是石形、石态、石面有特殊之点、具有一定罕见性、具备独特观赏价值的。

2) 孤置

孤立独处地布置单个山石，并且山石是直接放置在或半埋在地面上，这种石景布置方式是孤置。孤置石景与特置石景主要的不同，是没有基座承托石景，石形的罕见程度及山石的观赏价值都没有后者高。

孤置的石景一般能够起到点缀环境的作用，常常被当作园林局部地方的一般陪衬景物使用，也可布置在其他景物之旁，作为附属的景物。孤石的布置环境，可以在路边、草坪上、水边、亭旁、树下，也可以布置在建筑或园墙的漏窗或取景窗后，与窗口一起构成漏景或框景。

在山石材料的选择方面，孤置石的要求并不高，只要石形是自然的，石面是由风化所形成，而不是人工劈裂或雕琢形成的，都可以使用。当然，石形越奇特，观赏价值越高，孤置石的布置效果也会越好。

3）对置

两个石景布置在相对的位置上，呈对称或者对立、对应状态，这种置石方式即是对置。两块景石的体量大小、姿态方向和布置位置，可以对称，也可以不对称。前者就叫对称对置，而后者则叫不对称对置。

对置的石景可起到装饰环境的配景作用。其布置一般是在庭院门前两侧、园林主景两侧、路口两侧、园路转折点两侧、河口两岸等环境条件下。

选用对置石的材料要求稍高，石形应有一定奇特性和观赏价值，即是能够作为单峰石使用的山石。两块山石的形状不必对称，大小高矮可以一致也可以不一致。在材料困难的地方，也可以用小石拼成单峰石形状，但须用两三块稍大的山石封顶，并掌握平衡，使之稳固而无倾倒的隐患。

4）散置

散置是以若干块山石布置石景时"散漫理之"的做法，即布置成为散兵石景观。其布置方式的最大特点就是山石的分散、随意布置。

采用散置方式的石景，主要是用来点缀地面景观，使地面更具有自然山地的野趣。散置的山石可布置在园林土山的山坡上、自然式湖池的池畔、岛屿上、园路两边、游廊两侧、园墙前面、庭地一侧、风景林地内等处。

散置的山石材料可以用普通的自然风化石，对石形石态的要求不高。在山地中采集的一般自然落石、崩石都可以使用。

5）群置

若干山石以较大的密度有聚有散地布置成一群，石群内各山石相互联系，相互呼应，关系协调，这样的置石方式就是群置。在一群山石中可以包含若干个石丛，每个石丛则分别由3、5、7、9块山石构成。一个石丛实际上就是一组子母石。如北京北海琼华岛南山西路山坡上，用房山石"攒三聚五"，疏密有致地构成群置的石景，创造出比较好的地面景观，可以算是成功之作。不仅起到护坡固土，减轻水土流失的作用，而且增强了山地地面的崎岖不平感和嶙峋之势。

群置的石景一般用作园林局部地段的地面主景，是通过石景的集群来仿造山地环境的氛围。因此，这种方式可在园林的山坡、草坡、水边石滩、湖中石岛等环境中应用。还可以在砂地上布置小规模的群石，做成日本式的"枯山水"景观。

构成群置状态的石景，其山石材料也很普通，只要是大小相间、高低不同、具有风化石面的同种岩石碎块即可。

6）山石器设

用自然山石作室外环境中的家具器设，如作为石桌凳、石几、石水钵、石屏风等，既有实用价值，又有一定的造景效果。这种石景布置的方式，即是山石器设。

作为一类休息用的小品设施，山石器设宜布置在其侧方或后方有树木遮荫之处，如在林中空地、树林边缘地带、行道树下等，以免因夏季日晒而游人无法使用，除承担一些实用功能之外，山石器设还可用来点缀环境，以增强环境的自然气息。特别是在起伏曲折的自然式地段，山石器设能够很容易和周围的环境相协调；而且它不怕日晒雨淋，不会锈蚀腐烂，可在室外环境中代替铁木制作的椅凳。正如清代李渔所讲的"使其斜而可倚，则与栏杆并力。使其肩背稍平，可置香炉茗具，则又可代几案。花前月下有此待人，又不妨于露处，则省他物运动之劳，使得久而不坏，名虽石也，而实则器也"（李渔：《闲情偶寄·零星小石》）。

用作山石器设的石材，应根据其用途来选择。如是作为山石几案或石桌的面材，则应选片状山石，或至少有一个平整表面的块状山石。如作桌、几的脚柱，则要选墩实的块状山石。如果是用作香炉的，则应选孔洞密布的玲珑形山石。

（2）安布景石工程内容有定位放线、相石、运石、搭拆脚手、混凝土、矿浆搅拌（调制）、运输吊装稳固、清理养护等全过程。

1）定位放线

定位放线指首先在假山平面设计图上按 5m×5m 或 10m×10m（小型的石假山也可用 2m×2m）的尺寸绘出方格网，在假山周围环境中找到可以作为定位依据的建筑边线、围墙边线和园路中心线，并标出方格网的定位尺寸。

按照设计图方格网及其定位关系，将方格网放大到施工场地的地面。在假山占地面积不大的情况下，方格网可以直接用白灰画到地面；在占地面积较大的大型假山工程中，也可以用测量仪器将各方格交叉点测设到地面，并在点上钉下坐标桩。放线时，用几条细绳拉直连上各坐标桩，就可表示出地面的方格网。为了使基础工程完工后进行第二次放线更为方便，应在纵横两个方向上设置龙门桩。以方格网放大法用白灰将设计图中的山脚线在地面方格网中放大绘出，假山基底的平面形状则绘在地面上。假山内有山洞的，也要按相同的方法在地面绘出山洞洞壁的边线。最后，依据地面的山脚线，向外取 50cm 宽度绘出一条与山脚线相平行的闭合曲线，这条闭合线就是基础的施工边线。

2）吊装稳固

吊装是用人工或机械把预制构件吊起来安装在预定的位置。山石的稳固有多种方法，一般有支撑、捆扎、铁活固定、刹垫、填肚等方法。

3）安布峰石

安布峰石是指天然孤块的竖向景石的安布。峰石是由形状古怪奇特，具有透、漏、皱、瘦特点的一块大石独立构成石景。

4）石笋

石笋是石灰岩洞中直立的像笋的物体，常与钟乳石上下相对，是由洞顶滴下的水滴中所含的碳酸钙沉淀堆积而成的。石笋的安装就是按照一定的方法和规格把石笋固定在设计位置。

3．其他山石

其他山石工程内容有放样、相石、运石、砂浆调制运输、堆叠、勾缝、清理养护等全过程。

（1）勾缝

勾缝按墙面垂直投影面积计算，应扣除墙面和墙裙抹灰面积，不扣除门窗套和腰线等零星抹灰及门窗洞口所占面积，但垛和门窗洞口侧壁和顶面的勾缝面积也不增加。独立柱、房上烟囱勾缝按图示外形尺寸以平方米计算。

1) 抹缝时要注意，应使缝口宽度尽量窄些，不要使水泥浆污染缝口周围的石面，尽量减少人工胶合痕迹。

2) 平缝是缝口水泥砂浆表面与两旁石面相互平齐的形式。由于表面平齐，能够很好地将被粘合的两块山石连成整体，而且不增加缝口宽度，所露出的水泥砂浆比较少，有利于减少人工胶合痕迹。

3) 阴缝则是缝口水泥砂浆表面低于两旁石面的凹缝形式。阴缝能够最少地显露缝口中的水泥砂浆。而且有时还能够被当作石面的皱纹和皱褶使用。在抹缝操作中一定要注意，缝口内部一定要用水泥砂浆填实，填到距缝口后面约 5~12mm 处即可将凹缝表面抹平抹光。缝口内部若不填实，则山石有可能胶结不牢，严重时也可能倒塌。

(2) 山石驳岸、护坡、山石台阶踏步

山石驳岸是用石块筑成的保护岸或不坍塌的建筑物。山石护坡是用石块筑成的保护海岸、河岸等不受波浪冲击的建筑。

山石台阶踏步是用山石筑成的一级一级供人上下的构筑物，多在大门前或坡道上。

人工运石料将选好的山石用人工运到施工场地。

4. 塑假山

塑假山就是采用水泥材料以人工塑造的方式来制作假山。在现代园林中，为了降低假山石景的造价和增强假山石景景物的整体性，也常常采用水泥材料以人工塑造的方式来制作假山或石景。做人造山石，一般以铁丝或钢筋为骨架做成山石模胚与骨架，然后再用小块的英德石贴面，贴英德石时注意理顺皱纹、并使色泽一致，最后塑造成的山石就会比较逼真。

塑假山工程内容有：塑假山：放样画线、砂浆调制运输、砖骨架、焊接挂网、安装预制板、预埋件、留植穴、造形修饰、着色、堆塑成型等全过程。钢骨架制作安装：材料校正、画线切断、平直、倒楞钻孔、焊接、安装、加固等全过程。搭拆架子、运料、翻板子、堆码等全过程。

砂浆调制就是将沙子和胶结材料（水泥、石灰膏、黏土等）加水按一定比例混和调制。运输是将按一定比例拌合好的砂浆运到现场工地上。

焊钢筋钢丝网骨架时，将钢筋的交叉点用电焊焊牢，然后用钢丝网蒙在钢筋骨架外面，并用细钢丝紧紧扎牢称为焊接挂网。

砌砖骨架时，为了节省材料在砌体内砌出内室的石室，然后用钢筋混凝土板盖顶，留出门洞和通气口叫做安装预制板。

留植穴是在假山上预留一些孔洞，专用来填土栽种假山植物，或者作为盆栽植物的放置点。

造形修饰是为了使塑假山形态符合设计要求，通过精心的抹面和石面裂纹、棱角的精心塑造，使石面具有逼真的质感。

着色用于抹面的水泥砂浆，应当根据所仿照山石种类的固有颜色，加进一些颜料调制成有色的水泥砂浆。

堆塑成型指对塑假山的表面用水泥砂浆抹面后养护至坚固状态。

材料校正是对钢筋钢丝的尺寸、型号与设计的进行对照，对不合要求之处进行处理。

划线切断是根据设计将钢筋按要求尺寸截断。

平直是将钢筋拉直、平整。

焊接指将钢筋的交叉点用电焊焊牢。

安装指将钢筋按要求的形状编扎好,交叉点用电焊焊牢。

加固是用钢丝网蒙在钢筋骨架外面,并用细钢丝紧紧扎牢。

搭拆架子指当施工高度超过室外设计地面1.2m时,为继续进行操作,必须搭设相当高度的架子。当施工结束后,将架子拆除。

运料是将搭架子的材料(木板、竹杆、钢材等)运至施工现场。它是周转使用的材料。

堆码指拆除脚手架、上料平台、安全网、脚手板后材料的堆放。

(三)统一规定

1. 本定额是按人工操作,土法吊装方式编制的。如使用机械吊装时,应扣除土法吊装费,另按施工组织设计规定的机械,实际使用的台班量和1996年建设工程机械台班费用定额单价计算,并计算其相应的大型机械进出场费用。

机械是机器和机构的总称。机器是人们用来进行生产劳动的工具,它本身不能创造能量,只能将一种能量转换为另一种能量或利用能量作出有用功,它由许多构件组成。机构是具有确定相对运动的许多构件的组合体。

人工操作是与机构操作相对应而言的,它是指人在施工过程中脱离工具或仅使用一些简单的工具进行施工的一种方式。

假山的堆筑历史悠久,在没有现代机械的情况下,古代的人们经过长期摸索创造,利用简单工具,用比较省力的方法进行重物的吊装。

大型机械是按机械功率大小对机械分类,分为大、中、小型机械。

台班量是计算机械工作量的量度单位。计算时涉及到机器台班数和其工作时间的长短,还受到施工难易程度等情况的影响,这时台班量的计算要乘以大于1的系数。

2. 定额中不包括采购山石的勘察、选石费用,发生时由建设单位承担,不得列入工程预(结)算。

(1)勘察

在采矿或工程施工以前,对地形、地质构造、地下资源等情况进行实地调查。不同种类的材料,其形状、质地、颜色、性能、使用特点和使用效果等方面都有很多不相同的地方,要了解这些不同之处,才可能把假山施工工作做好,采购山石的勘察是非常重要的。

(2)选石

山石的选用是假山施工中一项很重要的工作,其主要目的就是要将不同的山石运用到最合适的位点上,组成最和谐的山石景观。它包括山石尺度的选择、石形的选择、山石皴纹选择、石态的选择、石质的选择和山石颜色的选择。

3. 叠山(亦称掇山),是指利用可叠假山的天然石料(亦称品石),人工叠造而成的石假山。诸如厅山、壁山、池山、云梯、瀑布等。零星点布,包括散点石和过水汀石等疏散的点布。

(1)假山

假山是从土山开始逐步发展到叠石为山的。园林中的假山是模仿真山,创造风景。而真山之所以值得模仿,正是由于它具有林泉丘壑之类,能愉悦身心。如果假山全部由石叠成,不生草木,即使堆得嵯峨屈曲,终觉有骨无肉,干枯无味。况且叠山有一定的局限性,不可能过高过大。占地面积愈大,石山愈不相宜,所以有"大山用土,小山用石"的说法。小山用石,可充分发挥堆叠的技巧,使它变化多端,耐人寻味。但这两个原则都不是绝对的,总的精神是土石不能相离,主要便于绿化。

(2) 云梯

传统园林中,多把石级或蹬道与池岸和假山结合起来,随地势起伏高下,此类蹬道若与建筑物楼阁相连,便成了云梯。云梯组合丰富,变化自然。

(3) 瀑布

瀑布是由水的落差造成的。自然界中,水总是集于低谷,顺谷而下,在平坦地段便为溪水,逢高低落差明显的便成瀑布,山岩的变化无一雷同,于是溪流和瀑布也就千变万化、千姿百态。瀑布的造型虽难捉摸,但按其形象和势态分为:直落式、叠落式、散落式、水帘式、薄膜式以及喷射式等类型;按瀑布的大小分有:宽瀑、细瀑、高瀑、短瀑以及各种混合型的涧瀑等类型。把自然界各种形式的瀑布摹拟到园林中去,就成为人工瀑布。人工瀑布虽然无自然瀑布的气势,但只要形神具备,就有自然之趣了。在实际应用上,凡落差不大的瀑布,不如做成小散瀑,将山石立面构成凹凸不平的斜面,可将瀑布分成数股高低不一的小瀑布,这样更显自然。

(4) 池山

池山是假山的一种类型,按假山堆筑的位置进行分类的。它是堆筑在水池中的假山。它可单独成景也可结合水的形状或水饰的形态成景,如瀑布假山。

(5) 零星点布

零星点布是按照若干块山石布置石景时"散漫理之"的做法,其布置方式的最大特点是山石的分散、随意布置。采用零星点布的石景,主要是用来点缀地面景观,使地面更具有自然山地的野趣。散置的山石可布置在园林土山的山坡上、自然式湖池的池畔、岛屿上、园路两边、游廊两侧、园墙前面、庭地一侧、风景林地内等处。零星点布的山石材料可以用普通的自然风化石,对石形石态的要求不高,在山地中采集的一般自然落石、崩石都可以使用。

散点石是指无呼应联系的一些自然山石分散布置在草坪、山坡等处,主要起点缀环境,烘托野地氛围的作用。

(6) 过水汀石

过水汀石是园路在浅水中的继续。园路遇到小溪、山涧或浅滩无需架桥,可设过水汀石,既简单自然,又绕有风趣。汀石有拟自然式和规则式两种。拟自然式汀步是利用天然石块,择其有一面较平者筑成的,石块大小高低不一,但一般来说不宜太小;距离远近不等,但不宜太远,最远以一步半为度;石面宜平,置石宜稳,这样既有自然之趣,又有安全感。规则式过水汀石则是利用形状大小一致的预制混凝土板,按道路曲线等距离整齐排列;呈现出一种整齐洁净、自由流畅的曲线美。过水汀石在假山庭园中是山水间连接的方法,使山水融为一体。

4.人造独立峰(仿孤块峰石),是指人工叠造的独立峰石。在假山顶部突出的石块,不得单独套用人造独立峰定额。

5.安布峰石,是指天然孤块的竖向景石的安布,子目以高度划分。

峰石是由形状古怪奇特，具有透、漏、皱、瘦特点的一块大石独立构成的石景。

6．安布景石，是指天然孤块的非竖向景石的安布，子目以重量划分。

景石是不具备山形但以奇特的形状为审美特征的石质观赏品。

7．"土包石"或"石包土"假山中的山石，应按设计，分别套用散点或护角和人工堆土山的相应定额子目。

"土包石"是将石埋在土中，露出峰头，仿佛天然土山中露出石骨一样。

"石包土"是外石内土山体，从外观看主要是由自然山石造成的，山石多用在山体的表面，由石山墙体围成假山的基本形状，墙后用泥土填实。这种土石结合露石不露土的假山，占地面积较小。但山的特征最为突出，适于营造奇峰、悬崖、深峡、崇山峻岭等多种山地景观。

堆山是中国园林的特点之一，在叠山施工中，不论采取哪一种结构形式，都要解决山石与山石之间的固定与衔接问题。而且由于假山可以有不同的构造形式，因此在山体施工中也就要相应的采取不同的堆叠方法。

8．假山的基础土方、垫层和土山的堆筑工程，按各有关章节的相应规定执行。

（1）基础土方

承受假山全部重量的那一部分土层为假山的基础土方。

（2）垫层

垫层是承重和传递荷载的构造层，根据需要选用不同的垫层材料。垫层分刚性和柔性两类。刚性垫层一般是C7.5~C10的混凝土捣成，它适用于薄而大的整体面层和块状面层。柔性垫层一般是用各种松散材料，如砂、炉渣、碎石、灰土等加以压实而成，适用于较厚的块状面层。

（3）土山

土山是以泥土作为基本堆山材料，在陡坎、陡坡处可有块石作护坡、挡土墙或磴道，但不同于自然山石在山上造景。这种类型的假山占地面积往往很大，是构成园林基本地形和基本景观背景的重要构造因素。

（4）堆筑工程

堆筑工程即土山的创造形成过程，是具有明显再创造特点的工程活动。

9．定额中已包括了假山工程石料100m以内的运距，超过100m后，每超过50m（不足50m按50m计算）增加的运费，按超运距定额执行。

（1）假山工程

假山施工是具有明显再创造特点的工程活动。在大中型的假山工程中，一方面要根据假山设计图进行定点放线，随时控制假山各部分的立面形象及尺寸关系，另一方面还要根据所选用石材的形状、皱纹特点，在细部的造型和技术处理上有所创造，有所发展。有时小型的假山工程并不进行设计，而是在施工中临场发挥，一面构思一面施工，最后就可完成假山作品的艺术创造。

（2）运距

土石方调配的一个原则是：就近挖方，就近填方，使土石方的转运距离最短。因此，在实际进行土石方调配时，一个地点挖起的土，优先调动到与其距离靠近的填方区；近处填满后，余下的土方才向稍远的填方区转运。

10. 遇有带"座、盘"的石笋、景石或盆景山等项目，其砌筑的"座"、"盘"，应按其使用的材质和形式，套用相应的定额子目；如采用石材质的"座"、"盘"时，按规定另编补充单位估价。

(1) 座、盘

特制岩石要配特制的基座，方能作为庭院中的摆设。这种基座，可以是规则式的石座，也可以是自然式的。凡用自然岩石做成的座称为"盘"。

(2) 石笋

石灰岩洞中直立的像笋的物体，常与钟乳石上下相对，是由洞顶滴下的水滴中所含的碳酸钙沉淀堆积而成的。

(3) 盆景山

在有的园林露地庭院中，布置有大型的山水盆景。盆景中的山水景观大多数都是按照真山真水形象塑造的，而且有着显著的小中见大的艺术效果，能够让人领会到咫尺千里的山水意境。

11. 人造独立峰的高度，从峰底着地地坪算至峰顶；峰石、石笋的高度，按其石料长度计算；景石的重量，按设计图示重量计算，如设计未予明确，可根据设计要求规格、石料比重、予以换算。

12. 山石台阶踏步，是指独立的、零星的、山石台阶踏步。带山石挡土墙的山石台阶踏步，其山石挡土墙和山石台阶踏步应分别列项，执行相应的定额子目。

(1) 山石台阶踏步

假山石台阶常用作建筑与自然式庭院的过渡，其方法有二：一种是用大块顶面较为平整的不规则石板代替整齐的条石作台阶，称为"如意踏垛"；另一种是用整齐的条石作台阶，用蹲配代替支撑的梯形基座。台阶每一级都向下坡方向作20%的倾斜，以利排水。石阶断面要上挑下收，以免人们上台阶时脚尖碰到石级上沿。用小块山石拼合的石级，拼缝要上下交错，以上石压下缝。

(2) 挡土墙

广义的讲，园林挡墙应包括园林内所有能起到阻挡作用的，以砖石、混凝土等实体性材料修筑的竖向工程构筑物，根据基本的功能作用，园林挡墙类构筑物可以分为四类，即假山石陡坎、隔声挡墙和背景（障景）挡墙、挡土墙。在山区、立陵区的园林中，挡土墙是最重要的地上构筑物；而在平原地区的园林中，挡土墙也起着十分重要的作用。

13. 山石挡土墙（包括山坡蹬道两边的山石挡土墙），应按山石护角定额子目执行。

(1) 山坡蹬道

山坡就是山顶与平地之间的倾斜面。蹬道就是为了解决地势高低差的问题，在天然岩坡或石壁上，凿出踏脚的踏步或穴，或用条石、石块、预制混凝土条板、树桩以及其他形式，铺筑成上山的蹬道。

(2) 山石护角

它是带土假山的一种做法，为了使假山呈现设计预定的轮廓而在转角用山石设置的保护山体的一种措施。

14. 云梯根据设计高度，套用叠山定额的相应子目执行。

叠山即叠石为山。假山的结构形式不同，山体施工中采取的堆叠方式也不同。造园叠山普遍的做法是"石包土",在现代园林中"土包石"也并不少见。

15. 砖骨架、钢骨架塑假山,应根据设计高度,分别套用相应的定额子目。

(1) 砖骨架

砖骨架即采用砖石填充物塑石构造。先按照设计的山石形体,用废旧的山石材料砌筑起来,砌体的形状大致与设计石形差不多。为了节省材料,可在砌体内砌出内空的石室,然后用钢筋混凝土板盖顶,留出门洞和通气口。当砌体胚形完全砌筑好后,就用1:2或1:2.5的水泥砂浆,仿照自然山石石面进行抹面。以这种结构形式做成的塑石,石内有空心的,也有实心的。

(2) 钢骨架

钢骨架即钢筋钢丝网塑石构造。先按照设计的岩石或假山形体,用直径12mm左右的钢筋,编扎成山石的模胚形状,作为其结构骨架。钢筋的交叉点最好用电焊焊牢,然后再用钢丝网蒙在钢筋骨架外面,并用细钢丝紧紧地扎牢。接着就用粗砂配制的1:2水泥砂浆,从石内石外两面进行抹面。一般要抹面2~3遍,使塑石的石壳总厚度达到4~6cm。采用这种结构形式的塑石作品,石内一般是空的,以后不能受到猛烈撞击,否则山石容易遭到破坏。

16. 砖骨架塑假山定额中,未包括现场预制混凝土板的制作费用,其制作费用应按照预制混凝土小品定额子目执行。但预制混凝土板的现场运输及安装,均已列入砖骨架塑假山定额内,不得重复计列。

(1) 现场预制混凝土板

现场预制混凝土板是在施工现场结构构件的设计位置,架设模板,绑扎钢筋,浇灌混凝土,振捣成型,经过养护,混凝土达到拆模强度后拆模,制成结构构件。这种结构整体性好,抗震性好,节约钢材,而且不需要大型的起重机械。但是,模板消耗量较大,现场运输量大,劳动强度高,施工易受气候条件影响。

(2) 现场运输及安装

将预制混凝土板从构件预制工厂或施工现场运到结构构件的设计位置并把它固定在设计位置。

17. 钢骨架制作、安装定额中,除钢骨架刷油外,其制作、安装费用均已包括。钢骨架刷油项目应按相应子目执行。

钢骨架刷油指在钢骨架上用刷子涂抹一层油,防止钢骨架锈蚀。

18. 安布峰石、景石定额子目,仅为安装费用,其峰、景石价值应按暂估价格和设计尺寸、重量,另加安装损耗1%计算,列入直接费。工程结算时,可按材料预算价格有关暂估价格的规定,调整原直接费。

安布峰石指天然孤块的竖向景石的安布。

(四) 工程量计算规则

1. 堆砌假山工程量

假山、石峰按不同石料、假山、石峰高度,以堆砌石料的重量计算,计量单位:吨。石笋安装按不同石笋安装高度,以石笋的重量计算,计量单位:吨。土山点石按不同土山高度,以点石重量计算,计量单位:吨。布置景石按不同单个景石重量,以布置景石的重量计算,计量单位:吨。自然式护岸按护岸石料的重量计算,计量单位:吨。

假山工程量计算公式:

$$W = A \cdot H \cdot R \cdot K_n$$

式中　W——石料重量，t；

　　　A——假山平面轮廓的水平投影面积，m^2；

　　　H——假山着地点至最高顶点的垂直距离；

　　　R——石料相对密度：黄（杂）石 $2.6t/m^3$、湖石 $2.2t/m^3$；

　　　K_n——折算系数：高度在2m以内 $K_n=0.65$，高度在4m以内 $K_n=0.56$。

峰石、景石、散点、踏步等工程量的计算公式：

$$W_单 = L_均 \cdot B_均 \cdot H_均 \cdot R$$

式中　$W_单$——山石单位重量，t；

　　　$L_均$——长度方向的平均值，m；

　　　$B_均$——宽度方向的平均值，m；

　　　$H_均$——高度方向的平均值，m；

　　　R——石料相对密度。

2. 峰石、石笋的高度，均按石料实际高度计算。

3. 超运距人工运石料，按相应假山工程项目的预算材料量计算。

人工运石料：多采用手推车。手推车是施工工地上普遍使用的水平运输工具。其种类有单轮、双轮、三轮等多种。手推车具有小巧、轻便等特点。不但适用于一般的地平水平运输，还能在脚手架、施工栈道上使用，还可配合塔吊、井架解决垂直运输的需要。

4. 塑假山的工程量计算，均按外形表面的展开面积，以平方米计算。

（五）假山工程量估算

假山工程量一般以设计的山石实用吨位数为基数来推算，并以工日数来表示。假山采用的山石种类不同、假山造型不同、假山砌筑方式不同，都要影响工程量。由于假山工程的变化因素太多，每工日的施工定额也不容易统一，因此准确计算工程量有一定难度。根据十几项假山工程施工资料统计的结果，包括放样、选石、配制水泥砂浆及混凝土、吊装山石、堆砌、刹垫、搭拆脚手架、抹缝、清理、养护等全部施工工作在内的山石施工平均工日定额，在精细施工条件下，应为 $0.1\sim0.2t$/每工日；在大批量粗放施工情况下，则应为 $0.3\sim0.4t$/每工日。

（六）堆砌假山及塑假石山工程的预算编制

1. 堆砌假山及塑假石山工程的工程量计算

（1）堆砌假山按砌石重量，以吨计算；塑假石山按外围表面积，以平方米计算。

（2）假山砌石的重量，按进料验收数量减去使用剩余数量计算。

2. 堆砌假山及塑假石山工程预算编制的注意事项

（1）堆砌假山及塑假石山定额中，均不包括假山基础，其基础按设计要求套用"通用项目"相应定额计算。

（2）钢骨架钢丝网塑假山定额中未包括基础、脚手架和主骨架的工料，使用时应按设计要求另行计算。

驳岸、挡土墙工程

砌筑工程是建筑工程中的一个重要分部工程，定额包括砌砖、砖石两部分。目前所用的砌体材料有：标准砖、各类砌块、毛石、料石等。砌体结构有就地取材、价格便宜、耐火、耐久、保温隔热的优点。但也存在许多缺点，一般砌体的强度较低，材料用量多，结构自重大，抗弯、拉、剪的强度较差。

（一）驳岸挡土墙工程图例（表2-2-4）

驳岸挡土墙工程图例　　　　表2-2-4

序号	图例	名称	序号	图例	名称
1	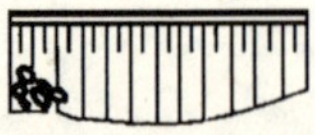	护坡	2	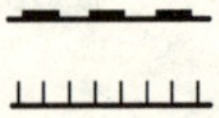	挡土墙
3	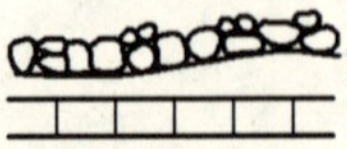	驳岸	4	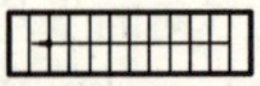	台阶
5	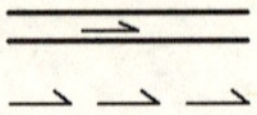	排水明沟	6	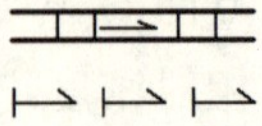	有盖的排水沟
7	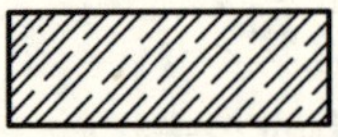	天然石材	8	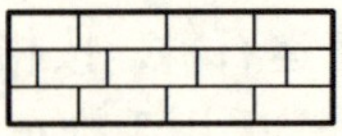	毛石
9	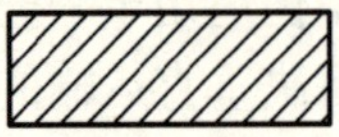	普通砖	10	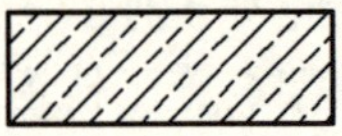	耐火砖
11	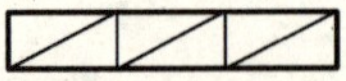	空心砖	12		饰面砖
13	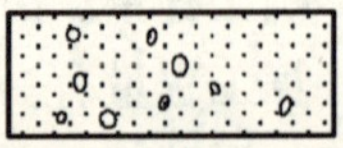	混凝土	14	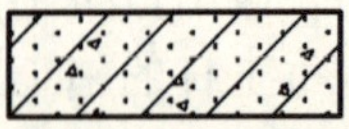	钢筋混凝土
15	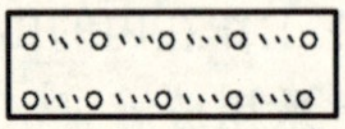	焦渣、矿渣	16		金属
17	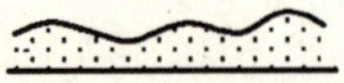	松散材料	18		木材
19	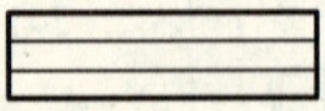	胶合板	20	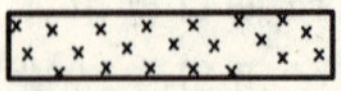	石膏板
21		多孔材料	22	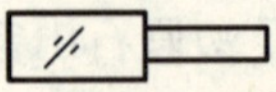	玻璃
23	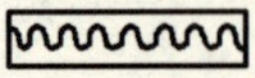	纤维材料或人造板			

（二）工程内容

砖石工程包括基础、沟渠、驳岸、砖柱、围墙挡土墙、护坡、混凝土及布瓦花饰等。

1. 砌砖

砌砖工程内容包括：砌砖包括砂浆调制运输、运砌砖、安放预埋件、基础（包括清理基槽）等全过程。

勾缝包括砂浆调制运输、清扫墙面、刻瞎缝、补缺角等全过程。

（1）砂浆调制运输

调运砂浆时，要保证砂浆具有良好的和易性，和易性良好的砂浆容易在粗糙的砖石底面上铺抹成均匀的薄层，而且能够和底面紧密粘结。砂浆的和易性包括流动性和保水性两个方面，铺砂浆即把砂浆均匀地铺抹在底层上。清理基槽指在砌筑前，必须对基槽进行清理，以免灰尘掺入砂浆影响质量。

（2）清扫墙面

清扫墙面指清除墙面上粘结的砂浆、泥浆和杂物等，并洒水润湿。

（3）刻瞎缝、补缺角

刻瞎缝、补缺角指开凿瞎缝，并对缺棱掉角的部位用与墙面相同颜色的砂浆修补平整，并将脚手眼内清理干净并洒水湿润，并用与原墙相同颜色的砌块砖补砌严密。

（4）砖基础

砖基础所需的材料为：水泥砂浆M5，普通黏土砖，水。

（5）内外墙

凡位于建筑物内部的墙称内墙，内墙的主要作用是分隔房间。

凡位于建筑物外界四周的墙称为外墙。外墙是房屋的外围护结构，起着挡风、阻雨、保温、隔热等作用。

（6）弧形墙

弧形墙如弧拱过梁，将立砖和侧砖相间砌筑，使灰缝上宽下窄相互挤压便形成了拱的作用。弧拱高度不小于120mm，当拱高为$(\frac{1}{8} \sim \frac{1}{12})L$时，跨度$L$为2.5~3m；当拱高为$(\frac{1}{5} \sim \frac{1}{6})L$时，跨度$L$为3~4m。砌成砖拱主要在于砂浆，要求砂浆能连接牢固。规定砖拱过梁的砌筑砂浆强度等级不低于M10，砖强度等级不低于MU7.5。定额规定所用的砂浆为水泥混合砂浆M5，换算时，只要将水泥混合砂浆M5改为M7.5，其用量定额不变。在砌筑弧形墙时还需要支模板，以保证其形状。

（7）空花墙

空花墙指某些不粉饰的清水墙土方砌成有规则花案的墙，一般为梅花图样，空花墙多用于围墙等。

空花墙每隔2~3m要立砖柱，以保证空花墙的稳定性。空花墙的空花部分均在墙上方1/3~1/2处。空花墙既省砖（相同体积的空花墙用砖量一般少于空斗墙），又美观大方，适用于较高的围墙。

（8）沟渠驳岸

沟渠驳岸是用砌材对沟渠的水岸进行铺垫，防止水岸的水土流失和坍落。

（9）砖柱

砖柱即砖砌的独立柱子。依墙而砌的砖柱即附墙砖柱又叫砖垛。砖柱根据截面形状分为方砖柱、圆砖柱及多边形砖柱。方砖柱根据截面尺寸分为：周长在1.2m以内、1.8m以

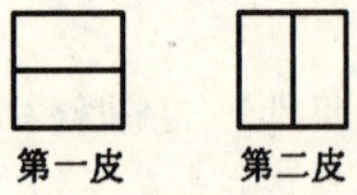

内、1.8m以上。砖柱如砖墙一样，亦有清水与混水之分。计算工程量时，分别套用清水与混水定额。方砖柱周长在1.2m以内的截面尺寸为240mm×240mm，如图2-2-19所示。

图2-2-19 240mm×240mm砖柱

（10）砌砖

砌砖一般采用的有三一砌筑法。即一铲灰，一块砖，一揉压。

勾砖缝采用原浆勾缝，其砂浆与原浆相同，砂浆为1:1水泥砂浆。

2. 砌石

砌石工程内容有砌石：包括清槽底、选面料、运砌石料及砂浆调制运输等全过程。

勾缝：包括砂浆调制运输清扫墙面、刻瞎缝、勾缝、补角等全过程。

（1）清槽底

清槽底指石在砌筑前，必须对基槽进行清理，以免灰尘掺入砂浆影响质量。选面料指选择料石，一般可用细料石、粗料石。调运砂浆过程中要保证砂浆的和易性。

（2）石基础

石基础有毛石基础与料石基础之分。毛石基础是用毛石与砂浆砌筑而成。毛石是由爆破直接获得的石块。其形状不规则，石块中部厚度应不少于150mm。毛石有乱毛石或平毛石，乱毛石系指形状不规则的石块；平毛石系指形状不规则，但有两个平面大致平行的石块。

毛石基础的断面形式有阶梯形和梯形等。毛石基础的顶面宽度应比墙厚大约宽200mm，每阶高度一般为300~400mm，并至少砌二皮毛石，上级阶梯的石块应至少砌下级阶梯的1/2，相邻阶梯的毛石应相互错缝搭砌。

毛石基础砌筑前，应先检查基槽的尺寸和标高，清除杂物，砌阶梯形基础还应定出立线和卧线。砌第一层石块时，基底要坐浆，石块大面向下，砂浆不必铺满，应离外边约4~5cm，厚度为20~30mm。基础的最上一层石块，宜选用较大的毛石砌筑。毛石基础的每天可砌高度应不超过1.2m。

（3）挡土墙

砌筑毛石挡土墙时，毛石的中部厚度不宜小于20cm，每砌3~4皮为一个分层高度，每个分层高度应找平一次，外露面的灰缝厚度不得大于40mm。两个分层高度间的错缝不得小于80mm。

（4）麻刀

麻刀即为细碎麻丝。要求坚韧、干燥、不含杂质，使用前剪成20~30mm长，敲打松散，每100kg石灰膏约掺1kg麻刀。

（5）勾石缝

石墙面勾缝事先要剔缝，将灰缝剔深20~30mm，墙身用水喷洒湿润。不整齐处应修整整齐，勾缝砂浆宜用1:1~1:1.5水泥砂浆M10。也可用水泥石灰砂浆或掺入麻刀、纸筋等的石灰或青灰浆。

墙面勾缝应横平竖直、深浅一致、搭接平整并压实抹光，不得有丢缝、开裂和粘贴不平等现象。勾缝完毕后，应清扫墙面。勾缝形式有平缝、半圆凹缝、半圆凸缝、平凹缝、平凸缝、三角凸缝等，常用平缝或凸缝。料石墙面勾缝应做到横平竖直，毛石墙面勾缝应保持其自然缝走向。

3. 沟渠

沟渠是园林内给水排水的一种基础设施。

4. 驳岸

驳岸即园林水景岸坡的处理。一般有假山石驳岸、石砌驳岸、阶梯状台地驳岸和挑檐式驳岸。假山石驳岸是园林中最常用的水岸处理方式，是用山石，不经人工整形，顺其自然石形砌筑成崎岖、曲折、凹凸变化的形式，如图2-2-20所示。石砌驳岸是先将水岸整成斜坡。用不规则的岩石砌成虎皮状的护坡，用以加固水岸或用条石护坡，修成整齐的坡面，适用于水位涨落不定或暴涨暴落的水体，如图2-2-21所示；亦有直上直下的岸，如图2-2-22所示。阶梯状台地驳岸适用于水岸与水面高差很大、水位不稳定的水体，将高岸修筑成阶梯式台地，如图2-2-23所示，可使高差降低，又能适应水位涨落。挑檐式驳岸，水面延伸到岸檐下，如图2-2-24所示。

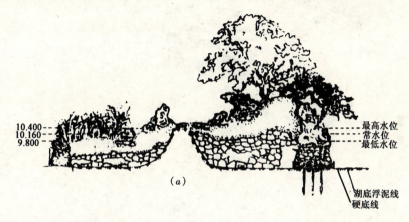

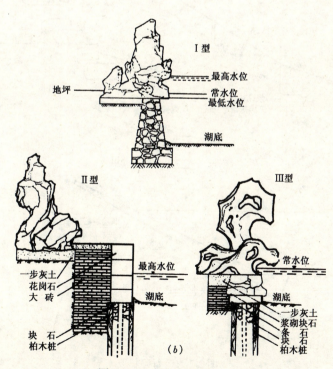

图 2-2-20 假山石驳岸（一）
（a）假山石驳岸示例（一）；（b）假山石驳岸示例（二）

(c)

图 2-2-20 假山石驳岸（二）
(c) 假山石（黄石）驳岸示例（三）

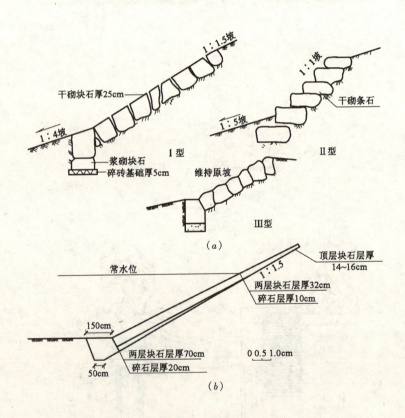

图 2-2-21 石砌斜坡
(a) 条石、块石护坡结构示意；(b) 斜坡护坡结构示意

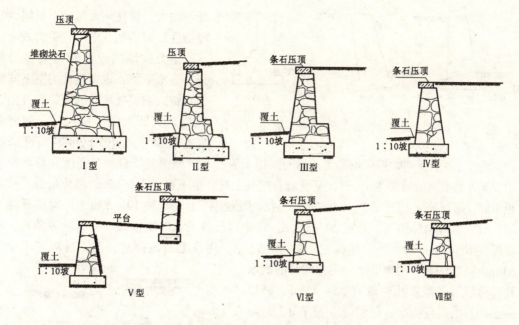

图 2-2-22 垂直驳岸（Ⅰ～Ⅶ）型

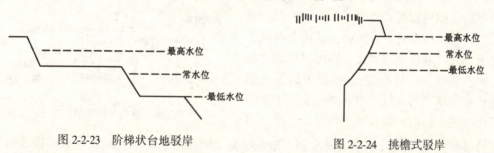

图 2-2-23 阶梯状台地驳岸　　　　图 2-2-24 挑檐式驳岸

5. 围墙

围墙即围绕房屋、园林、场院等拦挡用的墙。围墙一般用1/2砖或1砖砌筑。不需抹面砂浆，只需砌筑砂浆。围墙所用的砂浆为M5水泥混合砂浆，其工程量以平方米计算。

6. 挡土墙

广义地讲，园林挡土墙应包括园林内所有能够起阻挡作用的，以砖石、混凝土等实体性材料修筑的竖向工程构筑物。狭义地讲，园林挡土墙主要是指这类构筑物中起挡土、隔声和阻挡视线作用而又经过一定装饰美化处理的墙垣。

根据基本的功能作用，园林挡墙类构筑物可以分为四类，即：挡土墙、假山石陡坎、隔声挡墙和背景（障景）挡墙。

园林中一般的挡土墙及其构造情况可有如下几类。

（1）重力式挡土墙

重力式挡土墙依靠墙体自重取得稳定性，在构筑物的任何部分都不存在拉应力，砌筑材料大多为砖砌体、毛石和不加钢筋的混凝土。用不加钢筋的混凝土时，墙顶宽度至少应为200mm，以便于混凝土浇筑和捣实。基础宽度则通常为墙高的1/3或1/5。从经济的角度来看，重力墙适用于侧向压力不太大的地方，墙体高度以不超过1.5m为宜，否则墙体

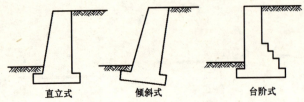

图 2-2-25 重力式挡土墙的几种断面形式

断面增大，将使用大量砖石材料，其经济性反而不如其他的非重力式墙。

重力式墙的设计断面大多为梯形，上窄下宽；也可设计为上下同宽的直壁式或呈陡坡状的倾斜式（图2-2-25）。其断面的结构尺寸，如墙的底宽和顶宽，可根据墙的高度来确定，表 2-2-5 中所列数据可供参考。重力式挡土墙的基础埋深应符合地基强度和稳定的要求，最小埋深不小于 0.8m。若在坚硬岩石地基上时，也不要小于 0.15m。墙体部分，按间距 10m（素混凝土挡土墙）、10~30m（钢筋混凝土挡土墙）和 10~20m（浆砌砖石挡土墙）设置沉降与伸缩缝，缝宽 20~30mm，缝中以浸过沥青的木板或沥青麻筋等填塞，填塞深度 10~15cm 即可。在墙体之后的填土之中，用乱毛石做排水盲沟，盲沟宽不小于 50cm。经盲沟截下的地下水，再经墙身的泄水孔排出墙外。泄水孔一般宽 20~40mm，高以一层砖石的高度为准，在墙面水平方向上每隔 2~4m 设一个，竖向上则每隔 1~2m 设一个。混凝土挡土墙可以用直径为 5~10cm 的圆孔或用毛竹竹筒作泄水孔。有的挡土墙由于美观上的要求不允许墙面留泄水孔，则可以在墙背面刷防水砂浆或填一层厚度 50cm 以上的黏土隔水层；并在墙背盲沟以下设置一道平行于墙体的排水暗沟。暗沟两侧及挡土墙基础上面，用

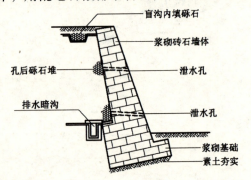

图 2-2-26 重力式挡土墙构造图

水泥砂浆抹面或作出沥青砂浆隔水层，做一层黏土隔水层也可以；墙后积水可以通过盲沟、暗沟再从沟端被引出墙外（图2-2-26）。

浆砌块石重力式挡土墙尺寸表　　　　　　单位：mm　　表 2-2-5

1:3 石灰砂浆砌墙			1:3 水泥砂浆砌墙		
墙高	墙底宽	墙顶宽	墙高	墙底宽	墙顶宽
1000	400	350	1000	400	300
1500	700	450	1500	500	400
2000	900	550	2000	800	500
2500	1150	600	2500	1000	600
3000	1350	600	3000	1200	600
3500	1600	600	3500	1400	600
4000	1800	600	4000	1600	600
4500	2050	600	4500	1800	600
5000	2250	600	5000	2000	600

（2）悬臂式挡土墙

悬臂式挡土墙断面通常作 L 形或倒 T 形，墙体材料都是用混凝土。墙高不超过 9m 时，都是经济的。3.5m 以下的低矮悬臂墙，可以用标准预制构件或者预制混凝土块加钢

筋砌筑而成。根据设计要求，悬臂的脚可以向墙内一侧、墙外一侧或者墙的两侧伸出，构成墙体下的底板。如果墙的底板伸入墙内侧，便处于它所支承的土下面，也就利用了上面土层的压力，使墙体自重增加，可更加稳固墙体。

悬臂式挡土墙构造设计：悬臂式挡土墙的断面形状一般是L形或倒T形，用钢筋混凝土预制构件修筑成。其断面各部分的尺寸确定见图2-2-27所示。在结构设计中，墙下底板的下面，可用C10混凝土作垫层，厚70～100mm。底板和墙体可用C20混凝土预制，钢筋用Ⅱ级或Ⅰ级，钢筋的保护层应不小于35mm。墙上排水孔用$D=100$mm的塑料管，水平方向间距2.5m，管口伸出墙面30～50mm，排水管保持坡度$i=5\%$；墙后排水管口外堆砾石、碎砖等粗颗粒材料做到滤层。墙体间伸缩缝和沉降缝可合并一体，缝宽25～35mm，间距25m，缝中可填塞沥青砂浆或木条作缓冲材料。悬臂式挡土墙的计算方法比较复杂，可由结构技术人员完成，在此处仅提出这种挡土墙的一个实例详图供参考，如图2-2-28所示。

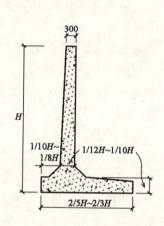

图2-2-27 悬臂式墙的尺寸确定

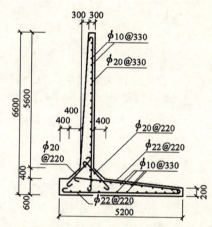

图2-2-28 悬臂式挡土墙实例结构图

挡土墙毕竟不是一种专供观赏的园林景物，它主要是着眼于功能而设置的工程构筑物。它平而直的墙顶线、墙脚线和规则平整的墙面，常常成为破坏园林自然式景观的因素。因此，在自然式园林环境中的许多需要设陡坎挡土的地方，就不好再用一般的挡土墙，而采用自然假山石或块石，仿自然山壁、山崖做成假山石陡坎，以保持如自然山地般的形貌。

(3) 扶垛式挡土墙

当悬臂式挡土墙设计高度大于6m时，在墙后加设扶垛，连起墙体和墙下底板，扶垛间距为1/2～2/3墙高，但不小于2.5m。这种加了扶垛壁的悬臂式挡土墙，即被称为扶垛式墙。扶垛壁在墙后的，称为后扶垛墙；若在墙前设扶垛壁，则叫前扶垛墙。

(4) 桩板式挡土墙

预制钢筋混凝土桩，排成一行插入地面，桩后再横向插下钢筋混凝土挡板，挡板相互之间以企口相连接，这就构成了桩板式挡土墙。这种挡土墙的结构体积最小，也容易预制；而且施工方便，占地面积也最小。

(5) 砌块式挡土墙

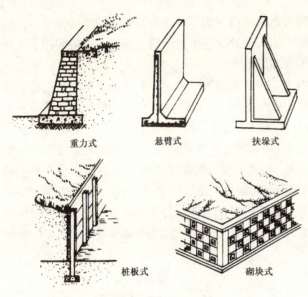

图 2-2-29 各类挡土墙示意图

按设计的形状和规格预制混凝土砌块,然后用砌块按一定花式拼装成挡土墙。砌块一般是实心的,也可做成空心,但孔径不能太大,不然挡土墙的挡土作用就降低了。这种挡土墙的高度,在 1.5m 以下为宜。用空心砌块砌筑的挡土墙,还可以在砌块空穴里充填树胶、营养土,并播种花卉或草籽,保证水分供应;待花草长出后,就可形成一道生趣盎然的绿墙或花卉墙。这种与花草种植结合一体的砌块式挡土墙,被特称作"生态墙"。

上述几类挡土墙的其他情况,参见图 2-2-29。

就一般的挡土墙来说,平面上的轮廓就可以变化设计为弧线形、自由曲线形、凹凸形、不规则的几何折线形等(如图 2-2-30 所示)。这样,虽然必定会增加挡墙的工程总造价,但它对园林景观立面带来的美景,却是物有所值的;更何况由此形成的一些凹壁,还可以作为良好的布置桌凳的休息空间呢。

在立面轮廓设计中,除了必有的一些直线轮廓以外,还可以加一点局部的斜线、波浪式曲线、齿状折线,或做成城墙垛口式的起伏状。有的挡土墙设计高度比较高时,干脆设计为城墙形,既起到挡土作用,又有了仿古的城墙景点,一举两得。或者,也可把挡土墙化整为零,分为上下几层,设计为台阶状(如图 2-2-31 所示)。

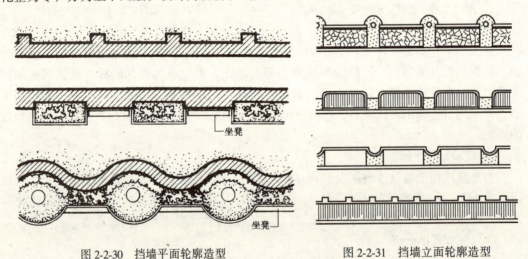

图 2-2-30 挡墙平面轮廓造型　　图 2-2-31 挡墙立面轮廓造型

7. 护坡

护坡是河岸或路旁用石块、水泥等筑成的斜坡,用来防止河流或雨水冲刷。毛石护坡有浆砌和干砌两种。浆砌指用砂浆砌筑;干砌指将毛石干垒而成,有的防洪大堤的一侧就用毛石干砌而成。毛石浆砌与干砌所耗材料相同。干砌时还需用细砂填其缝隙。干砌与浆砌分别套用不同的定额。

在园林中，自然山地的陡坡、土假山的边坡、园路的边坡和湖池岸边的陡坡常常都要进行护坡处理。一般的护坡方法和护坡形式如下所述。

(1) 草皮护坡

是在坡面种植草皮或草丛，利用密布土中的草根来固土，使土坡能够保持较大的坡度而不坍塌。一般的土山山坡、湖池的岸坡和道路边坡，都可以用草皮护坡。

(2) 灌丛护坡

用须根系的灌木种在坡上，使灌木丛的根群在土中密集成网，以保护土坡，增强土坡对风化和流水侵蚀的抵抗力。这种护坡方式的应用范围与草皮护坡方式相同，只是采用的植物类群不同。

(3) 花坛护坡

将园林坡地设计为倾斜的图案、文字类模纹花坛或其他花坛形式，既美化了坡地，又起到了护坡的作用。这种护坡形式适宜在两层台地之间的坡地上使用。

(4) 石钉护坡

在坡度较大的坡地上，用石钉均匀地钉入坡面，使坡面土的密实度增大，抗坍塌的能力也随之增强。在假山石坡、水体岸坡上，可以酌情采用这种护坡方式，在固定坡土上还是能起一定作用的。

(5) 预制框格护坡

一般是用预制的混凝土框格，覆盖、固定在陡坡坡面，从而固定、保护了坡面；坡面上仍可种草种树。当坡面很高，坡度很大时，采用这种护坡方式的优点比较明显，因此，这种护坡最适于较高的道路边坡、水坝边坡、河堤边坡等的陡坡。

(6) 截水沟护坡

是为了防止地表径流直接冲刷坡面，而在坡的上端设置一条小水沟，以阻截、汇集地表水，从而保护坡面。

根据护坡做法的基本特点，将各种护坡方式归入植被护坡、框格护坡和截水沟护坡三种坡面构造类型，并对其设计方法给予简要的说明：

(1) 植被护坡的坡面设计

这种护坡的坡面是采用草皮护坡、灌丛护坡或花坛护坡方式所做的坡面，这实际上都是用植被来对坡面进行保护；因此，这三种护坡的坡面构造基本上是一样的。一般而言，植被护坡的坡面构造从上到下顺序是：植被层、坡面根系表土层和底土层。各层的构造情况如下：

1) 植被层：植被层的厚度，随采用的植物种类而有所不同。采用草皮护坡方式的，植被层厚 15~45cm；用花坛护坡的，植被层厚 25~60cm；用灌木丛护坡，则灌木层厚 45~180cm。植被层一般不用乔木做护坡植物，因乔木重心较高，有时可因树倒而使坡面坍塌。在设计中，最好选用须根系的植物，其护坡固土作用比较好。园林绿化中应用的一般草坪草种和草本地被植物种类，都可以用作坡面绿化的草种。而灌木也有许多种类可供选用。如：匍地柏、南天竹、紫穗槐、小蜡、小叶女贞、珍珠海、丁香、夹竹桃、海桐、棣棠、迎春、小檗、金丝梅、黄杨等。

2) 根系表土层：用草皮护坡与花坛护坡时，坡面保持斜面即可。若坡度太大，达到

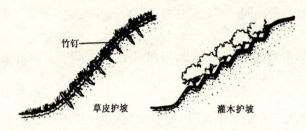

图 2-2-32　植被护坡坡面的两种断面

60°以上时，坡面土应先整细并稍稍拍实，然后在表面铺上一层钢丝护坡网，最后才撒播草种或栽种草丛、花苗。用灌木护坡，坡面则可先整理成小型阶梯状，以方便栽种树木和积蓄雨水（如图 2-2-32 所示）。为了避免地表径流直接冲刷陡坡坡面，还应在坡顶部顺着等高线布置一条截水沟，以拦截雨水。

3）底土层：坡面的底土一般应拍打结实，但也可不作任何处理。

(2) 预制框格护坡的坡面设计

预制框格有混凝土、塑料、铁件、金属网等材料制作的，其每一个框格单元的设计形状和规格大小，都可以有许多变化。框格一般是预制生产的，在边坡施工时再装配成各种简单的图形。用锚和矮桩固定后，再往框格中填满肥沃壤土，土要填得高于框格，并稍稍拍实，以免下雨时流水渗入框格下面。冲刷走框底泥土，使框格悬空。图 2-2-33 是混凝土预制框格的参考形状及规格尺寸举例。

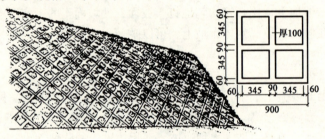

图 2-2-33　预制混凝土框格的设计

(3) 护坡的截水沟设计

截水沟一般设在坡顶，与等高线平行。沟宽 20～45cm，深 20～30cm，用砖砌成。沟底、沟内壁用 1:2 水泥砂浆抹面。为了不破坏坡面的美观，可将截水沟设计为盲沟，即在截水沟内填满砾石，砾石层上面覆土种草。从外表看不出坡顶有截水沟，但雨水流到沟边就会下渗，然后从截水沟的两端排出坡外（见图 2-2-34）。

园林护坡既是一种土方工程，又是一种绿化工程；在实际的工程建设中，这两方面的工作是紧密连接在一起的。在进行设计之前，应当仔细踏勘坡地现场，核实地形图资料与现状情况，针对不同的矛盾提出不同的工程技术措施。特别是对于坡面绿化工程，要认真调查坡面的朝向、土粒情况、水源供应情况等条件，为科学地选择植物和确定配植方式，以及制定绿化施工方法，做好技术上的准备。

8. 混凝土

混凝土是以水泥为胶结料，与粗细骨料

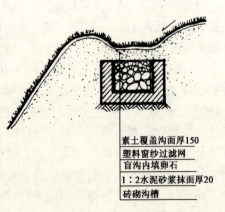

图 2-2-34　截水沟的做法

（砂、石）和水按一定比例充分搅拌而成的一种坚硬的人造石材。

9. 布瓦、花饰

布瓦是一种用来遮阳、挡雨的人造饰面材料。以黏土为主要原料，即现在的青瓦。

花饰按其材料不同，有纸质花饰、塑料花饰、石膏花饰、水泥花饰、金属花饰等。花饰安装应牢固，其质量要求及允许偏差应符合以下要求：

（1）条形花饰的水平和垂直允许偏差，每米不得大于1mm，全长不得大于3mm；
（2）单独花饰位置的允许偏差，不得大于10mm；
（3）花饰表面应光洁，图案清晰，接缝严密，不得有裂缝、翘曲、缺棱掉角等缺陷；
（4）浮雕花饰的拼缝应严密吻合。

花饰工程内容有混凝土花饰包括砂浆调制、运输、花饰安装、勾缝、刷白水泥浆等全过程。

布瓦花饰包括选运布瓦、灰浆调制运输、摆砌布瓦、清理、养护等全过程。

混凝土花饰所用的砂浆是1:2的水泥砂浆。

在砂浆的运输过程中要保证砂浆的和易性。

花饰安装指将混凝土花饰块按照一定的花型砌筑好。

刷白水泥浆指在安装好的花饰块表面均匀地刷上一层白水泥浆。

布瓦在运用之前要选择那些砂眼较多，裂缝较大，且翘曲变形和欠火较重的布瓦，质量不好，不宜使用。质量较好的布瓦，轻轻敲击时，声音响亮且非常清脆。同一批布瓦应该色泽一致，而且弯曲的弧度也相同。

摆砌是对砖体操作过程的一种通称，即相近于现代的砌砖。因古代建筑所用的砖，一般都是质地完好、形状规整，操作要求也极其严格，每层操作都严格按照"摆砌"这一过程所要达到的要求而进行，绝不同于现代砖砌体的操作方法。古建筑一般对墙体外表要求很严格，故墙体多分为里外两层，砌筑里层的墙面叫"背里"。外层墙面按不同要求分为干摆墙、丝缝墙、淌白墙和糙砌。其中干摆要求最高，糙砌要求最低。里外层间的空隙应"灌浆"。

在摆砌布瓦的过程中，必须将布瓦表面清理干净。

布瓦砌好后，还要经过一段时间的保养护理。

筒瓦是面瓦的一种，筒瓦是半圆筒形，起覆盖背水作用。

板瓦也是面瓦的一种，板瓦是凹弯形，凹弯朝上一块接一块形成瓦沟，起接水淌水作用。布瓦的规格尺寸见表2-2-6。

布瓦尺寸参考表（cm） 表2-2-6

名 称		长 度	宽 度
筒 瓦	一号	35.20	14.40
	二号	30.40	12.16
	三号	24.00	10.24
	十号	14.40	8.00
板 瓦	一号	28.80	25.60
	二号	25.60	22.40
	三号	22.40	19.20
	十号	13.76	12.16

（三）统一规定

1. 砖石砌体的砂浆强度等级以设计图示强度等级为准，与本定额不符时，可以换算。

砖石砌体是以砖石为砌体材料的砌体。砖主要有普通砖与空心砖两种。普通砖分为烧结砖、蒸养（压）砖。烧结砖包括黏土砖、页岩砖、烧结煤矸石砖、烧结粉煤灰砖等。蒸养（压）砖包括粉煤灰砖、炉渣砖等。空心砖是指孔洞率大于15%的砖，其孔洞为竖孔。石主要分为毛石与料石。毛石应呈块状，其中部厚度不小于15cm。料石有细料石、半细料石、粗料石、毛料石。

在砌筑工程中用来将砖、石或砌块等块状材料粘结成整体，并传递荷载的砂浆为砌筑砂浆。砌筑砂浆主要分为水泥砂浆、水泥石灰砂浆、水泥粉煤灰砂浆、石灰砂浆、石灰黏土砂浆、石灰炉渣砂浆、石灰炉渣黏土砂浆、混合砂浆、黏土砂浆、草泥浆、黄土泥浆、胶泥浆。砌筑砂浆对材料的要求有（1）宜采用强度等级32.5或以上的矿渣硅酸盐水泥或普通硅酸盐水泥。（2）宜采用中砂，并应过5mm孔径的筛。砂的含泥量在配制M5以下砂浆时不得超过10%；强度等级在M5以上的砂浆，砂的含泥量不应超过5%。（3）掺和料有石灰膏、电石膏、粉煤灰和磨细生石灰粉等。生石灰熟化时间不得少于7d。

2. 砌体的勾缝是按加浆勾缝编制的，勾缝砂浆或缝型与本定额不同时，均不得换算。

加浆勾缝是指砌好清水墙后，先用砖凿刻修砖缝，然后用勾缝器将水泥砂浆填塞于灰缝之间。砖墙面勾缝应做的准备工作有：

（1）清除墙面上粘结的砂浆、泥浆和杂物等，并洒水润湿；

（2）开凿眼缝，并对缺棱掉角的部位用与墙面颜色相同的砂浆修补平整；

（3）将脚手眼内清理干净并洒水湿润，用与原墙相同的砖补砌严密。

砖墙面勾缝一般采用1:1水泥砂浆（1:1指水泥与细砂之比），也可用砌筑砂浆，随砌随勾。缝的深度一般为4~5mm。空斗墙勾缝应采用平缝，墙面勾缝应横平竖直、深浅一致、搭接平整并压实抹光，不得有丢缝、开裂和粘结不平等现象。勾缝的形状，一般有凹缝、平缝和凸缝三种。

3. 带有砖柱的半截围墙，其高出围墙部分的砖柱，执行砖柱定额，与围墙相连部分以及基础，均执行围墙定额。

4. 标准砖的墙体厚度及砖墙大放脚折加高度，均按表2-2-7~表2-2-8规定，分别计算。

标准砖墙体厚度表　　　　　　　　　　　　表2-2-7

墙厚	$\frac{1}{4}$砖	$\frac{1}{2}$砖	$\frac{3}{4}$砖	1砖	$1\frac{1}{2}$砖	2砖	$2\frac{1}{2}$砖	3砖
厘米	5.3	11.5	18	24	36.5	49	61.5	74

等高、不等高砖墙基大放脚折加高度表　　　　　　　　　　　　表2-2-8

放脚层高	折加高度（m）												增加截面（m²）	
	$\frac{1}{2}$砖(0.115)		1砖(0.24)		$1\frac{1}{2}$砖(0.365)		2砖(0.49)		$2\frac{1}{2}$砖(0.615)		3砖(0.74)			
	等高	不等高	等高	不等高	等高	不等高	等高	不等高	等高	不等高	等高	不等高	等高	不等高
一	0.137	0.137	0.066	0.066	0.043	0.043	0.032	0.032	0.026	0.026	0.021	0.021	0.01575	0.01575
二	0.411	0.342	0.197	0.164	0.129	0.108	0.096	0.08	0.077	0.064	0.064	0.053	0.04725	0.03938

续表

放脚层高	折加高度 (m)												增加截面 (m^2)	
	$\frac{1}{2}$砖 (0.115)		1砖 (0.24)		$1\frac{1}{2}$砖 (0.365)		2砖 (0.49)		$2\frac{1}{2}$砖 (0.615)		3砖 (0.74)			
	等高	不等高	等高	不等高	等高	不等高	等高	不等高	等高	不等高	等高	不等高	等高	不等高
三			0.394	0.328	0.259	0.216	0.193	0.161	0.154	0.128	0.128	0.106	0.0945	0.07875
四			0.656	0.525	0.432	0.345	0.321	0.257	0.256	0.205	0.213	0.17	0.1575	0.126
五			0.934	0.788	0.647	0.518	0.482	0.386	0.384	0.307	0.319	0.255	0.2363	0.189
六			1.378	1.083	0.906	0.712	0.675	0.53	0.538	0.419	0.447	0.351	0.3308	0.2599
七			1.838	1.444	1.208	0.949	0.90	0.707	0.717	0.563	0.596	0.468	0.441	0.3465
八			2.363	1.838	1.553	1.208	1.157	0.90	0.922	0.717	0.766	0.596	0.567	0.4410
九			2.953	2.297	1.942	1.51	1.447	1.125	1.153	0.896	0.958	0.745	0.7088	0.5513
十			3.61	2.789	2.373	1.834	1.768	1.366	1.409	1.088	1.171	0.905	0.8663	0.6694

(1) 标准砖

标准砖的规格尺寸为 240mm×115mm×53mm。每块砖的重量为 2.3~2.65kg。长、宽、厚之比为 4:2:1（包括 10mm 灰缝），即长:宽:厚 = 250:125:63 = 4:2:1。标准砖砌筑墙体时是以砖宽度的倍数，即以 115 + 10 = 125mm 为模数，与我国现行建筑统一模数 $m = 100$mm 不协调。因此在使用时，须注意标准砖的这一特征。

(2) 大放脚

普通黏土砖墙的厚度是按半砖的倍数确定的。

在基础与垫层之间做成阶梯形的砌体，称做大放脚。设置大放脚的目的是增加基础底面的宽度，以适应地基的承载能力，大放脚的断面形式和砌法，可以每两皮砖高放出 1/4 砖；也可以每两皮砖高放出 1/4 砖与每一皮砖高放出 1/4 砖相隔，前者称为等高式大放脚，后者称为间隔式大放脚。

5. 布瓦花饰定额是按不磨瓦、轱辘线花型考虑的，不论实际磨瓦与否或摆何种花型，均不调整。定额中的瓦件耗用量，是照现行一般布瓦规格尺寸编制的，具体尺寸详见定额材料选价表中的规格。

布瓦是小青瓦的一种，上面有布纹，一般为 175mm×175mm。

磨瓦是用在园林装饰上面的一种瓦，即经过磨制的瓦。

6. 预制混凝土花饰安装，适用于采用北京市通用建筑配件图集 74J21 标准花饰，如设计采用其他非标准花饰，应另行补充。

混凝土花格是由混凝土花饰预制块用砂浆组砌而成。

混凝土花饰块用 C20 细石混凝土预制，内配 $\phi4$ 钢筋。花饰块平面形状有方格形、八角形、圆形、梯形等，外围边长为 390mm，花饰块宽度为 100~140mm。单肢壁厚度 30mm（如图 2-2-35 所示）。

图 2-2-35 混凝土花饰块示例

每块花饰块的周壁上留有φ20孔。以便插入钢筋灌浆使相邻两块连接。

砌筑用砂浆为1:2水泥砂浆。

混凝土花格组砌时，先在基底上铺一层水泥砂浆，再按花格块设计式样逐皮砌筑。每皮砌筑，应先砌两头靠墙的花饰块，这两块花饰块砌筑时，应先在墙洞内填入C20细石混凝土，花饰块砌上后，用φ8钢筋穿过花饰块边的预留孔插入墙洞内，用洞内混凝土将其筑牢，并在预留孔内灌1:2水泥砂浆。两头花饰块砌稳后，在其间拉准线，依准线砌中间的花饰块，两块相邻花饰块要对准块边预留孔，在孔内插入φ6钢筋，并在预留孔内灌入1:2水泥砂浆（如图2-2-36所示）。

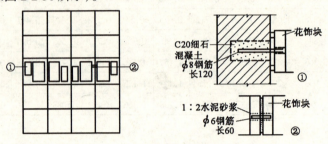

图2-2-36 混凝土花格构造节点

混凝土花格的高度及宽度均不宜超过3000mm，如超过3000mm，可每隔2000mm在灰缝内加设2φ8水平钢筋，水平钢筋两端伸入墙身内不少于500mm。

（四）工程量计算规则

1. 砖石基础不分厚度和深度，按设计图示尺寸以立方米计算，应扣除混凝土梁柱所占体积。大放脚交接重叠部分和预留孔洞，均不扣除。

砖石基础不分厚度和深度，均以图示尺寸按立方米计算，外墙长度按中心线（$L_{中}$）计算，内墙长度按内墙净长线（$L_{内}$）计算，其计算公式为：

$$基础工程量 = L_{中} \times 基础断面积 + L_{内} \times 基础断面积$$

$$砖基础断面积 = 基础墙宽度 \times 基础高度 + 大放脚增加断面面积$$

或

$$砖基础断面积 = 基础墙宽度 \times (基础高度 + 折加高度)$$

$$折加高度 = \frac{大放脚增加断面面积}{基础墙宽度}$$

2. 砖砌挡土墙、沟渠、驳岸、毛石砌墙和护坡等砖石砌体，均按设计图示尺寸的实砌体积，以立方米计算。沟渠或驳岸的砖砌基础部分，应并入沟渠或驳岸体积内计算。

砖砌挡土墙在2砖以上执行砖基础定额。

3. 独立砖柱的砖柱基础应合并在柱身工程量内，按设计图示尺寸以立方米计算。

砖柱基础与柱身工程量合并计算，执行砖柱定额。计算方法如下：

$$V_{总} = V_1 + V_2$$

式中 $V_{总}$——砖柱总工程量，m^3；

V_1——砖柱身工程量 = 柱身断面面积×柱身高度；

V_2——每个柱基体积 = 柱基体积 + 四边放脚体积（常用四边放脚体积见表2-2-9及表2-2-10）。

等高式砖柱基础大放脚四边体积（m³）　　　　　　　　　　　　表 2-2-9

放脚层数	砖柱断面尺寸（mm）				
	240×240	240×365	365×365	365×490	490×490
	柱基大放脚四边体积（m³/个）				
1	0.0097	0.0110	0.0132	0.0156	0.0178
2	0.0325	0.0389	0.0443	0.0502	0.0562
3	0.0732	0.0849	0.0965	0.1804	0.1203
4	0.1350	0.1548	0.1740	0.1937	0.2134

间隔式砖柱基础大放脚四边体积（m³）　　　　　　　　　　　　表 2-2-10

放脚层数	砖柱断面尺寸（mm）				
	240×240	240×365	365×365	365×490	490×490
	柱基大放脚四边体积（m³/个）				
1	0.0047	0.0057	0.0067	0.0077	0.0086
2	0.0278	0.0327	0.0376	0.0426	0.0475
3	0.0474	0.0553	0.0633	0.0711	0.0789
4	0.1097	0.1255	0.1412	0.1570	0.1727

4．浆砌块石工程量，按不同砌筑部位，以块石砌体的体积计算，计量单位：10m³；浆砌料石工程量，按不同砌筑部位，以料石砌体的体积计算，计量单位：10m³；浆砌混凝土预制块工程量，按不同砌筑部位，以混凝土预制块砌体的体积计算，计量单位：10m³。

5．砂石滤沟工程量，按不同滤沟断面积，以砂石滤沟的体积计算，计量单位：10m³。砂滤层工程量，按不同滤层厚度，以砂滤层的体积计算，计量单位：10m³。碎石滤层工程量，按不同滤层厚度，以碎石滤层的体积计算，计量单位：10m³。

6．干砌块石护坡、灌浆干砌块石护坡、浆砌块石护坡工程量，按不同护坡厚度，以块石护坡的体积计算，计量单位：10m³。浆砌预制块护坡工程量，按有无底浆，以预制块护坡的体积计算，计量单位：10m³。浆砌块石锥型坡、干砌块石锥型坡工程量，按块石锥型坡的体积计算，计量单位：10m³。浆砌块石台阶、浆砌料石台阶、浆砌预制块台阶工程量，按台阶的体积计算，计量单位：10m³。

7．浆砌料石压顶、浆砌预制块压顶、现浇混凝土压顶工程量，按压顶的体积计算，计量单位：10m³。现浇混凝土模板工程量，按模板与压顶接触面积计算，计量单位：100m²。

8．浆砌块石挡土墙、浆砌预制块挡土墙、现浇混凝土挡土墙工程量，按挡土墙的体积计算，计量单位：10m³。现浇混凝土模板工程量，按模板与挡土墙接触面积计算，计量单位：100m²。

9．围墙基础和突出墙面的砖垛部分的工程量，应并入围墙内按设计图示尺寸以立方米计算。遇有混凝土或布瓦花饰时，应将花饰部分扣除。

砖垛因结构需要，将"柱"与"墙"连接于一体而突出墙面。砌体并入墙体计算。砖围墙工程量按图示尺寸区分不同厚度（1/2砖、1砖）分别以立方米计算。

10．勾缝工程量，按不同石面或预制块面、勾缝形式，以勾缝形式，以勾缝的面积计算。应扣除抹灰面积。计量单位：100m²。

11. 布瓦花饰和预制混凝土花饰，按图示尺寸以平方米计算。

目前在我国农村的土窑中还经常生产这种弧形薄片状的小青瓦，也称之为合瓦、水青瓦、蝴蝶瓦、布纹瓦、土瓦等。布瓦无一定的规格，一般为175mm×175mm。小青瓦的每块面积很小，面积利用率低于50%，而且强度低，较易破碎。瓦片中不能含有石灰等杂质，那些砂眼较多，裂缝较大，且翘曲变形和欠火较重的小青瓦，质量不好，不宜使用。质量较好的青瓦，轻轻敲击时，声音响亮且非常清脆。同一批青瓦的色泽应该一致，而且弯曲的弧度也相同。青瓦的尺寸及规格见图2-2-37及表2-2-11。

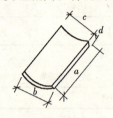

青瓦的尺寸及规格表（mm）　　表 2-2-11

长（a）	大头宽（b）	小头宽（c）	厚（d）
170～230	170～230	150～210	8～12

图 2-2-37　青瓦形状

混凝土花饰是用C20细石混凝土预制，内配$\phi 4$钢筋的混凝土花饰进行饰面装饰。

（五）工程量计算

为了保证结构的安全和使用持久，应当对挡土墙的安全情况进行验算。这里介绍一种简易计算方法。首先定出几个数据：

泥　土　重 = 1.8t/m³
砖砌体重 = 1.8t/m³
石砌体重 = 2.5t/m³
地面活重 = 30kg/m²（无人到）
　　　　 = 150kg/m²（少人到）
　　　　 = 250kg/m²（多人到）
　　　　 = 350kg/m²（人密集）

然后按下面各式计算挡土墙的倾复力矩 M 和抵抗力矩 W，当 $W/M \geq 1.5$ 时，挡土墙就是安全的。计算公式如下

$$M = E_t\left(\frac{H}{3}+h\right) + E_q\left(\frac{H}{2}+h\right)$$

$$W = \left(b_1+\frac{b_2}{2}\right)H \cdot N_1\left(\frac{b_1}{2}+\frac{b_2}{3}\right) + B_h \cdot N_2\frac{B}{2}$$

如图2-2-38所示：

$$E_t（土压力）= \frac{N_0}{2} \cdot \frac{2}{3}H$$

$$E_q（活重压力）= \frac{H}{3} \cdot q$$

式中　b_1——墙顶面宽；
　　　b_2——墙斜面宽；
　　　N_0——泥土重；

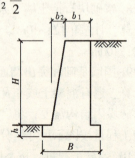

图 2-2-38　重力墙的计算

N_1——墙体重;

N_2——基础重;

H——墙高;

h——基础高;

B——底面宽;

q——地面活重。

(六)编制预算前的准备工作

1. 编制前的读图

在编制砌筑工程预算之前,要将图纸中有关内容认真阅读一遍,从中找出能够套用本部分定额的项目内容。因此,在读图时应注意以下几点:

(1)基础砌体的读图

1)注意基础断面的规格和轴线位置:在土方工程中,已对基础部分的图纸有所接触,但当时的注意力是放在土方工程上。此时读图是进一步搞清楚,有关砖石基础的断面尺寸有几种,各处在哪个轴线位置,以便计算工程量时,按不同的断面尺寸分别归类列出计算式;一种断面列一个计算式,将同断面的长度按轴线累加。

2)注意基础长度的取定:外墙按中心线是指墙的中心,而不是图纸上划的轴线。因为对半砖、1砖墙而言,墙的轴线和中心线是没有区别的,但对1.5砖墙而言,轴线与中心线就有区别,故要注意区分。

砖基础内墙净长是指内墙本身的净长(即两端至外墙的里边线),而不是基础的净长,这与土方工程的净长是有区别的。

3)注意基础高度的取定:砖基础高是从室内地坪至大放脚底的高度,在基础剖图中,一般标有外墙基础和内墙基础两种剖面。外墙基础标注有室内外地坪标高,内墙基础只标注室内标高或不标注,读图时注意核查。

(2)砖墙体的读图

1)注意外墙体的尺寸:外墙体的高,注意前檐、后檐和山面有否不同;墙厚要注意底层和楼层是否有区别。

2)注意墙体该扣减的项目:按墙体轴线,从平面图、立面图和圈梁布置图中,看清楚要扣减的项目,如门窗洞口;横梁、过梁、圈梁;构造柱等。

(3)其他砌体的读图

注意工作间、试验室、盥洗间和室外地面的平面配置内容,如是否有砖污水池、盥洗槽脚、砖砌便槽、砖墩、花池、砖水沟以及石砌工程等。

2. 分析定额的使用内容

在通过上述读图后,对图纸中的砖石内容已有基本概念,这时应与本章的定额对照一下,对照的方法如下:

(1)通过看图后的印象,将本章定额项目粗翻一遍,看哪些内容适合于使用本定额,哪些内容不适合使用。对不适合的项目应做好记号,放在以后待另行处理。

(2)对该章定额项目所述的内容,有否在看图时被遗漏掉,如果有遗漏,还要再回头去翻阅图纸看一遍。

(七)砌筑工程预算的编制

编制砌筑工程预算的方法

(1) 编制预算的步骤和方法

对于计算步骤和方法，在土方工程中已经述及，具体请参阅第一章第三节所述。

(2) 关于工程量计算表的列项

在砌筑工程中计算的内容比较多，为了事后核查和修改，在计算工程量时，应做到：条理清楚、内容齐全、计算明确。因此，在工程量计算表中，对所计算项目应逐项列出，分别计算，以便检查和修改。如表 2-2-12 所示，墙体部分按墙体轴线计算，计算值为"+"值；各轴线部分的扣减项目分别计算，计算值为"-"值，最后小计正负相抵。

工 程 量 计 算 表　　　　　　表 2-2-12

定额编号	项 目 名 称	单位	工程量	计 算 式
二	砌筑工程			
1-109	1砖外墙	m³	xx.xx	
	A、D轴前后檐墙体（当前后檐相同时）	m³	xx.xx	墙厚×墙高×（前檐墙长+后檐墙长）
	其中：扣减6个门 M-1	m³	-x.xx	墙厚×洞高×洞宽×个数
	扣减10个窗 C-2	m³	-x.xx	墙厚×洞高×洞宽×个数
	扣减16根过梁 CG-5	m³	-0.xx	梁宽×梁高×梁长×根数
	……	m³	……	……
	①、⑩轴山墙墙体	m³	……	……
	其中：扣减圈梁	m³	……	……
	……			
1-110	1.5砖外墙			
	……			

(3) 砌筑砂浆强度等级不同时的换算

本章砖砌定额中所使用的砂浆强度等级多为 M5，当设计砂浆等级不同时，在预算编制中应予以换算。这种换算只换算定额基价，其他一律不动。换算式如下：

1) 当综合费以单位工日计费时，可按下式计算

设计砂浆砌体基价 = 定额基价 + （设计砂浆单价 − 定额砂浆单价）×定额砂浆量

2) 当综合费以人、材、机三费计费时，按下式计算：

设计砂浆砌体基价 = [定额基价 − 定额综合费 + （设计砂浆单价 − 定额砂浆单价）×定额砂浆量] × (1 + 综合费率)

式中　　定额基价——指套用定额项目的基价；

设计砂浆单价——在定额附录"砂浆配合比表"中查取相应等级砂浆基价；

定额砂浆单价——在套用定额项目的单价栏内就可查到；

定额砂浆量——指套用定额项目的材料耗用量；

综合费——由其他直接费和现场经费组成，湖北省按6%。

(八) 做细望砖的预算编制

1. 做细望砖的工程量计算

(1) 工程量计算规则

做细望砖的工程量以 100 块为单位进行计算，望砖规格，定额按 210mm × 105mm × 17mm 进行编制，若设计要求与定额不同时，可按面积比例换算。

(2) 望砖块数确定

一般设计图纸对屋顶望砖，只说明采用望砖规格，而具体用多少块望砖，应由预算人员计算确定。计算望砖块数有以下两种方法：

1) 套用定额预算法：预算人员先根据图纸中的屋面设计尺寸，计算出铺砌望砖的面积，然后按"铺望砖"定额，查出望砖耗用量，按下式计算

$$望砖块数 = 铺砌面积 \times 望砖耗用量 \div 10$$

式中　铺砌面积——按屋面的屋脊至檐口坡屋面的斜面积（m²）。可简单按桁间高与水平距之三角形求斜长，乘以屋面通宽计算；

　　　望砖耗用量——查"铺望砖"定额，它是按每 10m² 的块数计量；

　　　10——即 10m²。

2) 公式计算法：指在找出屋面面积的基础上，再按下式计算

$$望砖块数 = \frac{铺砌面积}{单块望砖面积} \times (1 + 望砖损耗率)$$

式中　铺砌面积——同上，m²；

　　　单块望砖面积——即指一块望砖的长乘宽；

　　　望砖损耗率——按 10.5%。

【例】　设某两面坡屋面从屋脊至檐口垂直高为 2.06m，檐口屋脊中水平距为 4m，屋面通宽为 11.11m。望砖规格为 210mm × 105mm × 17mm，求该屋面的望砖块数。

【解】　坡屋面斜长 $= \sqrt{(2.06)^2 + (4)^2} = 4.499 = 4.5\text{m}$

　　　屋　面　面　积 $= 11.11 \times 4.5 \times 2\text{ 面} = 99.99\text{m}^2$

　　　一块望砖面积 $= 0.21 \times 0.105 = 0.02205\text{m}^2$

　　　望砖块数 $= 99.99 \div 0.02205 \times 1.105 = 5011$ 块

2. 做细望砖的换算

定额规定，当望砖规格与定额不同时，可以按面积比例换算。换算方法是将望砖块数和望砖材料费乘以面积比例系数：

$$面积比例系数 = 设计单块望砖面积 \div 0.02205$$

$$设计望砖耗用量 = 定额望砖耗用量 \times 面积比例系数$$

$$换算望砖材料费 = 定额望砖耗用量 \times 望砖单价 \times 面积比例系数$$

$$换算总价 = 定额总价 + （换算望砖材料费 - 定额望砖材料费）$$

(九) 砖细抛方、台口的预算编制

1. 砖细抛方、台口的工程量计算

(1) 砖细抛方、台口的工程量计算规则

砖细抛方、台口，高度按图示尺寸和水平长度，分别以延长米计算。

(2) 砖细抛方、台口的工程量计算方法

砖细抛方、台口的工程量按完成后的成品，依图示尺寸高度选择定额编号，再依加工水平长度得出工程量。定额以每 10m 长为单位进行计量，即计算工程量时，将某项加工总长除以 10 即为预算工程量。

2. 有关砖细抛方、台口的定额换算

本定额规定有以下两种情况可以换算：

（1）平面带枭混线脚抛方，以一道线为准，如设计超过一道线脚者，按砖细加工相应子目另行计算。

枭、半混、圆混、炉口等四种线脚，一般可单独砌在墙体内，也可组合成需要的形状砌在墙体内，每一种线脚为一道，"平面带枭混线脚抛方"是指在这四种线脚中，无论加工哪种，均按高度各套用一次定额，不能因为定额项目名称列为是"平面带枭混线脚抛方"，而将枭、混的组合线脚算为一道线。

（2）铁件用量不同时应予调整。

铁件是将砖与砖牢固连接成整体的配件，如铁销、铁扒钉、铁银锭等，如设计所需重量与定额耗铁量不同时，只需按式"换算总价 = 定额总价 + （换算望砖材料费 – 定额望砖材料费）"调整铁件的差额，其他不变。

设计耗铁量按下式计算

$$设计耗铁量（kg/10m）= \frac{\Sigma（单个铁件重 \times 铁件个数）}{砖细抛方总长} \times 10m$$

（十）砖细贴墙面的预算编制

1. 砖细贴墙面的工程量

（1）砖细贴墙面的工程量计算规则

砖细贴墙面按所贴墙面的图示尺寸，以平方米计算。四周如有镶边者，其镶边工程量按砖细镶边子目另行计算。计算工程量时，应扣除门、窗洞口和空圈所占面积，但不扣除小于 $0.3m^2$ 以内的孔洞。

（2）砖细贴墙面的工程量计算

砖细贴墙面都会有一定尺寸范围，只要找出设计图纸中的长、宽（或高）的尺寸，即可计算出其面积。但在取定尺寸时，应注意以下几点：

1）要将贴面与镶边的尺寸分开计算。镶边一般都采用某种砖线脚，有一定的宽度，将贴墙面减去其宽即为贴墙面净尺寸。

2）勒脚细一般都有若干个面，如影壁墙，两端八字墙的勒脚有前后左（或右）三面，中间一字墙有前后两面，如果这几面都是贴砖者，应都按其尺寸计算面积。

2. 砖细贴墙面的定额换算

当砖细贴墙面中所用砖的规格与定额要求不同时，砖的材料费可以按式"换算总价 = 定额总价 + （换算望砖材料费 – 定额望砖材料费）"换算。贴墙面中砖的块数按下式计算：

$$贴面砖块数 = \frac{10m^2}{单块砖面积} \times （1 + 损耗率）$$

式中　损耗率——按 18.5%；

单块砖面积——定额中所取定的尺寸为：

勒脚细 41cm × 41cm 以内按 41cm × 41cm；35cm × 35cm 以内按 35cm × 35cm；30cm × 30cm 以内按 28cm × 28cm。

八角景 30cm × 30cm 以内按 25cm × 25cm；六角景 30cm × 30cm 以内按 28cm × 28cm。

斜角景 40cm × 40cm 以内按 40cm × 40cm；30cm × 30cm 以内按 25cm × 25cm。

由以上可以看出，贴面所用的砖是经过刨磨后的成品砖，而实际所用的砖料都要选择比设计尺寸较大的规格，所以按式"贴面砖块数 = $\frac{10m^2}{单块砖的面积}$ × （1 + 损耗率）"计算时，应按设计成品尺寸计算，而不能按所供应的砖料尺寸计算。

二、园路、园桥、假山工程规范

E.2.1 园路桥工程。工程量清单项目设置及工程量计算规则，应按表2-2-13的规定执行。

E.2.1 园路桥工程（编码：050201） 表2-2-13

项目编码	项目名称	项目特征	计量单位	工程量计算规则	工程内容
050201001	园路	1. 垫层厚度、宽度、材料种类 2. 路面厚度、宽度、材料种类 3. 混凝土强度等级 4. 砂浆强度等级	m²	按设计图示尺寸以面积计算，不包括路牙	1. 园路路基、路床整理 2. 垫层铺筑 3. 路面铺筑 4. 路面养护
050201002	路牙铺设	1. 垫层厚度、材料种类 2. 路牙材料种类、规格 3. 混凝土强度等级 4. 砂浆强度等级	m	按设计图示尺寸以长度计算	1. 基层清理 2. 垫层铺设 3. 路牙铺设
050201003	树池围牙、盖板	1. 围牙材料种类、规格 2. 铺设方式 3. 盖板材料种类、规格			1. 清理基层 2. 围牙、盖板运输 3. 围牙、盖板铺设
050201004	嵌草砖铺装	1. 垫层厚度 2. 铺设方式 3. 嵌草砖品种、规格、颜色 4. 漏空部分填土要求	m²	按设计图示尺寸以面积计算	1. 原土夯实 2. 垫层铺筑 3. 铺砖 4. 填土
050201005	石桥基础	1. 基础类型 2. 石料种类、规格 3. 混凝土强度等级 4. 砂浆强度等级	m³	按设计图示尺寸以体积计算	1. 垫层铺筑 2. 基础砌筑、浇筑 3. 砌石
050201006	石桥墩、石桥台	1. 石料种类、规格 2. 勾缝要求 3. 砂浆强度等级、配合比			1. 石料加工 2. 起重架搭、拆 3. 墩、台、旋石、旋脸砌筑 4. 勾缝
050201007	拱旋石制作、安装				
050201008	石旋脸制作、安装	1. 石料种类、规格 2. 旋脸雕刻要求 3. 勾缝要求 4. 砂浆强度等级、配合比	m²	按设计图示尺寸以面积计算	
050201009	金刚墙砌筑		m³	按设计图示尺寸以体积计算	1. 石料加工 2. 起重架搭、拆 3. 砌石 4. 填土夯实
050201010	石桥面铺筑	1. 石料种类、规格 2. 找平层厚度、材料种类 3. 勾缝要求 4. 混凝土强度等级 5. 砂浆强度等级	m²	按设计图示尺寸以面积计算	1. 石料加工 2. 抹找平层 3. 起重架搭、拆 4. 桥面、桥面踏步铺设 5. 勾缝
050201011	石桥面檐板	1. 石料种类、规格 2. 勾缝要求 3. 砂浆强度等级、配合比			1. 石料加工 2. 檐板、仰天石、地伏石铺设 3. 铁锔、银锭安装 4. 勾缝
050201012	仰天石、地伏石		m	按设计图示尺寸以长度计算	

143

续表

项目编码	项目名称	项目特征	计量单位	工程量计算规则	工程内容
050201013	石望柱	1. 石料种类、规格 2. 柱高、截面 3. 柱身雕刻要求 4. 柱头雕饰要求 5. 勾缝要求 6. 砂浆配合比	根	按设计图示数量计算	1. 石料加工 2. 柱身、柱头雕刻 3. 望柱安装 4. 勾缝
050201014	栏杆、扶手	1. 石料种类、规格 2. 栏杆、扶手截面 3. 勾缝要求 4. 砂浆配合比	m	按设计图示尺寸以长度计算	1. 石料加工 2. 栏杆、扶手安装 3. 铁锔、银锭安装 4. 勾缝
050201015	栏板、撑鼓	1. 石料种类、规格 2. 栏板、撑鼓雕刻要求 3. 勾缝要求 4. 砂浆配合比	块	按设计图示数量计算	1. 石料加工 2. 栏板、撑鼓雕刻 3. 栏板、撑鼓安装 4. 勾缝
050201016	木制步桥	1. 桥宽度 2. 桥长度 3. 木材种类 4. 各部件截面长度 5. 防护材料种类	m^2	按设计图示尺寸以桥面板长乘桥面板宽以面积计算	1. 木桩加工 2. 打木桩基础 3. 木梁、木桥板、木桥栏杆、木扶手制作、安装 4. 连接铁件、螺栓安装 5. 刷防护材料

E.2.2 堆塑假山。工程量清单项目设置及工程量计算规则,应按表2-2-14的规定执行。

堆塑假山(编码:050202) 表2-2-14

项目编码	项目名称	项目特征	计量单位	工程量计算规则	工程内容
050202001	堆筑土山丘	1. 土丘高度 2. 土丘坡度要求 3. 土丘底外接矩形面积	m^3	按设计图示山丘水平投影外接矩形面积乘以高度的1/3以体积计算	1. 取土 2. 运土 3. 堆砌、夯实 4. 修整
050202002	堆砌石假山	1. 堆砌高度 2. 石料种类、单块重量 3. 混凝土强度等级 4. 砂浆强度等级、配合比	t	按设计图示尺寸以估算质量计算	1. 选料 2. 起重架搭、拆 3. 堆砌、修整
050202003	塑假山	1. 假山高度 2. 骨架材料种类、规格 3. 山坡料种类 4. 混凝土强度等级 5. 砂浆强度等级、配合比 6. 防护材料种类	m^2	按设计图示尺寸以估算面积计算	1. 骨架制作 2. 假山胎模制作 3. 塑假山 4. 山皮料安装 5. 刷防护材料

续表

项目编码	项目名称	项目特征	计量单位	工程量计算规则	工程内容
050202004	石笋	1. 石笋高度 2. 石笋材料种类 3. 砂浆强度等级、配合比	支	按设计图示数量计算	1. 选石料 2. 石笋安装
050202005	点风景石	1. 石料种类 2. 石料规格、重量 3. 砂浆配合比	块	按设计图示数量计算	1. 选石料 2. 起重架搭、拆 3. 点石
050202006	池石、盆景山	1. 底盘种类 2. 山石高度 3. 山石种类 4. 混凝土砂浆强度等级 5. 砂浆强度等级、配合比	座（个）		1. 底盘制作、安装 2. 池石、盆景山石安装、砌筑
050202007	山石护角	1. 石料种类、规格 2. 砂浆配合比	m³	按设计图示尺寸以体积计算	1. 石料加工 2. 砌石
050202008	山坡石台阶	1. 石料种类、规格 2. 台阶坡度 3. 砂浆强度等级	m²	按设计图示尺寸以水平投影面积计算	1. 选石料 2. 台阶砌筑

E.2.3 驳岸。工程量清单项目设置及工程量计算规则，应按表 2-2-15 的规定执行。

驳岸（编码：050203） 表 2-2-15

项目编码	项目名称	项目特征	计量单位	工程量计算规则	工程内容
050203001	石砌驳岸	1. 石料种类、规格 2. 驳岸截面、长度 3. 勾缝要求 4. 砂浆强度等级、配合比	m³	按设计图示尺寸以体积计算	1. 石料加工 2. 砌石 3. 勾缝
050203002	原木桩驳岸	1. 木材种类 2. 桩直径 3. 桩单根长度 4. 防护材料种类	m	按设计图示以桩长（包括桩尖）计算	1. 木桩加工 2. 打木桩 3. 刷防护材料
050203003	散铺砂卵石护岸（自然护岸）	1. 护岸平均宽度 2. 粗细砂比例 3. 卵石粒径 4. 大卵石粒径、数量	m²	按设计图示平均护岸宽度乘以护岸长度以面积计算	1. 修边坡 2. 铺卵石、点布大卵石

E.2.4 其他相关问题，应按下列规定处理：

1. 园路、园桥、假山（堆筑土山丘除外）、驳岸工程等的挖土方、开凿石方、回填等应按 A.1 相关项目编码列项。
2. 如遇某些构配件使用钢筋混凝土或金属构件时，应按附录 A 或附录 D 相关项目编码列项。

三、园路、园桥、假山工程编制注意事项

（一）概况

本章共3节17个项目。包括园路、园桥，堆砌、塑假山、驳岸工程等项目。适用于公园、小游园等园林建设工程。

（二）有关项目的说明

1. 园路、园桥、假山（除堆筑土山丘）、驳岸工程项目等挖土方、开凿石方、土石方运输、回填土石方按附录A有关项目编码列项。

2. 园桥分为石桥、木桥项目，石桥由石基础、石桥台、石桥墩、石桥面及石栏杆等组成；木桥由木桩基础、木梁、木桥面及木栏杆组成，如遇某些构配件使用钢筋混凝土或金属构件时，按附录A有关项目编码列项。

3. 山石护角项目指土山或堆石山的山角堆砌的山石，起挡土石和点缀的作用。

4. 山坡石台阶指随山坡而砌，多使用不规整的块石，无严格统一的每步台阶高度限制，踏步和踢脚无需石表面加工或有少许加工（打荒）。

5. 原木桩驳岸指公园、小区、街边绿地等的溪流河边造境驳岸。

（三）有关项目特征的说明

1. 园路项目路面材料种类：有混凝土路面、沥青路面、石材路面、砖砌路面、卵石路面、片石路面、碎石路面、瓷片路面等；石材应分块石、石板，砖砌应分平砌、侧砌，卵石应分选石、选色、拼花、不拼花，瓷片应分拼花、不拼花等。应在工程量清单中进行描述。

2. 树池围牙铺设方式指围牙的平铺、侧铺。

3. 石桥基础类型指矩形、圆形等石砌基础。如采用混凝土基础应按附录A相关项目编码列项。

4. 石桥项目中的勾缝要求同附录A石墙勾缝。

5. 石桥项目中构件的雕饰要求，以园林景观工程石浮雕种类划分。

6. 石桥面铺筑，设计规定需做混凝土垫层或回填土时，可按附录A相关项目编码列项。

7. 木制步桥项目中的桥宽度、桥长度均以桥板的铺设宽度与长度为准。

8. 木制步桥项目的部件，可分为木桩、木梁、木桥板、木栏杆、木扶手，各部件的规格应在工程量清单中进行描述。

9. 山丘、假山的高度，如山丘、假山设计有多个山头时，以最高的山头进行描述。

10. 木桩驳岸项目的桩直径，可以标注梢径，也可用梢径范围（如$\phi 100 \sim \phi 1400$）描述。

11. 自然护岸如有水泥砂浆粘结卵石要求的，应在工程量清单中进行描述。

（四）有关工程量计算的说明

1. 园路如有坡度时，工程量以斜面积计算。

2. 路牙铺设如有坡度时，工程量按斜长计算。

3. 嵌草砖铺设工程量不扣除漏空部分的面积，如在斜坡上铺设时，按斜面积计算。

4. 石碹脸工程量以看面面积计算。

5. 堆筑土丘形状过于复杂的，工程量也可以估算体积计算。

6. 山石护角过于复杂的，工程量也可以估算体积计算，并在工程量清单中进行描述。

7. 凡以重量、面积、体积计算的山丘、假山等项目，竣工后按核实的工程量，根据合同条件规定进行调整。

（五）有关工程内容的说明

1. 混凝土园路设置伸缩缝时，预留或切割伸缩缝及嵌缝材料应包括在报价内。

2. 围牙、盖板的制作或购置费应包括在报价内。

3. 嵌草砖的制作或购置费应包括在报价内，嵌草砖漏空部分填土有施肥要求时，也应包括在报价内。

4. 石桥基础在施工时，根据施工方案规定需筑围堰时，筑拆围堰的费用，应列在工程量清单措施项目费内。

5. 石桥面铺筑，设计规定需回填土或做垫层时，可将回填土或垫层包括在石桥面铺筑报价内，相关的回填土或混凝土垫层项目不再报价。

6. 凡石构件发生铁扒锔、银锭制作安装时，应包括在报价内。

第三节 园林景观工程

一、园林景观工程造价概论

园林景观工程是园林建设中不可缺少的重要环节。它包括园林建筑工程、园林小品工程、喷泉工程、园林装饰工程等。

园林产品属于艺术范畴。它不同于一般工业、民用建筑，每项工程特色不同，风格各异，工艺要求也不尽相同，而且项目零星，地点分散，工程量小，工作面大，花样繁多，形式各异，同时还受气候条件的影响。因此，园林建设产品不可能确定一个统一的价格，必须根据设计文件的要求，对园林景观工程事先从经济上加以计算。

园林景观工程项目繁杂，在计算时要认真仔细。园林景观工程造价由直接工程费、间接费、差别利润、税金等组成。

（一）园林景观工程直接工程费

园林景观工程直接工程费由直接费、其他直接费、现场经费组成。

直接费是指施工过程中耗费的构成工程实体和有助于工程形成的各项费用，包括人工费、材料费和机械费。

（二）园林景观工程间接费

园林景观工程间接费由企业管理费、财务费和其他费用组成。

企业管理费是指施工企业为组织施工生产经营活动所发生的管理费用。

财务费是指企业为筹集资金而发生的各项费用，包括企业经营期间发生的短期贷款利息净支出、金融机构手续费以及企业筹集资金发生的其他财务费用。

其他费用是指按规定支付劳动定额管理部门的定额测定费，以及按有关部门规定支付的上级管理费。

（三）园林景观工程差别利润

园林景观工程差别利润是指按规定应计入园林景观工程造价的利润，依据工程类别实行差别利润率。

(四) 园林景观工程税金

园林景观工程税金是指国家税法规定的应计入园林景观工程造价内的营业税、城市维护建设税及教育费附加。

园林景观工程在计算造价时，可分项计算，最后再计算各项之和。

水池、花架及小品工程

园林建筑小品是指园林中体量小巧、数量多、分布广、功能简明、造型别致，具有较强的装饰性，且富有情趣的精美设施。园林建筑小品的作用主要表现在满足人们休息、娱乐、游览、文化、宣传等活动要求方面。它既有使用功能，又可观赏，美化环境，并且是环境美化的重要因素。

园林建筑小品类型很多，可概括为以下两类：

1. 传统园林建筑小品

传统园林建筑小品主要有古典亭、廊、台阶、园墙、景门、景窗、水池等。

2. 现代园林建筑小品

现代园林建筑小品主要有花架、现代喷泉水池、花盆、花钵、桌、椅、灯具等。

传统园林建筑小品与现代园林建筑小品在形式、材料、构造等方面既有一定的联系，又有不同之处。在表现形式上，传统园林建筑小品，多以细腻、变化素雅取胜，现代园林建筑多以简洁、明了、抽象而见长。

(一) 水池、花架及小品工程图例（表 2-3-1）

水池、花架及小品工程图例　　　　　　　表 2-3-1

序号	名称	图例	说明
1	雕塑		仅表示位置，不表示具体形态，以下同也可依据设计形态表示
2	花台		
3	坐凳		仅表示位置，不表示具体形态，以下同也可依据设计形态表示
4	花架		
5	围墙	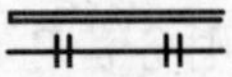	上图为实砌或漏空围墙；下图为栅栏或篱笆围墙
6	栏杆		上图为非金属栏杆；下图为金属栏杆
7	园灯		

续表

序号	名称	图例	说明
8	饮水台	⊠	
9	指示牌	▬▬▬	

(二) 工程内容

水池、花架及小品工程包括水池底、壁、花架及其他小品等。

1. 水池

园林中水池种类比较多，如盆景池、喷泉池、种植池和人工池塘，池子的面积大小不一，如盆景池的面积小的仅有几平方米，较大的人工池塘的面积可达数百至数千平方米，

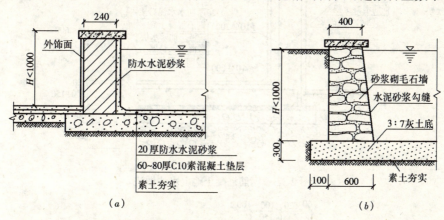

图 2-3-1 砖石水池
(a) 砖水池；(b) 毛石水池

各类水池的深度均较浅，如盆景池的池深一般仅几十厘米，而较大的人工池塘的深度也只有 1m 左右。

园林水池的平面有圆形、方形、长方形、棱形及各类不规则图形。水池可根据要求建成地面上和地面下以及半地上半地下形式，也可以建在楼层上或平屋顶的顶板上。

(1) 砖、石池壁水池

砖、石池壁水池是指池的四周采用砌筑砖墙或毛石墙的水池，池底可用素混凝土或灰土。池内壁抹防水砂浆，即可起到简易防水作用，又可解决池内饰面问题。这类水池深度较浅，防水要求不高，适应地面上或半地下和地下（如图 2-3-1 所示）。

当水池有较高的防水要求时，可采用外包

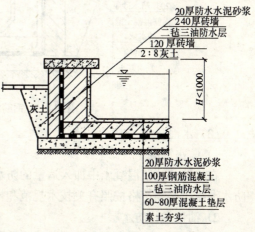

图 2-3-2 外包防水层水池

油毡防水做法（如图 2-3-2 所示）。

(2) 钢筋混凝土水池

钢筋混凝土水池是指水池的池壁和池底采用钢筋混凝土结构的水池。这类水池有较好的自身防渗性能，荷重轻，可以防止因各类因素所产生的变形而导致的池底、池壁的裂缝。考虑到游人的安全和种植的需要，以及屋顶的限制，一般池较浅。这类水池适应于四星级宾馆的室内、屋顶或园林建筑的庭院内部等景观水池。

钢筋混凝土水池的池底和池壁根据其受力情况，一般厚度为 100～200mm，池底、池壁可按构造配置直径为 φ10～12@200～300mm 的钢筋，当池高为 600～1000mm 时，其水池的构造厚度、配筋及防水等做法，可参考图 2-3-3、图 2-3-4。

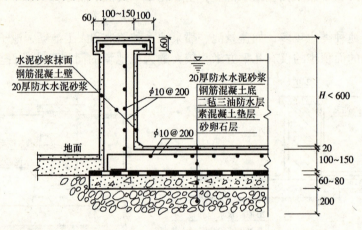

图 2-3-3　钢筋混凝土地上水池做法

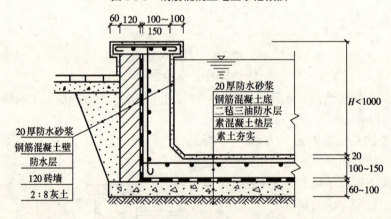

图 2-3-4　钢筋混凝土地下水池做法

(3) 水池防水

1) 防水混凝土

在水池的池壁混凝土中加入适量的防水剂或掺合料，以提高混凝土的抗渗性能。采用防水混凝土必须严格按照有关技术规范和操作规程施工，以达到预期的防水效果。

2) 油毡卷材防水层

油毡卷材防水层多用于屋顶防水、地下工程防水和水池外包防水，通常有 5 层或 7 层做法（即二毡三油或三毡四油），操作中应严格按有关规程去做。

为了保证油毡防水层的质量和施工操作方便，在墙外先砌 120mm 厚单砖墙，并在水池外池壁混凝土浇筑之前，先做好油毡防水层，贴在单砖墙上，这样在浇筑池壁混凝土时可将油毡压紧。先砌单砖墙，既可当池壁混凝土墙的外模板，又可以防止施工过程中（如回填时）破坏外包油毡防水层。

3）防水砂浆和防水油抹灰

在水池结构不裂缝的前提下，在池底上表面和池壁的内外墙面，抹 20mm 厚的防水砂浆（在 1:2 的水泥砂浆中加入水泥用量的 3% 的防水剂），或用水泥砂浆和防水油分层涂抹法作防水处理。

4）室外水池防冻

在我国北方冰冻期较长，对于室外园林地下水池的防冻处理，就显得十分重要了。若为小型水池，一般是将池水排空，这样池壁受力状态是：池壁顶部为自由端，池壁底部铰接（如砖墙池壁）或固接（如钢筋混凝土池壁）。空水池壁外侧受土层冻胀影响，池壁承受较大的冻胀推力，严重时会造成水池池壁产生水平裂缝或断裂。

冬季池壁防冻，可在池壁外侧采用排水性能较好的轻骨料如矿渣、焦渣或砂石等，并应解决地面排水，使池壁外回填土不发生冻胀情况，如图 2-3-5 所示，池底花管可解决池壁外积水（沿纵向将积水排除）。

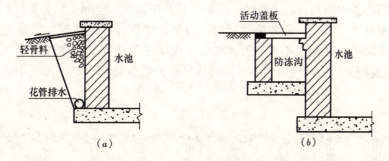

图 2-3-5 池壁防冻措施

在冬季，大型水池为了防止冻胀推裂池壁，可采取冬季池水不撤空，池中水面与池外地坪相持平，使池水对池壁压力与冻胀推力相抵消。因此为了防止池面结冰，涨裂池壁，在寒冬季节，应将池边冰层破开，使池子四周为不结冰的水面。

水池工程内容有混凝土砂浆搅拌（调制）运输、砌筑、模板支拆、钢筋成型绑扎、浇养护等全过程。

(1) 混凝土砂浆搅拌

混凝土砂浆搅拌包括混凝土的施工配料及搅拌。所谓混凝土的施工配料就是指根据施工配合比及工地搅拌机的型号确定搅拌原料的一次投料量。加料顺序分一次投料和二次投料。一次投料，先在上料斗中装石子，再加水泥和砂，然后一次投入搅拌机内；二次投料，先向搅拌机中投入水、砂、水泥，待其拌制 1min 后再投入石子继续搅拌至规定时间。搅拌的时间是指从原材料投入搅拌筒到卸料开始所经历的时间，它是影响混凝土质量及搅拌机生产率的一个主要因素。

混凝土砂浆搅拌运输指将混凝土从搅拌地点运送到浇筑地点的运输过程。

(2) 模板支拆

模板支拆是按照现浇混凝土或预制混凝土的具体要求（包括混凝土的形状、大小等）将模板支撑起来进行混凝土浇筑，浇筑完毕之后，将模板拆卸下来，支撑模板与拆卸模板是一个相反的过程。拆模后注意模板的集中堆放，这样有利于管理运输工作并保证运输工作顺利进行。

(3) 钢筋成型绑扎

钢筋成型绑扎是为了满足钢筋混凝土的物理力学要求，在为混凝土配筋之前必须对钢筋进行一定的变形处理，如钢筋弯钩，再进行绑扎。成型包括钢筋的除锈、调直、切断、弯曲成型、焊接以及焊接钢筋接头。绑扎包括接头绑扎和成型固定绑扎，钢筋绑扎用22号钢丝。

(4) 浇养护

浇养护即浇捣养护，将拌合好的混凝土拌合物放在模具中经人工或机械振捣，使其密实、均匀。在混凝土浇筑后的初期，在凝结硬化过程中进行湿度和温度控制，以利于混凝土能获得设计要求的物理力学性能。

2. 花架及小品

花架是指攀缘植物的棚架，可供人休息、赏景之用。花架造型灵活、轻巧，本身也是观赏对象，有直线式、曲线式、折线式、双臂式、单臂式等。它与亭、廊组合能使空间丰富多变，人们在其中活动，极为自然。花架还具有组织园林空间，划分景区，增加风景深度的作用。布置花架时，一是要格调清新，二是要注意与周围建筑与植物在风格上的统一。我国古典园林应用花架不多，因其与山水风格不尽相同，但在现代园林中因新材料（主要是钢筋混凝土）的广泛应用和各国园林风格的吸收融合，花架这一小品形式被造园者所乐用。

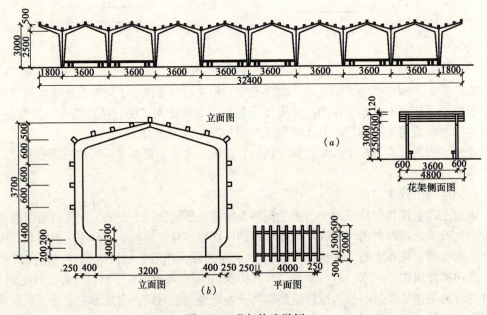

图 2-3-6 花架构造举例

(a) 门式花架廊；(b) 花架拱门

花架有梁架式、单柱式等，结合环境布置，增加空间的层次。材料常用木、竹、钢筋混凝土等。其构造举例如图 2-3-6 所示。

小品指园林建设中的工艺点缀品，艺术性较强。它包括堆塑装饰和小型钢筋混凝土、金属构件等小型设施。

园桌、园椅、灯具及花盆（花钵）、儿童游艺设施等在园林中是不可缺少的组成部分。其形式多种多样，制作材料常见的有木、石、竹、钢筋混凝土、钢材、陶土等。园桌、园椅尺寸应满足人们坐憩的要求，一般不宜过大。园林中的灯具有高灯具、矮灯具、点光源和群光源等。灯具发出的光线很丰富，尤其适合夜间观赏。灯具的

图 2-3-7　园艺设施示例

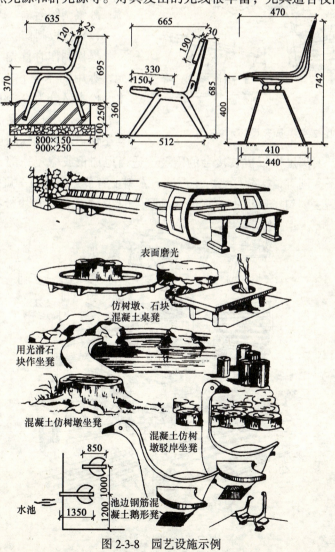

图 2-3-8　园艺设施示例

造型随工业化发展而不断改进，给环境增景添彩。花盆、花钵是造景的活泼因素，形式活泼多样，材料常用混凝土、陶土等。儿童游艺设施在构造上应安全、牢固、耐久。目前，游艺设施形式丰富，图2-3-7至图2-3-10是园桌、园椅、灯具、花盆、儿童游艺设施等的示例。

花架及小品工程内容有：模板制作、安拆、钢筋成型绑扎、混凝土搅拌运输、浇捣养护。

构件场内运输安装、校正焊接、搭拆架子。

砂浆调制运输、砌筑等全过程。

（1）模板制作

模板制作时首先对预制模板进行刨光，所用的木材，大部分为松木与杉木，松木又分为红松、白松（包括鱼鳞云杉、红皮云杉及臭冷杉等）、落叶松、

图2-3-9 园艺设施示例

马尾松等。其次配制模板，要考虑木模板的尺寸大小，要满足模板拼装接合的需要，适当地加长或缩短一部分长度，拼制木模板，板边要找平，刨直，接缝严密，不漏浆。木料上有节疤、缺口等疵病的部位，应放在模板反面或者截去。钉子长度一般宜为木板厚度的2~2.5倍。每块板在横挡处至少要钉

图2-3-10 园艺设施示例

两个钉子，第二块板的钉子要朝向第一块模板方向斜钉，使拼缝严密。

(2) 构件场内运输

构件场内运输是将构件由堆放场地或加工厂运至施工现场的过程。其运输工程量按构件图示尺寸，以实体积立方米计算。构件安装分为预制混凝土构件安装和金属结构构件安装。其中预制混凝土构件安装包括构件翻身、就位、加固、安装、校正、垫实结点、焊接或紧固螺栓等，但不包括构件连接处填缝灌浆；金属结构构件安装包括构件加固、吊装校正、拧紧螺栓、电焊固定、翻身就位等。其中需要拼装的构件还包括搭拆装台。

(3) 校正焊接

构件在安装过程中可能会出现误差，如构件大小不合要求、构件结构松散等，必须通过焊接对其进行校正。焊接有氧乙炔焊和电弧焊，一般适用于不镀锌钢筋，很少用于镀锌钢管，因为焊接时镀锌层易破坏脱落加快锈蚀。气焊是利用氧气和乙炔气体混合燃烧所产生的高温火焰来熔接构件接头处。电弧焊是利用电弧把电能转化为热能，使焊条金属和母材熔化形成焊缝的一种焊接方法，电弧焊所用的电焊机分交流电焊机和直流电焊机两种，交流电焊机多用于碳素钢的焊接；直流电焊机多用于不锈耐酸钢和低合金钢的焊接。电弧焊所用的电焊机、电焊条品种规格很多，使用时要根据不同的情况进行适当的选择。此外还有氩弧焊，是用氩气作保护气体的一种焊接方法。在焊接过程中氩气在电弧周围形成气体保护层，使焊接部位、钨极端间和焊丝不与空气接触。由于氩气是惰性气体，它不与金属发生化学作用，因此，在焊接过程中焊件和焊丝中的合金元素不易损坏，又由于氩气不熔于金属，因此不产生气孔。由于它的这些特点，采用氩气焊接可以得到高质量的焊缝。有些钢材焊接难度大，要求质量高，为了防止焊缝脊面产生氧化、穿瘤、气孔等缺陷，在氩弧焊打底焊接的同时，要求在管内充氩气保护。

(4) 氩电联焊

氩电联焊是一个焊缝的底部和上部分别采用两种不同的焊接方法，即焊接缝底部采用氩弧焊打底，焊缝上部采用电弧焊盖面。这种焊接方法既能保证焊缝的质量，又能节省费用，因此，在钢构件的焊接中被广泛使用。

(5) 搭拆架子

有些构件由于结构复杂、杆件较多或加工工艺要求等原因，不能整体制作而必须分件加工制作。在安装前，先将各个杆（构）件组装成符合设计要求的完整构件。而且必须在拼装之前或组装过程中搭好架子，拼装完以后对其进行拆除，最后才是构件的安装。

(6) 砖砌小品

砖砌小品是用砖砌块砌成的具有一定观赏功能、休憩功能的园林构筑物或建筑物，如园椅、园凳等。

3. 其他

其他工程内容有钢筋成型、绑扎、焊接、模板刨光等全过程。

砌体加固钢筋指在砌体中安置钢筋并用水泥砂浆使砌块与钢筋铰接在一起，进而提高砌体的抗压、拉等力学性能。

定额钢筋含量调整增减作为承重构件的混凝土必须为其配制一定的钢筋。钢筋含量是一定体积的钢筋混凝土中一定型号的钢筋总量（以吨为单位进行计算）。在满足安全要求的前提下，对钢筋的用量作适当的调整，对安全系数要求不是很高的可以适当降低钢筋用量标准；对安全系数要求较高的，则应提高钢筋用量标准。

（三）统一规定

1. 水池定额是按一般方形、圆形、多边形水池编制的，遇有异形水池时，应按规定另编补充单位估价。

异型指不规则的、无对称轴的形状，它不同于方形、圆形、多边形。

2. 混凝土水池，池内底面积在 $20m^2$ 以内者，其池底和池壁定额的人工费乘以 1.25 系数，材料费不变。

（1）混凝土水池

混凝土水池是用水泥砂浆围合而成的人工贮水容器。对于大中型水池，最常采用的是现浇混凝土结构。为了保证不漏水，宜采用防水混凝土。为防止裂缝，应适当配置钢筋。大型水池还应考虑适当配置伸缩缝、沉降缝，这些构造缝应设止水带，用柔性防漏材料填塞。水池与管沟、水泵房等相连接处，也宜设沉降缝并同样进行防漏处理。

（2）池内底面积

池内底面积是指水池施工完毕后，底面与池壁面的交线所围合的面积，而不包括池壁厚度对水池底面积的影响。

（3）池底和池壁定额

池底和池壁定额是指在正常施工条件下，完成池底和池壁的施工并达到一定要求所必须的劳动力、机械台班（大型水池施工）、材料和资金消耗的数量标准。

（4）人工费

人工费是水池施工过程中所消耗的劳动力的工资，在计算人工费时常参照现行地区人工工资标准和特殊情况下如冬雨期施工、二次倒运、检验试验费等额外的补贴。

（5）材料费

材料费是水池建造过程中因消耗一定的材料如水泥砂浆、砖、钢筋等所花费的费用。

3. 花架定额中包括现浇混凝土和现场预制混凝土的制作、安装等项目。适用于梁、檩断面在 $220cm^2$ 以内、高度在 6m 以下的轻型花架。

（1）现浇、预制混凝土

现浇混凝土是指在施工现场直接支模、绑扎钢筋、浇灌混凝土，制成各种构件。

预制混凝土是指在施工现场安装之前，按照采暖、卫生和通风空调工程施工图纸及土建工程的有关尺寸，进行预先下料，加工成组合部件或在预制加工厂定购的各种构件。这种方法可以提高机械化程度，加快施工现场安装速度、缩短工期，但要求土建工程施工尺寸要准确。

（2）梁

梁同柱一样，是房屋建筑及园林建筑与小品的承重构件之一，它承受建筑结构作用在梁上的荷载，且经常和柱、梁等共同承受建筑物和其他物体的荷载，在结构工程中应用十分广泛。钢筋混凝土梁按照断面形状可以分为矩形梁和异形梁。异形梁如"L""T""⊕""I"字形等。按结构部位可以划分为基础梁、圈梁、过梁、连续梁等。

1）基础梁

建筑物用独立柱承重时，独立基础之间常用基础梁连接，墙或花架附属品，座椅直接砌在基础梁上。

2）异形梁

异形梁是截面为"L""T""⊕""I"字形的梁。

3）单梁、连续梁

单梁和连续梁是两种支承不同梁的简称,在钢筋混凝土构件及结构力学中,有单跨简支梁与多跨连续梁之分,前者有两个支承点,后者有两个以上支承点。从受力情况来看,可以分为矩形和异形两大类。而单梁、连续梁根据需要可以设计成矩形,也可以设计成异形,但在现浇钢筋混凝土中,为支撑方便,连续梁多为矩形,所以在预算定额中不以形状来区分,而以单梁、连续梁来区分。

檩指两端搁在花架过梁上的混凝土梁,用以支承花架植物体的简支构件。

这里的轻型花架主要是指梁、檩断面在 $220cm^2$ 以内,高度在 6m 以下的花架,花架体量较小。

4. 花架构件如采用工厂预制构件（包括标准和非标准构件）时,其预制构件应按"1996年建设工程材料预算价格"中工厂制品出厂价格计算;构件运输按本定额的综合运距运输子目执行。

（1）花架构件

花架构件指花架各组成部分的总称,包括梁、檩、柱、座凳等。

预制构件是按照需要预先制作的建筑物或构筑物部件。预制构件可分为以下6类:

1）桩类:方桩、空心桩、桩尖;

2）柱类:矩形柱、异形柱;

3）梁类:矩形梁、异形梁、过梁、拱形梁、鱼腹式吊车梁、风道梁;

4）屋架类:屋架（拱、梯形、组合、薄腹、三角形）、门式刚架、天窗架;

5）板类:F形板、平板、空心板、槽形板、大型屋面板、拱型屋面板、折板、双T板、大楼板、大墙板、大型多孔墙面板等20种;

6）其他类:檩条、雨篷、阳台、楼梯段、楼梯踏步、楼梯斜梁等近20种。

（2）构件运输

构件运输是将预制的构件用运输工具将其运到预定的地点。具体工作内容按照构件类别的不同分为预制混凝土构件运输和金属结构构件运输,其中预制混凝土构件运输包括设置一般支架（垫木条）、装车绑扎、运输、按规定地点卸车堆放、支垫稳固;金属结构构件运输包括按技术要求装车、绑扎、运输、按指定地点卸车堆放。在运输构件过程中,构件类型、品种多样,体形大小及结构形状各不相同,运输难易有一定的差异,所用的装卸机械、运输工具也不一样。

5. 花架安装是按人工操作、土法吊装编制的,如使用机械吊装时,不得换算,仍照本定额的安装子目执行。

（1）花架安装

花架安装是将花架的各部分构件用人工或机械吊装组合成花架。花架的安装主要包括花架构件的翻身、就位、加固、安装、校正、垫实节点、焊接或紧固螺栓等,但不包括构件连接处填缝灌浆。

（2）人工操作

人工操作是与机械自动化操作相对应的,是指人在安装花架的过程中,完全脱离工具或者仅使用一些简单的工具进行施工的一种操作方式。

(3) 土法吊装

土法吊装在花架安装过程中使用较少,因为我国古典园林中花架出现较少,但在小型花架的安装中使用较多。土法即土办法,是在没有机械辅助的条件下,造园工作者运用自己的智慧摸索出来的方法,在机械不便到达的地方安装花架或者安装小型花架仍有一定的应用价值。

(4) 机械吊装

机械吊装指运用起重机设备将花架构件安装起来。起重机有履带式起重机、轮胎式起重机、塔式起重机、汽车式起重机等。

6. 现浇混凝土花架的梁、檩、柱定额中,均已综合了模板超高费用,凡柱高在6m以下的花架均不得计算超高费。

(1) 现浇混凝土花架

现浇混凝土花架是指直接在现场支模、绑扎钢筋、浇灌混凝土而成型的花架。

(2) 柱

柱是花架的主要承重构件之一,作为花架的支撑骨架,将整个花架的荷载竖向传递到基础和地基上。柱按外形和用途分为矩形柱、圆柱、多边形柱和构造柱。

(3) 模板

在工程建设中,不论现浇和预制混凝土及钢筋混凝土构件,在浇筑混凝土前,都必须按照设计图纸规定的构件形状、尺寸等,制作出与图纸规定相符的模型。由于这一模型是采用某种材质板材制成的,故称作模板。模板按照所采用材质的不同,可分为:钢模板、木模板、复合模板三种。

7. 设计要求使用刨光模板时,应按本定额模板刨光子目执行。如采用其他材料代替刨光时,仍执行本定额。

刨光模板主要是针对木质模板而言的,它是将模板与混凝土构件的接触面刨光,以使现浇和预制的混凝土及钢筋混凝土构件表面较平整,使混凝土面层更美观和更易进一步装饰。

模板刨光是运用刨光工具将模板与混凝土的接触面刨光的过程。

刨光这里是指表面光滑的材料。

8. 砖砌和预制混凝土的须弥座、灯座、假山座盘、花池、花坛、花盆及花架梁、柱、檩等项,应分别按本章砖砌和预制混凝土小品定额执行。

(1) 须弥座

须弥座是一种带有雕刻花纹和线脚的基座,须弥座所用的材料有雕砖、木刻、石作、琉璃、铜铁等。须弥座的形式因朝代和材料不同而式样繁多。须弥座一般分为7层,由下而上的名称为:土衬(即垫层)、主角(即底脚)、下枋、下枭、束腰、上枭、上枋。

(2) 灯座

灯座是灯的基座,主要由混凝土和预埋在混凝土中的螺栓构成。混凝土通常采用现浇混凝土的做法。灯座的大小和形状与灯的大小、灯的支柱基部形状有关。灯座的形状多为规则的多边形,如正四边形,六边形等。

(3) 假山座盘

假山座盘是针对石假山而言的。它是石假山的基座。这种基座可以是规则式的石座，也可以是自然式的。用自然岩石做成的座称为"盘"。通常特置岩石需要配制基座，在配置基座之后，方可在其上堆石，作为石景中的特写。

（4）花池

花池指种植花卉的种植槽，高者为台，低者为池。槽的形状是多种多样的，有单个的，也有组合型的，有的将花池与栏杆踏步等组合在一起，以便争取更多的绿化面积，创造舒适的环境，亦有用山石围合起来的自然式花池，池内布置竹石小景，富有诗情画意。

（5）花坛

花坛是花卉观赏利用的一种形式。花坛的种类和布置形式（即施工方式）各地有所不同，丰富多彩。它因环境、地点、需要和条件等因素的影响而形式多种多样，有简有繁。简单的可以用种子直播，或定植一些粗放的宿根花卉，任其自由生长，对宿根花卉的栽植可根据当地气候条件，决定越冬方式以利翌年生长和开花。用移植花苗布置花坛是最常用的花坛施工方法。另有用砖、木、钢筋等材料构筑成造型优美的花篮、花瓶、动物形象等式样，栽上适当的花卉或五色草，或以花卉为主，配置一些有故事内容的工艺美术品，这种形式的花坛，习惯称为立体花坛。花坛其实也是一种种植床，只不过是用来种花的，它不同于苗圃的种植床，它具有一定的几何形状，一般有方形、长方形、圆形、梅花形等，具有较高的装饰性和观赏价值。由于对植物的观赏要求不同，基本上分为盛花花坛、毛毡花坛、立体花坛、草皮花坛、木本植物花坛以及混合式花坛等；根据季节分有早春花坛、夏季花坛、秋季花坛和冬季花坛以及永久性花坛等；根据花坛的规划类型分有独立花坛、花坛群和带状花坛等多种形式。现分述如下：

1）盛花花坛：主要欣赏草花盛花期华丽鲜艳的色彩，因而盛花花坛的草花应选择高矮一致，开花整齐，花期一致，花期较长的植物，一种、两种多至三种搭配在一起。叶大花小、叶多花少的草花不宜做盛花花坛的材料。盛花花坛观赏价值高，但观赏期短，需要经常更换草花，延长花坛的观赏期，经营费工，适宜于重点应用。

2）模纹花坛：利用不同色彩的观叶植物构成精美图案、纹样或文字等。模纹花坛要经常修剪以保证纹样的清晰，其优点在于它的观赏期长，如果加强管理在北方地区能保持整个生长期，而在南方都用作秋季花坛。用作模纹花坛的材料应该选择生长矮小、生长较慢、枝叶繁茂、耐修剪的植物，常用的有五彩苋、小叶红、雪叶莲、佛脚草、火艾、白花紫露草等，并用四季海棠、天竺葵、景天树、龙舌兰、球桧、苏铁等点缀其间。此外还可利用矮生的雀舌黄杨、瓜子黄杨等构成精美的图案。模纹花坛的平面布置像一条织花地毯，故又有毛毡花坛之称。布置在斜坡或立面上，可以构成壁毯或浮雕，新颖动人；若布置成立体，则成立体花坛。模纹花坛亦可与雕塑或雕塑小品结合，效果很好。

3）立体花坛：是向立面发展的模纹花坛，亦可称为毛毡花坛的立体造型。它是以竹木或钢筋为骨架的各种泥制造型，在其表面种植五彩草而成为一种立体装饰物。这是五彩草与造型艺术的结合，形同雕塑。这种花坛在北方城市如哈尔滨市应用很多，大部分是以瓶饰、花篮等形式出现，此外有日晷、狮、虎、孔雀、海豹、盘龙柱等造型，观赏效果很好。毛毡花坛立体发展成园林建筑造型的，效果也很好，亦有用菊花造型的。

4）草皮花坛：用草皮和花卉配合布置形成的花坛，一般来说是以草皮为主，花卉仅作点缀，如镶在草皮边缘或布置在草皮的中心或一角。这种花坛投资少，管理方便，目前广为应用。也有把花坛镶在草皮内的。

5）木本植物花坛：利用木本植物布置的花坛具有一劳永逸的优点，尤其在北方可以避免冬季花坛衰败的景象。木本植物以开花灌木为主，而常绿针叶树常被用为多花坛的中心，周围用绿篱或栏杆围起来。

6）混合花坛：是由草皮、草花、木本植物和假山石等材料所构成的。

7）独立花坛：大多作为局部构图中心，一般布置在轴线的交点、道路交叉口或大型建筑前的广场上。独立花坛的面积不宜过大，若太大，需与雕塑、喷泉或树丛等结合起来布置，才能取得良好的效果。

8）花坛群：是由许多花坛组成的不可分割的整体。组成花坛群的各花坛之间是用小路或草皮互相联系的。布置花坛群的用苗量大，管理费工，造价高，一般布置在重点地方。若布置成草皮花坛群则可节省许多工本费，故可广为应用。

9）带状花坛：花坛的外形为狭长形，长度比宽度大3倍以上，可以布置在道路两侧，广场周围或作大草坪的镶边。把带状花坛分成若干段落，作有节奏的简单重复。

（6）花盆

花盆是一种重要栽培器具，其种类很多，通常依质地、大小及专用目的而分类，其主要类别如下：

1）素烧盆：又称瓦盆，以黏土烧制，有红盆及灰盆两种，虽质地粗糙，但排水良好，空气流通，适于花卉生长。它价格低廉，因而被广泛应用。素烧盆通常为圆形，大小规格不一，一般最常用的盆其口径与盆高约相等，栽培种类不同，其要求最适宜的深度也不尽相同，如杜鹃盆、球根盆较浅，牡丹盆与蔷薇盆较深，播种与移苗用浅盆，一般深8~10cm。最小口径为7cm，最大不超过50cm，通常盆径在40cm以上时因易破碎即用木盆，这一类素烧盆边缘有时加厚成一明显的盆边，盆底都有排水孔，以排除多余水分。

2）陶瓷盆：瓷盆为上釉盆，常有彩色绘画，外形美观，适合室内装饰之用。但由于上釉后，水分、空气流通不良，对植物栽培不适宜。陶盆外形美观，盆面常刻图画，也适于室内装饰，而不适于植物生长。陶盆或瓷盆外形除为圆形外，也有方形、菱形、六角形等式样。

3）木盆或木桶：素烧盆过大时容易破碎，因此，当需要用40cm以上口径的盆时，即采用木盆。木盆形状仍以圆形较多，也有方盆，盆的两侧应设把手，以便搬动。木盆形状也应上大下小，以便于换盆时能倒出土团，盆下应有短脚，否则需垫以砖石或木块，以免盆底直接放置地上造成腐烂。木盆用材宜选材质坚硬不易腐烂的，如红松、槲、栗、杉木、柏木等，且外部刷以油漆，既防腐，又美观；其内部为了防腐应涂以环烷酸铜，盆底需设排水孔。此种木盆多用于花木盆栽。

窗饰用盆也都为木制，其形式很多，而以长方形为主。

4）水养盆：专用于水生花卉盆栽，盆底无排水孔，盆面阔大而较浅，如北京的"莲花盆"，其形状多为圆形。此外，如室内装饰的沉水植物，则采用较大的玻璃槽，以便观赏。

球根水养用盆多为陶制或瓷制的浅盆，如我国常用的"水仙盆"。风信子也可采用特制的"风信子瓶"，专供水养之用。

5）兰盆：专用于气生兰及附生蕨类植物的栽培，其盆壁有各种形状的孔洞，以便流通空气。此外，也常用木条制成各种式样的篮筐以代替兰盆。

6）盆景用盆：深浅不一，形式多样，常为瓷盆或陶盆。山水盆景用盆为特制的浅盆，以石盆为上品。

7）纸盆：仅供培养幼苗之用，特别用于不耐移植的种类，如香豌豆、香矢车菊等，在定植露地前，先在温室内纸盆中进行育苗。

8）塑料盆：质轻而坚固耐用，可制成各种形状，色彩也极多样，是国外大规模花卉生产常用的容器，国内也开始应用。水分、空气流通不好，为其缺点，因此应注意培养土的物理性状，使之疏松通气。在育苗阶段，常用小型的软质塑料盆，使用方便。

（四）工程量计算规则

1. 水池池底、池壁、花架梁、檩、柱、花池、花盆、花坛、门窗框以及其他小品制作或砌筑，均按设计尺寸以立方米计算。

门窗框又称门窗樘，一般由两根边梃和上槛组成。

2. 预制混凝土小品的安装，按其体积以立方米计算。

预制混凝土小品是指在园林小品现场安装之前，按照美观、适用和舒适的要求和工程施工图纸及有关尺寸，进行预先下料、加工和部件组合或在预制加工厂定购的各种构件。这些构件经吊装、拼装后可制成小型的园林建筑物，即所谓小品。

3. 砌体加固钢筋，按设计图示用量，以吨计算。

砌体是由块材和砂浆组成的，其中砂浆作为胶结材料将块材结合成整体，以满足正常使用要求及承受结构的各种荷载。块材及砂浆的质量是影响砌体质量的首要因素。

（1）块材分为砖、石及砌体三大类。

1）砖：砌筑用砖分为实心砖和承重黏土空心砖两种。根据使用材料和制作方法的不同，实心砖又分为烧结普通砖、蒸压灰砂浆、粉煤灰砖和炉渣砖等。实心砖的规格为240mm×115mm×53mm（长×宽×高），即4块砖长加4个灰缝、8块砖宽加8个灰缝、16块砖厚加16个灰缝（简称4顺、8丁、16线）均为1m。承重黏土空心砖的规格为190mm×190mm×90mm，240mm×115mm×90mm，240mm×180mm×115mm三种。

2）石：砌筑用石分为毛石、料石两类。毛石又分为乱毛石和平毛石。乱毛石指形状不规则的石块；平毛石指形状不规则，但有两个平面大致平行的石块。毛石的中部厚度不小于150mm，料石按其加工面的平整程度又分为细料石、半细料石、粗料石和毛料石四种。

3）砌块：按用途分为承重砌块与非承重砌块；按有无孔洞分为实心砌块和空心砌块（包括单排孔砌块和多排孔砌块）；按原料分为普通混凝土砌块、粉煤灰硅酸盐砌块、煤矸石混凝土砌块、蒸压加气混凝土砌块、浮石混凝土砌块、火山渣混凝土砌块等；按大小分为小型砌块（块高小于380mm）和中型砌块（块高380～940mm）。

（2）砂浆

1）原材料要求：砌筑砂浆使用的水泥品种及强度等级，应根据砌体部位和所处环境来选择。水泥应保持干燥。如遇水泥强度等级不明或出厂日期超过3个月等情况，应经试验鉴定后方可使用。不同品种的水泥不得混合使用。砂浆宜采用中砂并过筛，不得含有草根杂物。水泥砂浆及强度等级等于或大于M5的水泥混合砂浆，砂的含泥量不应超过5%；

强度等级小于 M5 的水泥混合砂浆，砂的含泥量不应超过 10%。采用混合砂浆时，应将生石灰熟化成石灰膏，并用滤网过滤，使其充分熟化，熟化时间不少于 7d。灰池中贮存的石灰膏应防止干燥、冻结和污染，严禁使用脱水硬化的石灰膏。砂浆拌合用水应为不含有害物质的洁净水。为增强砂浆的和易性，可掺加适量微沫剂或塑化剂（如皂化松香、纸浆废液、硫酸盐酒精废液等）。砂浆中的外掺料有黏土膏，电石膏和粉煤灰等。电石膏为气焊用的电石经水化形成青灰色的砂浆，然后泌水、去渣而成，可代替石灰膏。粉煤灰为烟囱落下的粉尘，掺量经试验确定。

2）砂浆强度：砌筑砂浆的强度等级是用边长为 70.7mm 的立方体试块，经 (20 ± 5)℃及正常湿度条件下的室内不通风处养护 28d 的平均抗压极限强度（MPa）确定的。砂浆强度等级有 M15、M10、M7.5、M5、M2.5、M1 和 M0.4。

4. 模板刨光，按模板接触面以平方米计算。

5. 塑松（杉）树皮、塑竹节竹片、壁画工程量，按其展开面积计算，计量单位：$10m^2$。预制塑松根、塑松皮柱、塑黄竹、塑金丝竹工程量，按其不同直径，以其所塑长度计算，计量单位 10m。

6. 白色水磨石景窗现场抹灰、预制、安装工程量，均按不同景窗断面面积，以景窗长度计算，计量单位：10m。水磨木纹板制作工程量，按其面积计算，计量单位：平方米；水磨木纹板安装工程量，按其面积计算，计量单位：$10m^2$。不水磨原色木纹板制作工程量，按其面积计算；不水磨原色木纹板安装工程量，按其面积计算，计量单位：$10m^2$。白色水磨石飞来椅制作工程量，按其长度计算，计量单位：10m。砖砌园林小摆设工程量，按其体积计算，计量单位：立方米。砖砌园林小摆设抹灰工程量，按其抹灰面积计算，计量单位：$10m^2$。预制混凝土花式栏杆工程量，按不同栏杆高度、栏杆脚断面尺寸，以栏杆长度计算，计量单位 10m。金属花色栏杆制作工程量，按不同栏杆材料、栏杆结构复杂程度，以栏杆长度计算，计量单位：10m。花色栏杆安装工程量，按不同栏杆材料（预制混凝土或金属），以栏杆长度计算，计量单位：10m。

（五）须弥座、花坛石、栏杆、石凳的预算编制

1. 须弥座、花坛石、栏杆、石凳的工程量计算

（1）须弥座的工程量计算

须弥座是由若干个石构件，按一定比例高度和位置，层层垒砌组合而成，因此，计算工程量时，应分别按各个构件的断面积大小列项，以每 10 延长米为单位进行计算。

（2）花坛石工程量计算

花坛石定额的总高是按在 1.25m 内、石构件的断面积在 $450cm^2$ 内编制的，其工程量以每个构件的竣工体积以立方米为单位计算，即石构件（长×宽×厚）之积计算。

（3）石柱工程量计算

石柱包括柱身和柱头在内，以柱身断面尺寸为准，按每根柱的竣工体积以立方米计算，柱脚部分的凸榫应并入到柱身工程量内。

$$圆柱体积 = 3.1416 \times (柱径)^2 \times 柱高；方柱体积 = 柱宽 \times 柱厚 \times 柱高$$

（4）石栏板工程量计算

石栏板由栏杆、撑头、横板等组成，其石构件分不同形式和加工要求，按断面积在 $880cm^2$ 内和 $1280cm^2$ 内，以竣工体积的立方米计算。即栏板工程量按各构件的设计尺寸，

分栏杆、撑头、横板等计算其体积。计算基价和材料量时，按各构件断面积的大小套用 880cm² 内和 1280cm² 内定额。

(5) 条形石凳工程量计算

条形石凳的凳面和凳脚均按竣工体积以立方米计算。

2．编制须弥座、花坛石、栏杆、石凳预算时的注意事项

(1) 须弥座石构件的表面，有素面和雕刻花纹之分，本定额是按全部素面带二道线脚编制的，如果设计有雕刻花纹者，应按浮雕部分的相应子目，另行列项计算。

(2) 花坛石是按素面不带线脚编制的，如设计要求带线脚或花纹者，应分别按浮雕、线脚相应子目，另行列项计算。

(3) 须弥座、花坛石、栏杆、石凳等的表面加工等级，在定额表中都有明确规定，如设计要求不同时，应作相应的调整。

(六) 砖细镶边、月洞、地穴及门窗樘套的预算编制

1．砖细镶边、月洞、地穴及门窗樘套的工程量计算

(1) 砖细镶边、月洞、地穴及门窗樘套的工程量计算规则

砖细镶边、月洞、地穴及门窗樘套均按图示尺寸和外围周长，分别以延长米计算。即线宽按图示尺寸所标注的宽度，工程量按线的外围长度计算。

(2) 砖细镶边、月洞、地穴及门窗樘套工程量计算方法

1) 月洞、地穴及门窗樘套的工程量，按洞内侧壁和顶面的图示长度计算，侧壁与顶面接头的重复尺寸不扣减。

2) 窗台板的工程量计算：窗台板是月洞底面的镶嵌砖细，它只分双线单出口、单线单出口和无线单出口，按镶嵌长度计算。

3) 镶边的工程量计算：镶边与门窗樘套不仅是位置不同，装饰线脚也有所不同，镶边多以一道枭混线脚嵌砌而成，枭砖和混砖可厚可薄，因此，定额分为宽 15cm 以内和 10cm 以内两个子目，其工程量按框外边长计算。

2．月洞、地穴及门窗樘套定额的套用与换算

(1) 月洞、地穴及门窗樘套的单双线与单双出口

单、双出口是指单块砖凸出墙面的边数，如镶嵌洞口内侧壁砖细，当两边都凸出墙面者，称为双出口；而镶嵌洞口内顶面砖细，若只有一边凸出墙面者，则称为单出口。

(2) 月洞、地穴及门窗樘套的换算

1) 当月洞、地穴及门窗樘套的宽超过 35cm 时，其人工材料可以换算。

这种换算，先求出宽度比例系数，再将人工及人工费，材料及材料费分别乘以比例系数即可。比例系数按下式计算：

$$宽度比例系数 = 设计宽度 \div 35$$

2) 当地穴门樘如用门景或回纹脚者，脚头部分的人工、材料，按相应子目另行计算。

门景顶部的两端，做有回纹或花饰，这部分除按其长度增加到直折线或曲弧线形门窗樘套工程量内计算外，还要按砖细加工中"方砖刨线脚"计算一次加工费用。

(七) 砖细及其他小配件的预算编制

砖细及其他小配件的预算方法，与以前所述没有任何区别，只要能够识别出定额中各个项目的名称内容后，其工程量计算都非常简单。

1. 工程量计算规则

(1) 砖细包檐,按三道线或增减一道线的水平长度,分别以延长米计算。

(2) 屋脊头、踩头、梁垫,分别以只计算。

(3) 博风板头、风拱板分别以块计算。

(4) 桁条、梓桁、椽子、飞椽分别按长度以延长米计算,椽子、飞椽深入墙内部分的工程量,并入椽子、飞椽的工程量内计算。

2. 有关定额换算

(1) 砖细踩头的换算

砖细踩头是指兜肚以上的砖作,包括兜肚和三飞砖。兜肚本身以不雕刻为准,如需雕刻应按砖浮雕的相应子目另行计算。

兜肚以下的部分,分别按相应的墙面和勒脚项目计算,定额规定将人工乘以系数1.05。即人工按相应子目的综合工增加5%,此时应注意,人工费也应增加5%,由于在本定额中的费用和其他人工费是按工日计算,则其他人工费、费用、总价等均应做相应调整。

(2) 砖细牌科 (斗拱) 的换算

《营造法原》对牌科的规格,确定为三种,即:五七式、四六式、双四六式。其中,五七式为斗面宽七寸 (19.6cm)、高五寸 (14cm);四六式按五七式八折,即斗面宽五寸六分 (15.68cm)、高四寸 (11.2cm);双四六式斗面宽为十二寸 (33.6cm)、高八寸 (22.4cm),约为四六式的双倍。

定额中的牌科是按四六式编制的,如设计规格与定额不同时,可按斗的高宽比例进行调整,其比例系数为:

$$比例系数 = \frac{设计斗面宽 \times 斗高}{定额斗面宽 \times 斗高}$$

(八) 砖细漏窗的预算编制

1. 砖细漏窗的工程量计算

(1) 砖细漏窗的工程量计算规则

漏窗边框按外围周长以延长米计算;漏窗芯子按边框内净尺寸以平方米计算。

(2) 工程量计算注意事项

1) 砖细漏窗的工料已包括洞口内壁的镶嵌,计算工程量时边框按最外圈的周长计算;芯子按洞壁内的净面积计算。

2) 漏窗芯子是以漏窗洞口内壁为依托的,有的芯子在内壁基础上,还镶砌有仔边,所以计算芯子工程量时要注意,按洞口内壁净尺寸计算面积,将仔边所占面积包含到洞口工程量之内。

2. 砖细漏窗预算中的换算

预算编制方法完全与以前所述相同,但在编制预算表时注意以下换算:

(1) 漏窗边框如为曲线形时的换算

本定额是按矩形窗洞编制的,当边框为曲线形时,砖的加工就比较费事,因此,应按相应的子目将人工乘以1.25系数(即增加25%),同时,人工费、其他人工费、费用、总价等均应做相应调整。

(2) 漏窗芯子如为异弧形时的换算

本定额的花纹图案是按直线条编制的，当芯子砖的花纹带有不同弧线形时，应增添对砖的加工用工，因此应按相应子目的人工乘以 1.05 系数（即增加 5%），与上条相同，其人工费、其他人工费、费用、总价等均应做相应调整。

（九）一般漏窗的预算编制

1．一般漏窗的工程量计算

(1) 一般漏窗的工程量计算规则

一般漏窗按洞口外围尺寸面积，以平方米计算。

(2) 工程量计算的注意事项

一般漏窗不分边框和芯子，也不分普通与复杂，均按设计图纸的洞口尺寸，以面积计算。有些带弧线形的异形窗洞，如果面积难以计算时，可用透明坐标纸蒙在图上，统计坐标小格的个数；或者按图纸比例，用铅笔画出方格网，计算网格个数。每个方格按比例尺寸得出面积，即可算出总面积。

2．一般漏窗预算编制中的换算

(1) 异形窗洞的换算

一般漏窗是按矩形窗洞编制的，如果设计为异形窗洞时，可按相应子目的人工乘以系数 1.15。同时，将人工费、其他人工费、费用、总价等均应做相应调整。

(2) 窗芯为软景式和平直式混合砌筑的处理

当窗芯软景式图案中含有平直式条纹者，按下述方法处理：

1) 每个窗芯当软景式面积占整个面积的 20% 以下者，按平直式条纹计算；当软景式面积占整个面积的 80% 以上者，按软景式条纹计算。

2) 每个窗芯的软景式面积在整个面积的 20%～80% 之间者，可将软景式与平直式分开计算，各套相应的子目定额。

（十）挂落、三飞砖、砖细墙门的预算编制

1．挂落、三飞砖、墙门的工程量计算规则

(1) 砖细勒脚和墙身，按图示尺寸，以垂直投影面积以平方米计算。

(2) 拖泥、锁口、线脚、上下枋、台盘浑、斗盘枋、五寸堂、字碑、飞砖、挂落等，分别以延长米计算。

(3) 大镶边、字镶边等按外围周长，以延长米计算。

(4) 兜肚、荷花柱头、将板砖、挂芽、靴头砖等，分别以只（块）计算。

2．挂落、三飞砖、墙门的预算编制

本部分的预算方法与以前所述完全相同，只是注意以下几点：

(1) 定额中的兜肚是以起线不雕刻为准，如设计要求雕刻花卉图案时，应按"砖浮雕"节中相应项目的基价另行计算。

(2) 定额中字碑不包括镌字，镌字应按"砖浮雕"节中相应项目的基价另行计算。

(3) 下枋两端有回纹线脚，此线脚的脚头已包括在本项定额内，不得另行计算。

（十一）铺望砖的预算编制

1．铺望砖的工程量计算

铺望砖按屋面面积，以每 $10m^2$ 为单位进行计算。坡屋面面积按飞椽头或封檐口图示

尺寸的投影面积,乘以屋面坡度延长系数计算,即:

屋面工程量 = 前后屋檐间之宽 × 两端山檐间之长 × 延尺系数

式中 延尺系数是指屋面坡度的斜长系数,如表 2-3-2 中 C 所示。

屋面坡度延长系数表　　　　　表 2-3-2

屋面坡度			延尺系数 C	隅尺系数 D	屋面坡度			延尺系数 C	隅尺系数 D
坡度值	坡度	坡度角			坡度值	坡度	坡度角		
1.00	1/1	45°	1.4142	1.7321	0.50	1/2	26°34′	1.1180	1.5000
0.75	1/1.333	36°52′	1.2500	1.6008	0.45	1/2.222	24°14′	1.0966	1.4839
0.70	1/1.428	35°	1.2207	1.5779	0.40	1/2.5	21°48′	1.0770	1.4697
0.666	1/1.501	33°40′	1.2015	1.5620	0.35	1/2.858	19°17′	1.0594	1.4569
0.65	1/1.539	33°01′	1.1926	1.5564	0.30	1/3.333	16°42′	1.0440	1.4457
0.60	1/1.666	30°58′	1.1662	1.5362	0.25	1/4	14°02′	1.0308	1.4362
0.577	1/1.732	30°	1.1547	1.5270	0.20	1/5	11°19′	1.0198	1.4283
0.55	1/1.817	28°49′	1.1413	1.5170	0.15	1/6.662	8°32′	1.0112	1.4221

2.铺望砖预算编制的注意事项

(1) 本节铺望砖是指在屋顶上安放铺砌望砖,不包括做细望砖,做细望砖应按其相应定额执行。屋檐高度以在 3.6m 内为准,超过时按盖瓦中有关规定执行。

(2) 对本定额中有油毡的项目,如设计不用油毡者可扣去油毡及其材料费,其他不变。

(3) 在计算屋面坡度时,由于仿古建筑的屋面不是一斜直线,而是由不同举架构成斜折线,为简便起见,定额允许按斜直线计算,即按屋脊至檐口的垂直距离和其水平距离之比值计算坡度。

(十二) 盖瓦的预算编制

1.盖瓦的工程量计算

(1) 盖瓦工程量计算规则

盖瓦工程量按屋面面积,以每 $10m^2$ 为单位进行计算。坡屋面面积按飞椽头或封檐口图示尺寸的投影面积,乘以屋面坡度延长系数,按下式计算。

屋面工程量 = 前后屋檐间之宽 × 两端山檐间之长 × 延尺系数

(2) 多角亭屋顶投影面积计算

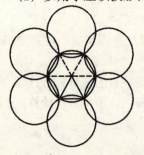

图 2-3-11 六边形弓形组成图

多角亭屋顶由于角梁的翘度,使得屋顶檐口线投影面积不是一个正多边形,而是每个边向内凹的带弧多边形,如图 2-3-11 所示。因此,计算六、八边亭的投影面积时,可按下法计算:

因为每个多边形外接圆是由 N 个扇形所组成,而每个扇形由一个三角形和一个弓形所组成。现假设六、八角亭屋顶投影的檐口曲线与该外接圆的弓形曲线近似相等,如图 2-3-11 所示。则

六、八角亭屋顶投影面积 = （2个三角形面积 − 扇形面积）× N

2. 盖瓦预算编制的有关事项

(1) 编制屋面盖瓦预算时，屋脊、竖带、干塘、戗脊、斜沟、屋脊头等所占面积均不予扣除。

(2) 瓦的规格与定额不同时，瓦的数量可进行换算，并调整定额材料费、基价或总价，其他不变。

换算方法可按瓦的规格计算比例系数，再进行相应费用计算即可。

(3) 当走廊、平房采用筒瓦屋面时，可按厅堂屋面定额执行。

(4) 本定额屋面檐口高度是按 3.6m 以内为准，当檐高超过 3.6m 时，其人工乘以系数 1.05；二层楼房人工乘以系数 1.09；三层楼房人工乘以系数 1.13；四层楼房人工乘以系数 1.16；五层楼房人工乘以系数 1.18；宝塔按五层楼房系数执行。

（十三）屋脊的预算编制

1. 屋脊的工程量计算

(1) 蝴蝶瓦脊、滚筒脊、筒瓦脊、环抱脊、花砖脊和单面花砖脊等，均按其水平长或屋面坡度斜长，以每 10m 为单位计算工程量，并应扣除屋脊头的水平长度。

(2) 滚筒戗脊以每 10 条为单位计算工程量，戗脊长度按戗头至上廊桁或步桁中心的弧线长计算，戗脊根部以上的工程量，依其做法按竖带或环抱脊定额另行计算。

2. 屋脊预算编制中的注意事项

(1) 屋脊预算只计算脊身部位，屋架端头的屋脊头应按相应定额另行计算。屋脊脊身的抹灰均以素面为准，如若需要拓花色者，其人工和材料应另行计算。

(2) 屋脊、竖带、干塘砌体内，如设计规定需要钢筋加固者，应按其相应定额执行。

(3) 屋脊规格均按定额执行，一般不予换算。屋脊高度在 1m 以内的脚手架费用已包括在定额内，屋脊高度在 1m 以上的砌筑脚手架费用，应按脚手架相应定额执行。

(4) 当屋面檐口高度超过 3.6m 时，其人工应乘以系数 1.05；二层楼房乘以 1.09；三层楼房乘以 1.13；四层楼房乘以 1.16；五层楼房乘以 1.18。并调整相应人工费和基价。

（十四）围墙瓦顶的预算编制

1. 围墙瓦顶的工程量计算

围墙瓦顶的工程量按图示尺寸，以每 10m 为单位进行计算。其中包括瓦面、屋脊、瓦头和滴水。

2. 围墙瓦顶预算中的注意事项

(1) 围墙瓦顶的檐口高度超过 3.6m 时，其人工应乘以系数 1.05，并调整定额人工费和基价（或总价）。

(2) 围墙瓦顶中的瓦材规格，若设计要求与定额规定不同时，其材料单价可以调整，其他工料不变。

(3) 蝴蝶瓦顶如采用花边滴水者，应按相应定额另行计算。

（十五）屋脊头的预算编制

1. 屋脊头的工程量计算

因为屋脊头均是雕塑制品或者是烧窑制品，所以工程量计算很简单，都是按每套或每只进行计算。

2．屋脊头预算的编制事项

（1）屋脊头雕塑制品定额均已包括雕刻、塑造和安装的工料在内。烧制品包括脊头本身价值和安装的工料在内，预算时不得另行计算。

（2）屋脊头定额安装的檐口高度是按 3.6m 内为准编制，当檐口高度超过时，其人工应乘以下列系数：一层楼乘 1.05；二层楼乘 1.09；三层楼乘 1.13；四层楼乘 1.16；五层楼乘 1.18；宝塔按五层楼执行。

（3）屋脊头的长度按图示尺寸计算，应在计算屋脊时予以扣除。

（十六）古建装饰抹灰工程的预算编制

1．古建装饰抹灰的工程量计算规则

（1）抹灰工程量均按图示抹灰设计尺寸，以每 10m² 为单位进行计算。

（2）内墙面抹灰面积应扣除门窗洞口和空圈所占面积，不扣除踢脚线、挂镜线、0.3m² 以内的孔洞、墙面与构件交接处等的面积，洞口侧壁和顶面亦不增加。但垛的侧面抹灰应与内墙抹灰工程量合并计算。

内墙面抹灰的长度以主墙间的净尺寸计算，其高度由楼地面或墙裙顶算至顶棚底面。

（3）外墙面抹灰面积，应扣除门窗洞口和空圈所占面积，不扣除 0.3m² 以内的孔洞面积，门窗洞口及空圈的侧壁、顶面和垛的侧壁抹灰，并入相应墙面抹灰中计算。

（4）外墙裙抹灰，按展开面积计算。

2．古建装饰抹灰预算的编制注意事项

（1）本定额中规定的砂浆厚度一般不得换算，如设计图纸对厚度与配合比有明确要求时，可以按厚度比例进行换算。定额砂浆厚度如下：

1）水泥白灰麻刀砂浆底、纸筋灰浆面：水泥砂浆厚 5mm、水泥白灰麻刀砂浆厚 10mm、纸筋灰浆厚 25mm。

2）混合砂浆底、纸筋（或水泥纸筋）灰浆面：混合砂浆厚 8mm、白灰砂浆厚 10mm、纸筋灰浆厚 4mm。

3）水泥砂浆底、水泥砂浆面：水泥砂浆和混合砂浆厚均为 10mm。

（2）室内净高或山墙室内地坪至山尖二分之一的高度，在 3.6m 以内时的脚手架费已包括在其他材料费内，高度超过 3.6m 时，按脚手架规定另行计算抹灰脚手架费用。

（3）对各种垛头、拱式和异形门窗框项目，如要粉饰线脚者，其直线形每 10m 增加 0.6 工日，异形或弧形每 10m 增加 1 个工日。并调整定额人工费及其基价。

（十七）立帖式屋架的预算编制

1．立帖式屋架的工程量计算规则

立帖式屋架按设计尺寸，以每立方米竣工木料为单位进行计算，定额中已考虑了制作刨光损耗。

2．立帖式屋架工程量计算式

立帖式屋架由横梁、童柱、矮柱等木构件构成，其工程量应按图纸尺寸分别计算。其中：

横梁、矮柱的材积均按平均截面积乘以长度即可算出。

而立式木柱是带有收分的下大上小之柱体，故预算时应仔细查看按下式计算。

（1）立帖式圆柱计算式

$$立帖式圆柱工程量 = 0.262 \times (顶径^2 + 底径^2 + 两径之乘积) \times 柱高 \times 根$$

(2) 立帖式方柱计算式

$$立帖式方柱工程量 = \frac{顶截面积 + 底截面积 + \sqrt{顶底截面之积}}{3} \times 柱高 \times 根$$

(十八) 圆梁、扁作梁、枋子、夹底、斗盘枋、桁条的预算编制

1. 圆梁、扁作梁、枋子、夹底、斗盘枋、桁条的工程量计算

(1) 工程量计算规则

圆梁、扁作梁、枋子、夹底、斗盘枋、桁条等均按设计几何尺寸，以每立方米竣工木料进行计算，定额中已包括了制作安装损耗。

(2) 工程量计算方法

圆梁、扁作梁、枋子、夹底、斗盘枋、桁条等都是横向结构，其工程量即为截面积乘以长度的材积。在计算其材积时，不考虑与立柱的榫卯连接，当为两柱之间的横梁时，其梁长算至柱的里边线；当梁头整体外伸时，梁长应算至梁端。

2. 圆梁、扁作梁、枋子、夹底、斗盘枋、桁条的预算编制事项

(1) 本节所有构件都可依计算出的工程量，按其规格大小直接套用相应定额进行计算。不管施工方法如何均不得换算。

(2) 圆梁和扁作梁中各构件，均以挖底、不拔亥为准，如拔亥者其人工应乘以系数1.1；如不挖底者其人工应乘以系数0.95。

所谓"挖底"是指将梁的底部挖去一部分，挖去的两端带圆弧形，以增加梁的美观。"拔亥"是指将梁的两端呈斜三角形剥去1/5梁厚，以与其下的梁垫、蒲鞋头等相一致。

(3) 轩桁分圆形和矩形，矩形轩桁套用方木轩桁定额。

(十九) 戗角预算的编制事项

1. 戗角的工程量计算

(1) 老嫩戗木的工程量依其截面积乘长，以每立方米材积计算。其中：长度应量至端头，不包括榫卯长度在内；截面以本身较大尺寸截面为准。

(2) 戗山木的工程量按最大截面积乘长的三角形体积计算，椽槽不予扣减。

半圆荷包形摔网椽，按半圆形截面积乘长以立方米计算，矩形摔网椽按矩形截面积乘长以立方米计算。

(3) 立脚飞椽工程量按矩形截面积乘长，以立方米计算，关刀口的切削面不扣减。

里口木按图示尺寸的实体积以立方米计算，但关刀口的切削面可不扣减。

(4) 弯眼沿和弯风檐板按其延长米的长度计算。

(5) 摔网板、卷戗板、鳌角壳板均按其面积计算。

(6) 菱角木按其矩形截面积乘长以立方米计算，其中长按本身最长边尺寸计算。千斤销以个数计算。

2. 戗角预算编制时的注意事项

(1) 戗角部分的各种构件，均按设计尺寸套用相应规格的定额项目，定额内已包括刨光、切削、剔凿榫卯等损耗在内。

(2) 定额中原木、锯材均以一、二类材，硬木以三、四类材为准，木材单价不同时可以调整。

(二十）斗栱的预算编制

1. 斗栱的工程量计算

斗栱工程量是以座或组为单位进行计算的，一般斗栱按一斗三升或一斗六升进行区分外，转角斗栱应根据座斗尺寸确定其规格。

2. 斗栱预算编制的注意事项

一般斗栱的尺寸，定额是按五七式（19.9cm×19.8cm×14cm 净料）为准，如做四六式（15.68cm×15.68cm×11.2cm）者，锯材乘系数 0.65，综合工乘系数 0.80；如做双四六式（33.6cm×33.6cm×22.4cm）者，锯材乘系数 0.65，综合工乘系数 0.80；如做双四六式（33.6cm×33.6cm×22.4cm）者，锯材乘系数 2.3，综合工乘系数 1.44。定额中预算基价也作相应调整。

（二十一）枕头木、梁垫、蒲鞋头、山雾云的预算编制

1. 枕头木、梁垫、蒲鞋头、山雾云等工程量计算

枕头木的工程量按每立方米竣工木料计算。

梁垫、蒲鞋头、山雾云、棹木、水浪机、光面机、抱梁云等构件，均按其每副（只、块等）计算。

2. 枕头木、梁垫、蒲鞋头、山雾云等预算编制的注意事项

（1）枕头木、梁垫、蒲鞋头、山雾云等各种构件，均按设计要求的成品计算，各种制作损耗均已在定额内考虑，不得再行计算。

（2）除山雾云、棹木、水浪机、抱梁云外，其他构件均以素面为准，若设计要求雕刻者，其雕刻工应另行计算。

（3）若设计要求的尺寸规格与定额不同时，锯材可按比例换算，其他不变。

（二十二）里口木及其他配件的预算编制

1. 里口木及其他配件的工程量计算

里口木、封檐板、瓦口木、勒望、椽碗板、闸椽、夹堂板等均按其长度，以每 10m 为单位进行计算。

垫栱板、山填板、排山板、望板、裙板等按图示尺寸，以每 10m² 面积进行计算。

2. 里口木及其他配件预算编制的注意事项

（1）里口木及其他配件等均按设计要求的成品计算，各种制作损耗均已在定额内考虑，不得再行计算。

（2）里口木及其他配件等规格尺寸，是按常用要求进行编制的，一般不允许换算。

（二十三）古式木窗预算的编制事项

1. 长窗扇的定额规格按毛料截面，边梃为 5.5cm×7.5cm，如设计不同时锯材可以换算，其他不变。其中边梃横头料锯材约占窗扇的 43%，锯材增减量可按下式计算。

$$锯材增减量 = \left(\frac{设计边框横头规格}{定额边框横头规格} - 1\right) \times 43\% 定额锯材$$

2. 长窗框的定额规格按毛料截面，上槛为 11.5cm×11.5cm，下槛为 11.9cm×22cm，抱框为 9.5cm×10.5cm，若设计规格不同时，框料锯材可按比例换算，其他不变。

短窗框的定额规格按毛料截面，上下槛为 11.5cm×11.5cm，抱框为 9.5cm×10.5cm，定额中包括下连槛木，如上下都用连槛木者，每 10m 增加锯材 0.009m³。如全部用短槛

者，每 10m 扣除锯材 0.006m³，其他不变。

3．木窗小五金费是按天津定额中附表小五金用量计算的，如设计要求品种数量不同时，其数量和单价均可调整。

4．本节锯材均按一、二类木材考虑，如改用硬木时应进行单价调整，数量不变。

（二十四）古式木门的预算编制

1．古式木门的工程量计算

（1）直拼库门、栱式橙子对子门、直拼屏门、单面敲框档屏门等均按门扇面积，以每 10m² 进行计算。

（2）屏门框档按框长，以延长米每 10m 计算。

将军门按整个门面积，以每 10m² 进行计算；将军门刺按每 100 个为单位计算。

门上钉竹线按每 10m² 进行计算。

2．古式木门的预算编制事项

（1）古式木门定额中未包括装锁的工料，如装执手锁和弹簧锁者，应每 10 个锁增加 2 工日；装弹子锁者，应每 10 个锁增加 1 个工日。锁的价格另计。

（2）木门小五金费是按天津定额中附表小五金用量计算的，如设计要求品种数量不同时，其数量和单价均可调整。

（3）门扇毛料规格，定额是按：直拼库门板厚为 5.5cm，栱式橙子对子门板厚为 4cm、单面敲框档屏门板厚为 1.5cm，边梃为 5cm×7cm；将军门边梃为 9.5cm×15.5cm，门板厚为 3.5cm；门刺为 25cm×φ6.5，如设计与规定不同时，木材可按比例换算，并调整有关费用，其他不变。

（二十五）古式栏杆预算编制事项

1．古式栏杆的工程量计算

古式栏杆按栏杆外框面积，以每 10m² 为单位进行计算。如带捺槛（即窗台板）者，高算至捺槛顶面。

2．古式栏杆预算编制注意事项

（1）栏杆边框定额规定按 5cm×7cm，捺槛规格按 12cm×7cm 编制，如设计与规定不同时，锯材可以换算。其中边框锯材约占 21%（带捺槛者约占 23%）。锯材换算方法可参照下式进行计算。

$$锯材增减量 = \left(\frac{设计边框横头规格}{定额边框横头规格} - 1\right) \times 43\% 定额锯材$$

（2）雨达板定额规格按毛料，板厚为 2cm，桄子（即板之横撑）为 2cm×3cm，若设计规格不同时，可按比例换算。

（二十六）吴王靠、挂落及其他装饰项目的预算编制

吴王靠是指与栏杆配套的靠背椅，包括靠背与座槛，在靠背上的花纹图案，常用的有竖芯式、宫式、万川式、葵式等。

飞罩，北方地区称为"几腿罩"，其形式大致与挂落相似，它们的区别是：挂落悬挂于室外柱间的枋木下，而飞罩是悬挂于室内柱间顶部。

1．吴王靠、挂落及其他装饰项目的工程量计算。

吴王靠、挂落、飞罩、落地罩等，均按其长度，以每 10m 为单位进行计算，须弥座

按每座计算，空洞凸凹等部分不增不减。

2. 吴王靠、挂落及其他装饰项目的预算编制注意事项

（1）定额中的木材毛料规格为：吴王靠边框按 5.5cm×7cm、挂落边框按 6cm×7.5cm、抱柱按 6cm×7cm、飞罩外框按 5.5cm×7.5cm、落地罩边框按 5.5cm×7.5cm、抱柱按 7.5cm×8.5cm 等进行编制，若设计与定额不同时，木材可以换算，其他不变。

木材换算方法可参照下式计算。

$$锯材增减量 = \left(\frac{设计边框横头规格}{定额边框横头规格} - 1\right) \times 43\% 定额锯材$$

其中，吴王靠边框约占 12%；挂落边框约占 27%；抱柱约占 5%；飞罩外框约占 23%；落地圆罩边框约占 11%；抱柱约占 16%；落地方罩边框约占 20%。

（2）漏空乱纹式的须弥座，定额按高 22cm、长 80cm，边框毛料为 5.5cm×9.5cm，如设计与定额不同时，木材可按比例换算。

（二十七）园林小品工程的预算编制

1. 园林小品工程的工程量计算

（1）塑树皮、竹节、壁画面的工程量按图示尺寸的展开面积计算，塑树根、柱干按长度计算。

（2）小型设施的景窗、平板、花檐、角花、博古架、飞来椅、栏杆等均按延长米计算。木纹板按面积计算。砖砌园林小摆设按体积计算。

2. 园林小品工程预算编制的注意事项

（1）塑松根和松皮柱，定额是按一般造型考虑的，若为艺术造型（如树枝、老松皮、寄生等），应另行计算。

（2）黄竹、金丝竹、松根等每条长度不足 1.5m 者，人工乘系数 1.5。

（3）凡本章定额中缺项者，可按其相应项目执行。

土 方 工 程

土方工程由于建设地点、地质情况不同，土石类别所占比例不同，各类土由于其坚硬度、黏度、透水性以及冻土、非冻土等情况不同，施工时，无论采用何种方法，其不同类别的土石方工程所消耗的人工、机械台班以及采取的措施，其材料上有很大差别，综合反映施工费用也不同。因此，正确区分土石方的类别对于准确套用定额，计算土石方工程量很有价值。所应确定的资料还有：土方放坡、支挡土板、确定起点标高。熟悉的内容有：干湿土界限、土的放坡系数、工作面宽度等。

（一）土方工程图例（表 2-3-3）

表 2-3-3

序号	图 例	名 称	序号	图 例	名 称
1		自然土	3		砂、灰土
2		夯实土	4		砂砾石、碎砖三合土

（二）工程内容

土方工程包括平整场地、人工挖土、原土打夯、回填土、余土外运、围堰及木桩钎等。

1. 平整场地

平整场地是指建筑物土层厚度在地坪标高以上，土方厚度在±30cm以内的就地挖填找平。平整场地分人工平整和机械平整。

人工平整是指地面凸凹的高差在±30cm以内的就地挖填找平，凡高差超过±30cm的每10cm，增加人工费35%，不足10cm的按10cm计算。

机械平整不论地面凸凹高差多少，一律执行机械平整。

2. 挖方

挖方施工时，首先根据竖向设计图确定挖方区的边界线。把挖土区边界线附近的桩点放样到场地的相应点上，这些桩点都是坐标方格网的交点。然后，依据已定坐标桩将其旁边的挖土区边界线放样到地面。

挖方工程的施工有人力挖方及机械挖方两种方式。

人工挖土是指槽宽大于3m或坑底面积大于20m^2或±30cm以上的场地平整（竖向布置挖土）。

采用人力挖方施工，具有机动、灵活、细致、适应多种复杂条件下施工的优点，但也有工效低、施工时间拖长、施工安全性稍低的缺点。所以，这种方式一般多在中小规模的土石方工程中采用。

人力施工所用的工具主要是锹、镐、钢钎、铁锤等；在岩石地施工时可能还要准备爆破用火药、雷管。组织好足够的劳动力，同时要保障施工安全，这是人力施工最重要的工作之一。

在挖土施工工程中，要特别注意安全，随时检查和排除安全隐患。为此，保证每一个工人有足够的施工工作面积是很重要的，一般的要求是，平均每一个人的施工活动范围应保证在4m^2以上。同时还要注意，挖方工人不能在土壁下向里凹进着挖土，要避免土壁坍塌。在土坡顶上施工的人，要随时注意坡下的情况。坡下有人时一定不能将土块、石块或其他重物滚落坡下。在1.5m以上深度的土槽中挖土作业时，必须用木板、铁管架等对土壁进行支撑，以避免坍塌，确保施工人员的安全。

挖土施工中一般不垂直向下挖得很深，要有合理的边坡，并要根据土质的疏松或密实情况确定边坡坡度的大小。必须垂直向下挖土的，则在松软土情况下挖深不超过0.7m，中密度土质的挖深不超过1.25m，硬土情况下不超过2m深。

对岩石地面进行挖方施工，一般要先行爆破，将地表一定厚度的岩石层炸裂为碎块，再进行挖方施工。爆破施工时，要先打好炮眼，装上炸药雷管，待清理施工现场及其周围地带，确认爆破区无人滞留之后，才点火爆破。爆破施工的最紧要处就是要确保人员安全。

机械挖方施工方式的主要优点是工效高，施工进度快，施工费用相对较低。但对于一些边缘地带、转角处和面积狭小处，就不能适应施工需要了。因此，机械挖方方式一般最适用于大面积的挖湖工程或广场整平工程。并且，在边缘、转角处和狭小地方，还应结合人力挖方进行补挖和地形的整修。挖方工程的主要施工机械有推土机、挖土机等。在机械作业之前，技术人员应向机械操作员进行技术交底，使其了解施工场地的情况和施工技术要求。并对施工场地中的定点放线情况进行深入了解，熟悉桩位和施工标高等，对土方施工做到心中有数。

施工现场布置的桩点和施工放线要明显，应适当加高桩木的高度，在桩木上作出醒目的标志或将桩木漆成显眼的颜色。在施工期间，施工技术人员应和推土机手密切配合，随时随地用测量仪器检查桩点和放线情况，以免挖错位置。

在挖湖工程中，施工坐标桩和标高桩一定要保护好。挖湖的土方工程因湖水深度变化比较一致，而且放水后水面以下部分不会暴露，所以在湖底部分的挖土作业可以比较粗放，只要挖到设计标高处，并将湖底地面推平即可。但对湖岸线和岸坡坡度要求很准确的地方，为保证施工精度，可以用边坡样板来控制边坡坡度的施工。

挖土工程中对原地面表土要注意保护。因表土的土质疏松肥沃，适于种植园林植物。所以对地面50cm厚的表土层（耕作层）挖方时，要先用推土机将施工地段的这一层表面熟土推到施工场地外围，待地形整理停当，再把表土推回铺好。

3. 原土打夯

原土打夯是按设计规定的铺土厚度回填沟槽，使用压实机具夯实，使之具有一定的密实性、均匀性。

4. 回填土

基础工程完成后或为了达到垫层以下的设计标高，必须进行土方回填。回填土一般在距离5m内取用，故常称就地回填土。

填方施工的质量好坏，直接影响到今后对地面的使用。填方紧密，土的沉降均匀且沉降幅度较小，就有利于填方地面稳定地发挥其功能作用。因此，满足填方强度和填方区地面稳定的要求，应当是土方填埋工序的一条原则。为了达到强度和稳定的要求，填方时必须要根据填方地面的功能和用途，选择土质适用的土和简便高效的施工方法。

（1）填埋顺序

土石方的填埋顺序对施工质量有影响。为了提高质量，施工中应按下述三方面的顺序要求进行填埋土石。

1）先填石方，后填土方。土、石混合填方时，或施工现场有需要处理的建筑渣土而填方区比较深时，应先将石块、渣土或粗粒废土填在底层，并紧紧地筑实；然后再将壤土或细土在上层填实。

2）先填底土，后填表土。在挖方中挖出的原地面表土，应暂时堆在一旁；而要将挖出的底土先填入到填方区底层。待底土填好后，才将肥沃表土回填到填方区作面层。

3）先填近处，后填远处。近处的填方区应先填，待近处填好后再逐渐填向远处。但每填一处，还是要分层填实。

（2）填挖方式

填土所采取的方式也会影响施工质量，在这方面要注意以下两点：

1）一般的土石方填埋，都应采取分层填筑方式，一层一层地填，不要图方便而采取沿着斜坡向外逐渐倾倒的方式。分层填筑时，在要求质量较高的填方中，每层的厚度应为30cm以下，而在一般的埋方中，每层的厚度可为30~60cm。填土过程中，最好能够填一层就筑实一层，层层压实。

2）在自然斜坡上填土时，要注意防止新填土方沿着坡面滑落。为了增加新填土方与斜坡的咬合性，可先把斜坡挖成阶梯状，然后再填入土方。这样，只要在填方过程中做到了层层筑实，便可保证新填土方的稳定。

5．余土外运

余土外运是将单位工程总挖方量大于总填方量时的多余土方运至堆土场。

在土方调配图中，一般都按照就近挖方就近填方的原则，采取土石方就地平衡的方式。土石方就地平衡可以极大地减小土方的搬运距离，从而能够节省人力，降低施工费用。

土方转运的方法有两种，即人力转运和机械或半机械转运。

（1）人工转运土方

一般为短途的小搬运。搬运方式有用人力车拉、用手推车推或由人力肩挑背扛等。这种转运方式在有些园林局部或小型工程施工中常采用。

（2）机械转运土方

通常为长距离运土或工程量很大时的运土，运输工具主要是装载机和汽车。根据工程施工特点和工程量大小不同的情况，还可采用半机械化和人工相结合的方式转运土方。另外，在土方转运过程中，应充分考虑运输路线的安排、组织，尽量使路线最短，以节省运力。土方的装卸应有专人指挥，要做到卸土位置准确，运土路线顺畅，能够避免混乱和窝工。汽车长距离转运土方需要经过城市街道时，车厢不能装得太满，在驶出工地之前应当将车轮上的泥土全扫掉，不得在街道上撒落泥土和污染环境。

不管是人力转运土方还是机械转运土方，都在挖方工程和填方工程之间起着联系作用。它的转运情况对挖方和填方都有影响。

6．围堰

围堰就是在基坑四周修筑一道临时、封闭、挡水的构筑物。

7．木桩钎

木桩钎是指叠山、驳岸、步桥等项目施工时所采取的基础处理措施。

（三）统一规定

1．挖土不分土的类别并综合了干、湿土。定额中不包括排除地下障碍物、排除地下水费用，发生时应另行计算，但雨后积水排除费用不得计算。

（1）土的分类

土的分类是根据土的物理及化学性质的不同而进行的归纳总结。分类的尺度方式不同，所分土的类别也不相同。在建筑工程中通常采用两种分类方法：一种是按土的坚硬程度、开挖难易划分，即通常所见的以普氏分类为标准，主要用在工程概（预）算定额、劳动定额以及其他生产管理部门中，用于计算工程费用、考核生产效率、选择施工方法及确定配套机具等。

在土方工程施工中，为了正确识别并掌握土的有关物理力学特性而根据土的各种特性把土区分为各种类型。土的种类繁多，其工程性质直接影响支护结构设计、施工方法、劳动量消耗和工程费用。

根据《土方与爆破工程施工及验收规范》，土有三种分类方法：

1）根据土的颗粒级配或塑性指数，分为碎石类土、砂土和黏性土。碎石类土根据颗粒形状和级配又分为漂石土、块石土、卵石土、碎石土、圆砾土、角砾土；砂土根据颗粒级配又分为砾砂、粗砂、中砂、细砂、粉砂；黏性土根据塑性指数 IP 又分为黏土、粉质黏土、粉土。

2) 根据土的沉积年代，黏性土又分为老黏性土、一般黏性土和新近沉积黏性土。不同的黏性土，其强度和压缩性也不同。

3) 根据土的工程特性尚可分出特殊性土，如软土、人工填土、黄土、膨胀土、红黏土、盐渍土和冻土。

(2) 干、湿土

干、湿土的划分应根据地质勘测部门提供的勘察资料以地下常水位为准进行划分；地下常水位以上为干土，常水位以下为湿土。地下常水位由地质勘测资料提出或实际测定，凡在地下水位以下挖土，均按湿土计算，在同一槽内或坑内有干湿土时，应分别计算工程量，但使用定额时仍需按槽坑全深计算。

(3) 地下水

地下水指除去冰山、海洋、河流、湖泊等地面水之后，在地表层下的土、岩层中所含的水量。

(4) 雨后积水

雨后积水指雨过之后，不能完全渗入地下而聚积在低洼地面的水。

2. 土方工程不论带挡土板和不带挡土板，均执行本定额。

挡土板，挡土板指直接与沟槽侧壁接触，将支撑传递来的作用力用于沟槽侧壁，维护土壁稳定的一种钢制或木制板材。它有钢支撑挡土板、木挡土板、竹支撑挡土板三种。钢支撑挡土板是由钢套管、铁撑角两者配合使用的作为工具式的横撑，采用它时，应随挖随撑，支撑牢固，施工中应经常检查，如有松动变形时，应及时加固及更换，在雨季或化冻期更应加强检查。木挡土板：即木制挡土板，其宽度为厚度的三倍或三倍以上，用来维护土壁的稳定。在某些地区，因为缺乏木材，竹料相对丰富，就采用竹制挡土板，要求所用竹料是生长三年以上的毛竹（楠竹）。

3. 定额中的挖、填土，挖河道池塘淤泥，均包括 300m 以内的运输，如运距超过 300m 时，其超运距增加运费，按本定额的相应子目计算。

(1) 挖土

挖土是人工用铁锹、耙、锄等工具挖土方。在土方工程中，挖土是指槽宽大于 3m 或坑底面积大于 $20m^2$ 或 ±30cm 以上的场地平整。

(2) 淤泥

淤泥是指在静水或缓慢的流水环境中沉积，并经生物化学作用而形成的黏性土。

(3) 池塘

池塘是通过人工挖土，而形成的面积一定的用于灌溉农田、养鱼或种植水生植物的蓄水池。

4. 人工平整场地是指园路、水池、假山、花架、步桥等五个项目施工前的场地平整，其他项均不得计取。

(1) 园路

园路是绿地构图中的重要组成部分，是联系各景区、景点以及活动中心的纽带，有引导游览，分散人流的功能，同时也可供游人散步和休息之用。园路本身与植物、山石、水体、亭、廊、花架一样起到展示景物和点缀风景的作用。园路还需满足园林建设、养护管理、安全防火和职工生活对交通运输的需要。园路配布合适与否，直接影响到公园的布局和利用率，因此需要把道路的功能作用和艺术性结合起来，精心设计，因景设路，因路得景，做到步移景异。

(2) 水池

水池属于平静水体，在园林设置水池，是为扩展空间，攫取倒影，造成"虚幻之境"。

(3) 假山

本来的假山是从土山开始，逐步发展到叠石为山的。园林中的假山则是模仿真山，创造风景，它是由人工构筑的仿自然山形的土石砌体，是一种仿造的山地环境。假山可作为园林内的重要观赏品，也可以作为可憩可游可登攀的园景设施。

(4) 花架

花架是用钢性材料构成一定形状的格架，供攀缘植物攀附的园林设施。花架可作遮阳供游人通过或休息，或作分隔空间之用，增加景观层次或起背景的作用。花架是一种建筑与植物相结合的形式，分点状和线状两类。点状主要是观景使用，称为点景；线状花架可分隔空间，二层次组织路线。花架的形式可分为梁架式、单纯花架、半面立柱半面墙、单列柱花架、圆形花架（又称弧形花架）、网格式花架等。其布局有两种方式，即附建式和独立式。附建式仅起装饰作用，设计时需考虑与建筑的比例问题。独立式是从园林设计的景观来考虑的。花架一般宽度为 2.5~3.0m，高度一般为 2.3~2.7m，花架条为 50~60cm。

(5) 步桥

步桥是一种没有桥面，只有桥墩的特殊的桥，是采用线状排列的步石、混凝土墩、砖墩或预制的踏步构件，将其布置在浅水区、沼泽区形成的能够行走的通道。它分为规则式和自然式两类，具有简易、造价低、铺装灵活、适应性强、富于情趣的特点。

5. 余（亏）土运输项目，应与人工挖土配套使用，不分运输方式、车辆种类、运距，均按本定额执行，不得调整。

(1) 亏土运输

亏土运输指单位工程总填方量大于总挖方量时，将不足土方从堆土场取回运到填土地点。

(2) 运输方式

土方的转运方式有两种，即人力转运和机械或半机械转运。人工转运土方一般为短途的小搬运。搬运方式有用人力车拉、用手推车推或由人力肩挑背扛等。机械转运土方通常为长距离运土和工程量大时的运土，运输工具主要是装载机和汽车。根据工程量的大小和工程施工特点的不同情况，还可采用半机械化和人工相结合的方式转运土方。

在土方转运过程中，应充分考虑运输路线的安排、组织，尽量使路线最短，以节省运力。

6. 围堰排水是指在围堰筑堤后，将原河道、池塘中的地表水排放在堰外的专用定额子目。

河道通常指能通航的河，属水路交通。将河道结合到园林中成为园景，并把它的水引入园内，构成河湖系统。

7. 在已经干涸的河道、池塘中挖土，应按本章相应的挖土定额执行，不得套用河道、池塘挖淤泥子目。

挖淤泥，淤泥是指在静水或缓慢的流水环境中沉积，并经生物化学作用形成的黏性土。计算挖淤泥工程量使用挖土方的计算方法，以立方米为计量单位，套用人工挖淤泥定额。同时，还要按照施工组织设计采用的排水机械，另行计算所需排水费用，列入工程预算内。

8. 草袋围堰定额是按内外坡双层筑堰、堰心填土的做法考虑的。如与实际围堰做法不同时，均不得调整。

（1）草袋围堰

草袋围堰是将草袋内装占容量 1/2～1/3 松散的黏土或粉质黏土，袋口缝合，上下内外错缝地堆码在水中形成围堰。草袋围堰适用于水深 3.0m，流速 1.5m/s 以内，河床土质渗水性较小的河床。

（2）内外坡双层筑堰、堰心填土

内外坡双层筑堰、堰心填土指草袋围堰用双排土袋与中间填充黏土组成，填土时不可随意倾填，以防土填在土袋上，使围堰强度降低。草袋应尽量堆码整齐。

9. 草袋围堰的草袋装土、堰心填土数量表见表 2-3-4。

表 2-3-4

围堰堤高	1.5m 以内	2m 以内	2.5m 以内
草袋装土	3.00	4.00	5.00
堰心填土	0.49	1.20	2.19
每米用土量	3.49m³	5.20m³	7.19m³

10. 全部园林附属工程的土方平衡后仍亏土的工程，需外购土时，其外购土土价按有关规定计算。

（1）附属工程

园林附属工程，是指园林、庭院、室内景点中建造的园路、水池、假山、堤岸、步桥、栏杆、花架、桌凳以及带有园林艺术性的砖、石、混凝土花池、花坛、门窗框、匾额、灯座和其他零星小品的制作、安装及装饰，但不包括雕塑艺术类的制品。

（2）土方平衡

土方平衡是指单位工程总挖方量与总填方量的平衡，没有余土或亏土。

11. 木梅花桩钎是指叠山、驳岸、步桥等项目施工时所采取的基础处理措施。本定额是按人工陆地打桩、桩长在 1.5m 以内的木桩编制的。如人工在水中打木桩钎时，按定额人工费乘以 1.8 系数执行。

（1）木梅花桩钎

打桩基时，桩木按梅花形排列，称"梅花桩"，桩木相互的间距约为 20cm。桩木顶端可露出地面或湖底 10～30cm，其间用小块石嵌紧嵌平，再用平正的花岗石或其他石材铺一层在顶上，作为桩基的压顶石。或者，不用压顶石而用一步灰土平铺并夯实在桩基的顶面，做成灰土桩基也可以。

(2) 叠山

叠山是指利用可叠假山的天然石料,人工叠造而成的石假山。

(3) 驳岸

驳岸是保护岸或堤不坍塌的建筑物,多用石块筑成。假山石驳岸是传统园林中最常用的水岸处理方式,现代园林中也常用。

(4) 基础处理措施

建筑物的全部荷载都由它下面的地层来承担,受建筑物影响的那一部分地层称为地基,建筑物向地基传递荷载的下部结构就是基础。基础处理措施就是对基础的承载能力按工程的要求进行调整而采取的方法。

(四) 工程量计算规则

1. 平整场地

(1) 园路、花架分别按路面、花架柱外皮间的面积乘1.4系数以平方米计算。

(2) 水池、假山、步桥,按其底面积乘2以平方米计算。

(3) 人工平整场地工程量按平整场地的面积计算,计量单位:$10m^2$。

(4) 机械平整场地工程量,按不同平整机械,以平整场地的面积计算,计量单位:$1000m^2$。

路面就是路的表层,用土、小石块、混凝土或沥青等铺成。

2. 人工挖、填土方按立方米计算,其挖、填土方的起点,应以设计地坪的标高为准,如设计地坪与自然地坪的标高高差在±30cm以上时,则按自然地坪标高计算。

(1) 人工挖土

人工挖土堤台阶工程量,按不同土堤横向坡度、土的类别,以挖前的堤坡斜面积计算,计量单位:$100m^2$。

(2) 设计地坪

设计地坪标高不一定等于自然地坪标高,设计地坪标高是根据施工图纸的设计要求,在工程竣工后形成的地坪。

(3) 自然地坪

自然地坪指工程开挖前施工场地的原有地坪。

3. 人工挖土方、基坑、槽沟按图示垫层外皮的宽、长,乘以挖土深度以立方米计算。并按图示量分别乘以表2-3-5中的系数:

表2-3-5

项　　目	挖深在1.4m以内	挖深在1.4m以外
人工挖土方	1.09	1.23
人工挖槽沟	1.16	1.27
人工挖柱基	1.40	1.64

注:系数中包括工作面及放坡增量,但挖深在1.4m以内者,只包括工作面增量。

(1) 人工土方定额

人工土方定额是按干土编制的,按土的类别和挖土深度划分定额子目。不仅挖土方,而且挖地槽、地坑、山坡切土均以天然湿度的干土为准编制统一定额。挖湿土时,由于湿土粘附挖掘、运输工具等,故在人工挖湿土时,定额套用应将相应项目乘以系数 1.18。人工挖土方,挖深在 1.4m 以内的,人工乘以系数 1.09;挖深在 1.4m 以外的,人工乘以系数 1.23。人工挖槽沟,挖深在 1.4m 以内的,人工乘以系数 1.16;挖深在 1.4m 以外的,人工乘以系数 1.27。人工挖柱基坑时挖深在 1.4m 以内的,人工乘系数 1.40;挖深在 1.4m 以外的,人工乘系数 1.64。

(2) 槽沟

槽沟指槽底宽度在 3m 以内,并且槽长大于槽宽三倍的坑。

(3) 基坑

基坑指坑底面积(长×宽)小于 $20m^2$,并且宽小于长的三分之一的坑。

4. 路基挖土按垫层外皮尺寸以立方米计算。

(1) 人工装、运土方

人工装、运土方工程量,按不同运土车辆、运距,以运输土方的天然密实体积(自然方)计算,计量单位:$100m^3$。如运虚土,可将虚土体积乘以 0.77 折合成天然密实体积。土方运距应以挖土重心至填土重心或弃土重心最近距离计算,挖土重心、填土重心、弃土重心按施工组织设计确定。人工运土、双轮斗车运土,土坡坡度在 15% 以上,斜道运距按斜道长度乘以 5。

(2) 路基

路基是铁路或公路的基础,一般分为路堤和路堑。

(3) 垫层

垫层是承重和传递荷载的构造层,根据需要选用不同的垫层材料。垫层分刚性和柔性两大类。

5. 回填土应扣除设计地坪以下埋入的基础垫层及基础所占体积,以立方米计算。

(1) 人工松填土工程量按土方松填的体积计算,计量单位:$100m^3$。

(2) 人工填土夯实工程量按不同填土部位(平地或槽坑),以夯实土的体积计算,计量单位:$100m^3$。

(3) 人工原土夯实工程量,按不同夯土部位(平地或槽坑),以原土夯实的面积计算,计量单位:$100m^2$。

(4) 机械原土夯实工程量,按不同夯土部位(平地或槽坑),以原土夯实的面积计算,计量单位:$100m^2$。

(5) 机械填土夯实工程量,按不同填夯部位(平地或槽坑),以夯实土的体积计算,计量单位:$100m^3$。

(6) 机械原土碾压工程量,按不同碾压机械,以原土碾压的面积计算,计量单位:$1000m^2$。

(7) 机械填土碾压工程量,按不同碾压机械,压路机的重量,以填土碾压的面积计算,计量单位:$1000m^2$。

基础是指建筑物向地基传递荷载的下部结构。

6. 余土或亏土是施工现场全部土方平衡后的余土或亏土,以立方米计算。

余土或亏土 = 挖土量 − 回填量 − (灰土量×90%) − 土山丘用土 + 围堰弃土。其结果为负值即亏土;正值即余土。

7. 堆筑土山丘,按其图示底面积乘设计造型高度(连座按平均高度)乘以系数0.7,以立方米计算。

8. 机械推、挖、装、运土方

(1) 推土机推土工程量,按不同推土机功率(kW)、推土距离、土的类别,以推运土方的天然密实体积(自然方)计算,计量单位:1000m³。

推土机重车上坡坡度大于5%,斜道运距按斜道长度乘以如下系数,上坡坡度5%~10%,系数为1.75;上坡坡度10%~15%,系数为2.0;上坡坡度15%~20%,系数为2.25;上坡坡度20%~25%,系数为2.5。

(2) 铲运机铲运土方工程量,按不同铲运机型式、铲斗容量、运土距离、土的类别,以铲运土方的天然密实体积(自然方)计算,计量单位:1000m³。

运土距离按挖土重心至填土重心(或弃土重心)最近距离加转向距离计算。拖式铲运机(3m³)加27m转向距离;其余型号铲运机加45m转向距离。重车上坡斜道运距算法同推土机。

(3) 挖掘机挖土工程量,按不同挖桩机类型、斗容量、装车与否、土壤类别,以挖掘土方的天然密实体积计算,计量单位:1000m³。

(4) 装载机装松散土工程量,按不同装载机斗容量,以装松散土的体积计算,计量单位:1000m³。

装载机装运土方工程量,按不同装载机斗容量、运距,以运土的密实体积计算,计量单位:1000m³。

(5) 自卸汽车运土工程量,按不同自卸汽车载重、运距,以运土的密实体积计算,计量单位:1000m³。

(6) 抓铲挖掘机挖土、淤泥、流砂工程量,按不同土的类别、淤泥、流砂、抓铲斗容量,装车与否、开挖深度,以挖掘土、淤泥、流砂的自然体积计算,计量单位:1000m³。

堆筑土山丘,堆筑土山丘是山体以土堆成,或利用原有凸起的地形、土丘,加堆土以突出其高耸的山形。为使山体稳固,常需要较宽的山麓。因此布置土山需要较大的园地面积。

9. 围堰筑堤,根据设计图示不同堤高,分别按堤顶中心线长度,以延长米计算。

(1) 筑土围堰、草袋围堰工程量按围堰的体积计算,计量单位:100m³。

围堰体积按围堰的施工断面积乘以围堰中心线的长度计算。

(2) 过水土石围堰、不过水土石围堰工程量,按围堰的体积计算,计量单位:10m³。

(3) 圆木桩围堰工程量,按不同圆木桩围堰高,以圆木桩围堰的中心线长度计算,计量单位:10m。

围堰高度按施工期内的最高临水面加0.5m计算。

(4) 钢桩围堰工程量,按不同钢桩围堰高,以钢桩围堰的中心线长度计算,计量单位:10m。

(5) 钢板桩围堰工程量,按不同钢板桩围堰高,以钢板桩围堰的中心线长度计算,计量单位:10m。

(6) 双层竹笼围堰工程量,按不同双层竹笼围堰高,以双层竹笼围堰的中心线长度计算,计量单位:10m。

围堰筑堤是在河岸或水中修筑墩台时，为防止河水由基坑顶面浸入基坑，需要修筑围堰堤防。

围堰筑堤包括300m以内取土、装袋、码砌、堰心填土及拆除后运至岸边堆放等全过程。土袋内应装袋容量1/2～1/3松散的黏土或粉质黏土，袋口缝合。堆码在水中的草袋，其上下层和内外层（竖向）应相互错缝，尽量堆码密实整齐，并整理坡角。草袋围堰采用双排土袋时，在中间填充黏土。填土不可随意倾填，以防土填在土袋上，使围堰强度降低。待墩台修筑出水后，再对基坑回填并拆除围堰。

10. 木桩钎（梅花桩），按设计图示尺寸以组计算，每组五根余数不足五根者按一组计算。

木桩钎制作、运输、打桩、截平，木桩钎制作、运输、打桩、截平是按照设计要求选择木桩直径和大致长度。将桩头削尖，运至施工场地，将桩木打入地面或湖底，桩木相隔大约20cm。为便于在桩顶铺筑石块或灰土，将桩顶面截平。

11. 围堰排水工程量，按堰内河道、池塘水面面积及平均深度以立方米计算。

围堰排水是指在围堰筑堤后，将原河道、池塘中的地表水排放在堰外。

12. 河道、池塘挖淤泥及其超运距运输均按淤泥挖掘体积以立方米计算。

超运距运输指挖河道、池塘淤泥，定额中包括300m范围内的运距，如运距超过300m时，其超距增加运费。

（1）人工挖淤泥、流砂工程量，按开挖淤泥、流砂的自然体积计算，计量单位：100m³。

（2）人工运淤泥、流砂工程量，按不同运距，以运输淤泥、流砂的自然体积计算，计量单位：100m³。

（五）土方工程量计算

土方量的计算工作，就其要求精度不同，可分为估算和计算两种。估算一般用于规划阶段，而施工设计时，土方量则必须精确计算。计算土方量的方法很多，常用的大致可以归纳为以下四类：体积公式估算法、断面法、等高面法、方格网法。

1. 体积公式估算法

体积公式估算法，就是利用求体积的公式计算土方量。在建园过程中，把所设计的地形近似地假定为锥体、棱台等几何形体，然后用相应的公式进行体积计算。这种方法简易便捷，但精度不够，一般多用于估算。

各种近似于几何体形状的土方计算公式见下所列。

圆锥体 $\qquad V = \dfrac{1}{3}\pi r^2 h$ \hfill (2-3-1)

圆台体 $\qquad V = \dfrac{1}{3}\pi h \left(r_1^2 + r_2^2 + r_1 r_2\right)$ \hfill (2-3-2)

球缺体 $\qquad V = \dfrac{\pi h}{6}\left(h^2 + 3r^2\right)$ \hfill (2-3-3)

棱锥体 $\qquad V = \dfrac{1}{3} s \cdot h$ \hfill (2-3-4)

棱台体 $\qquad V = \dfrac{1}{3} h \left(s_1 + s_2 + \sqrt{s_1 s_2}\right)$ \hfill (2-3-5)

式中　　V——土方体积，m^3；
　　　　r——土体半径，m；
　　　　s——土体底面积，m^2；
　　　　h——土体高度，m；
　　　　r_1——圆台上底半径，m；
　　　　r_2——圆台下底半径，m。

使用以上公式计算出的土方量只是近似的数值，可以大致判定土方量的多少，在园林规划中需要粗略估计工程量时比较适用。为了使计算出的结果更符合实际情况，还可以将计算结果与土方工程现场的具体情况相对照，并进行微调修正，提高数值的精度。

2. 断面计算法

断面法是一种常用的土方量计算方法，多用于园林地形纵横坡度有规律变化的地段。当采用高程流水箭头法进行竖向设计时，用断面法计算土方量比较方便。但是这种方法的计算精度也不很高。

采用断面法计算土石方工程量的方法和步骤如下：

(1) 绘制断面线

根据地形变化和竖向规划的情况，在竖向布置图上先绘出横断面线，绘制方式见图 2-3-12。断面的位置应设在自然地形变化较大的部位；而断面的走向，则一般以垂直于地形等高线为宜。所取断面的数量多少，取决于地形变化情况和对计算结果准确程度的要求。地形复杂，要求计算精度较高时，应多设断面，断面的间距可为 10~30m；地形变化小且变化均匀，要求仅作初步估算时，断面可以少一些，所取断面的间距可为 40~100m。断面间距可以是均匀相等的，也可在有特征的地段增加或减少一些断面。

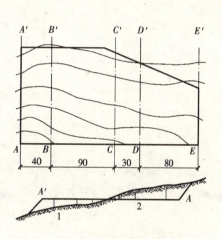

图 2-3-12　地形断面的截取

(2) 作断面图

依据各断面的自然标高和设计标高，在坐标纸上，按一定比例作出如图 2-3-12 所示的 $A—A'$、$B—B'$、$C—C'$ 等各处的断面形式。作图所用的比例视计算精度要求而异。一般在水平方向采用 1:500~1:200；垂直方向采用 1:200~1:100；最常采用的比例是水平方向 1:500，垂直方向 1:200。

(3) 计算各断面挖、填面积

每一断面的挖、填面积，都可从坐标纸上直接求得。也可以根据断面上的几何图形，按一般常用的面积计算公式计算得出。

(4) 断面之间土方量计算

相邻两断面之间的填方量和挖方量，等于两断面的填方面积或挖方面积的平均值乘以两者之间的距离，其计算可用式 (2-3-6)。计算过程中，最好采用列表汇总的方法把计算结果随时记录下来，以免遗漏和重复，也便于检查、校核和汇总。

$$V = \frac{1}{2}(F_1 + F_2)L \qquad (2-3-6)$$

式中　V——相邻两断面间的挖、填方量，m^3；

　　　F_1——断面1的挖、填方面积，m^2；

　　　F_2——断面2的挖、填方面积，m^2；

　　　L——相邻两断面间的距离，m。

3. 等高面计算法

在等高线处取断面的土方量计算方法，就是等高面法。园林中多有自然山水式地形，地面变化情况较为复杂，但采用等高面法来计算土方量，还是要方便一些。

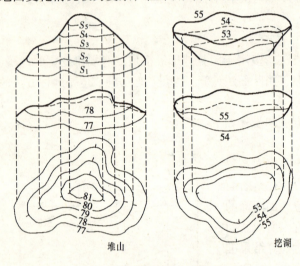

图 2-3-13　等高线与等高面

等高线是将地面上标高相同的点相连接而成的直线和曲线，它是假想的"线"，而实际上是不存在的。它是天然地形与一组有高程的水平面相交后，投影在平面图上绘出的迹线，是地形轮廓的反映。等高线具有线上各点标高相同，线不相交，总是闭合等特点。因此，利用等高线闭合形成的等高面作为土方计算断面，是比较方便也有一定精度的。

等高面法是在等高线处沿水平方向取断面（图 2-3-13），上下两层水平断面之间的高度差即为等高距值。等高面计算法与断面法基本相似，是由上底断面面积与下底断面面积的平均值乘以等高距，求得两层水平断面之间的土方量。这种方法的计算公式如式(2-3-7)。

$$V = \frac{S_1 + S_2}{2} \times h + \frac{S_2 + S_3}{2} \times h \cdots\cdots + \frac{S_{n-1} + S_n}{2} \times h + \frac{S_n}{3} \times h$$

$$= \frac{S_1 + S_n}{2} \times S_2 + S_3 + S_4 + \cdots\cdots + S_{n-1} + \frac{S_n}{3} \times h \qquad (2-3-7)$$

式中　V——土方体积，m^3；

　　　S——各层断面面积，m^2；

　　　h——等高距，m。

采用等高面法进行计算时，一般的步骤如下：

（1）先确定一个计算填方和挖方的交界面——基准面：基准面标高是取设计地面挖掘线范围内的原地形标高的平均值。

（2）求设计地面原地形高于基准面的土方量：先逐步求出原地形基准面以上各等高线所包围的面积。因在自然地形上各等高面的形状是不规则的，所以其面积可用方格计算纸或求积仪求取。将计算得出的各等高面面积代入式(2-3-7)，就可分别算出基准面以上各层等高面之间的土方量，再将各层土方量累计，即得基准面以上的合计土方量。

(3) 计算挖掘范围内低于地形基准面的土方量：按照上述方式，分层计算基准面以下各等高面面积。并仍然用公式（2-3-7）分别计算各层的土方量，得出的结果再累计为挖掘范围内基准面以下的合计土方量。

(4) 求挖方总量：以上两步所得出的挖掘线范围内基准面以上土方量与基准面以下土方量之和，即挖方工程的总土方量。

(5) 计算填方量：如果是以规则形状的土坑作填方区，则可按相应的体积计算公式算出填方区的容积，此容积的数值即是填方量。如果是以不规则的自然形土坑作填方区，或是堆土成山，或是将自然形的平地平均填高，则仍以式（2-3-7）分层计算土方量后，再累计为填方工程的总土方量。

4．方格网计算法

在园林设计施工中，要根据各种不同的功能用途，对原有地面进行挖陷、堆填、平整或做坡，来达到一定的设计目的。这些过程中，挖土和填土是两项基本的工程。为了计算出挖土和填土的工程量。我们还可以采用另外一种简单实用，而且准确度较高的计算方法，这就是方格网计算法。这种计算法的具体步骤和方法如下所述。

(1) 编制土方量计算图

用方格网法计算土方量，是依据土方量计算方格网图进行的。土方计算方格图的绘制就是计算工作的第一项内容。绘制方格网图的步骤及相应的方法有以下几个方面。

1) 划分方格

根据测量坐标网，将绘有等高线的总平面图划分为若干正方形的小方格网。方格的边长取决于地形情况和计算精度要求。在地形平坦的地方，方格边长一般用 20~40m；在地形起伏度较大的地方，方格边长多采用 10~20m。在初步设计阶段，为提供设计方案比较的依据而进行的土方工程量估算，方格边长可大到 50m。一般采用一种尺寸的方格网进行计算，但在地形变化较大处或布置上有特殊要求处，可局部加密方格。

2) 填入自然标高

根据总平面图的自然等高线高程确定每一个方格交叉点的自然标高，或根据自然等高线采用插入法计算出每个交叉点的自然标高，然后将自然标高数字填入方格网点的右下角（图 2-3-14）。

图 2-3-14 方格网点标高的注写

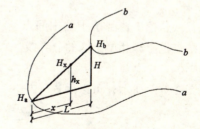

图 2-3-15 内插法求方格交点标高

当方格网点的位置在两条等高线之间时，就需要用插入法来求该点的自然标高。插入法求自然标高的方法是：首先，参照图 2-3-15，设两条等高线之间所求网点的自然标高为 H_x，过此点作相邻两等高线之间最短直线的长度 L，然后按式（2-3-8）计算出方格网点自然标高。

$$H_x = H_a \pm \frac{xH}{L} \tag{2-3-8}$$

式中 H_x——网点自然标高，m；

H_a——位于低边的等高线高程，m；

x——网点至低边等高线的距离，m；

H——等高距，m；

L——相邻两等高线间最短平矩，m。

3) 填入设计标高

根据竖向设计图上相应位置的标高情况，在方格网图中网点的右上角填入设计标高（图 2-3-14）。

4) 填入施工标高

施工标高等于设计标高减自然标高，得数为正（+）数时表示填方，得数为负（-）数时表示挖方。施工标高数值应填入方格网点的左上角。有时为了计算方便，还可为每一方格网点编号，编号可填入网点的左下角。

至此，可供计算土石方工程量的方格网计算图即已编制好，据此就可进行计算，图 2-3-16 就是这种方格网计算图的示例。

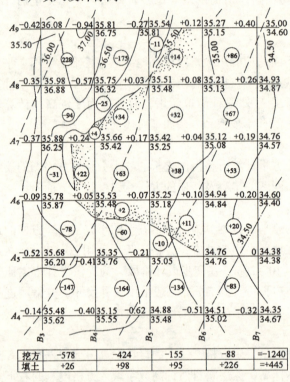

图 2-3-16 土石方工程量计算方格图

(2) 求填挖零点线

填好施工标高以后，如果在同一个方格中既有填土部分又有挖土部分，就必须求出零点线。所谓零点就是既不挖土也不填土的点，是从填土转到挖土，或从挖土转到填土的中间点。将零点互相连接起来。就成了方格网内的零点线。零点线是挖土区和填土区的分界线。它将填土地段和挖土地段分隔开来，是土方计算的重要依据。

参照图 2-3-17 所示，可以用式 (2-3-9) 计算求出零点。

$$X = \frac{h_1}{h_1 + h_2} \times a \tag{2-3-9}$$

式中 X——零点所划分的边界长度值，m；

a——方格网每边长度，m；

$h_1 + h_2$——方格相邻两角点的施工标高，m。

(3) 土方量计算

根据方格网计算土石方工程量时，先要对每一方格内的土方量进行计算，然后再汇总

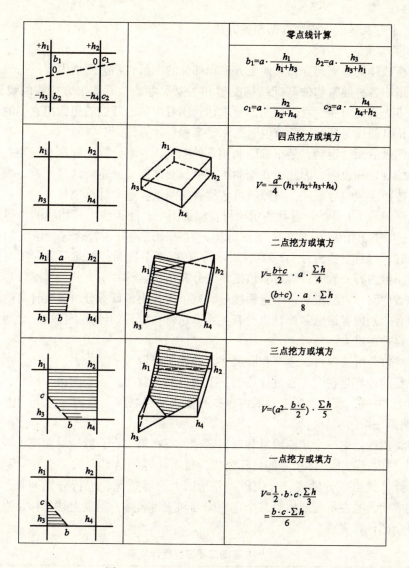

图 2-3-17 土石方量的方格网计算图式

算出总的土石方量。

1) 每方格土方计算

根据方格网中各个方格的填、挖情况，分别计算每一个方格的土石方量。由于每一方格内的填挖情况不同，计算所依据的图式也不同。计算中，应按方格内的填挖具体情况，选用相应的图式，并分别将标高数字代入相应的公式中进行计算。几种常见的计算图式及其相应计算公式，见图 2-3-17。

2) 汇总工程量

当算出每个方格的土石方工程量后，即按行列相加，最后算出挖、填方工程总量。如图 2-3-16 中下部的挖、填方简表所示。

在上面的内容中，我们已经了解怎样利用体积估算法、断面法、等高面法和方格网法来计算挖方和填方的工程量。下面，还要对挖方和填方之间的平衡要求进行更深入的了解。

（六）土方及基础工程预算编制的方法

1. 编制步骤

（1）查核建筑基础部分和其他土方工程部分的图纸，熟悉图纸内容

对图纸中各种建筑物的基础结构类型和主要尺寸，及其他土方工程的设计内容和要求，应该事先查核对照，看懂记熟，要求达到闭着眼睛，就能够想像出它们的基本轮廓。

（2）认真阅读定额的"章节说明"和"工程量计算规则"

看完图纸后阅读定额，是正确编制预算的前提，它对计算工程量和套用有关项目，都作了相应的规定和说明，因此，在编制本部分预算之前，一定要认真阅读，决不可忽视。

（3）按照定额编号顺序，对照项目名称查阅图纸，选取计算项目

从定额编号 1-1 开始，看其所示项目在施工图中，能否找出其相应的内容，如定额编号 1-1 是一二类土挖深 2m 内的人工挖地槽，看基础图内有否符合这种情况的挖土。如果图纸中没有，再看定额编号 1-2 的项目，可否在图纸中找到；如此向后逐项对照，直到定额项目与图纸内容一致时，即可将该定额编号和项目名称写下，然后继续往后查找，有者写下，无者后阅，直到最后一个定额编号，就可选择出该章部分所需要计算的所有项目内容。即使有个别内容被遗漏掉，也没有关系，它将在以后的计算工作中，会逐渐被察觉出来，然后再补加进去。

（4）对每个所选项目，逐项查取尺寸，计算工程量

工程量的计算是在"工程量计算表"上进行的，首先，在表的第一行中，"定额编号"栏内，写上"一"，表示是第一章的内容；并在"项目名称"栏内，写上"土方与基础工程"，说明第一章的项目名称。

然后将所选的第一个定额编号和项目名称，写在第二行，随后对照图纸查取尺寸，在"计算式"栏内，列出具体尺寸的计算公式，将所计算的结果列入"工程量"栏内，并写出单位。计算式可以分轴线、分线段、分断面大小等情况，进行分别列算，见表 2-3-6。第一项完成后，紧在下行列出第二个定额编号和项目名称，重复上述工作，直至将所有选取的项目全部计算完成。

土方基础工程工程量计算表　　　　　　　表 2-3-6

定额编号	项目名称	单位	工程量	计 算 式
一	土方与基础工程			
1-1	人工挖地槽	m³	516.8	
	其中：断面 1-1	m³	210	$2.5 \times 1.2 \times 70 = 210$
	断面 2-2	m³	316.8	$2.2 \times 1.2 \times 120 = 316.8$
	……			……

（5）对照定额编号，查套定额基价表，计算项目费用

当所有项目的工程量计算完成后，就可逐项将定额编号和项目名称，抄写到"工程预算表"上，并将工程量数值按定额基价表的计量单位填写进去；然后分别查出各定额编号项目的定额"基价"、"人工费"、"材料费"、"综合费"等，并填写到表中相应"定额"栏内见表 2-3-7 中的"8.42"、"7.94"、"0.48"等。接着按下式进行计算

土方基础工程工程预算表　　　　　　　　　　　表 2-3-7

定额编号	项目名称	单位	工程量	预算价值 基价	元	人工费 定额	元	材料费 定额	元	综合费 定额	元
一	土方与基础工程										
1-1	人工挖地槽	m³	516.8	8.42	4351.46	7.94	4103.39			0.48	248.06
	……				……		……				……

预算价值 = 工程量 × 基价

见表 2-3-6 中预算价值 = 516.8 × 8.42 = 4351.46 元，并填写到相应栏"元"内。

人工费 = 工程量 × "人工费定额"

见表 2-3-6 中人工费 = 516.8 × 7.94 = 4103.93 元，并填写到相应栏"元"内。

材料费 = 工程量 × "材料费定额"

综合费 = 工程量 × "综合费定额"

见表 2-3-7 中综合费 = 516.8 × 0.48 = 248.06 元，并填写到相应栏"元"内。

（6）按照预算表相同的方法，进行工料分析

工料分析是在"工料分析表"上进行的，其方法与计算预算表一样，只是查取计算的内容是定额人工和定额材料，见表 2-3-8。

土方基础工程工料分析表　　　　　　　　　　　表 2-3-8

定额编号	项目名称	单位	工程量	综合工日 定额	工日	定额		定额		定额	
一	土方与基础工程										
1-1	人工挖地槽	m³	516.8	0.32	165.38						
	……			……							

当以上三个表中的内容全部计算完成，该部分的预算工作就基本告一段落。在这一计算过程中，因为查看图纸比较细致，会逐渐发现出漏选项目或选错的项目。这时应予及时补上即可。

2. 土方工程预算编制示例

现以八角亭为例，说明查看图纸和运用定额的方法。

【例】　八角亭基础平面图如图 2-3-18 所示，台明部分基础见Ⅰ—Ⅰ剖面图，柱下基础Ⅱ—Ⅱ剖面。亭心地面在回填土上，筑 300mm 厚 3:7 灰土夯实，50mmC10 混凝土垫层，20mm 厚 M5 水泥砂浆面层（加烟黑，压线分格，作金砖海墁效果）。

【解】　结合上述，具体步骤如下：

（1）阅读图纸：根据Ⅰ—Ⅰ剖面所示，台明地坪设计标高 ±0.000，自然地面相对标高为 -0.60m。台明边绑从上而下为：阶条石、陡坡石和挡土墙、土衬石和混凝土垫层、灰土垫层。从土衬石顶面向下，需挖 0.42m 的土，沿台明一圈，故应属挖地槽，槽宽 0.88m，槽长按灰土垫层中心线长计算。

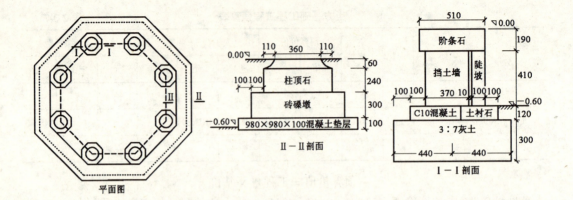

图 2-3-18 八角亭基础图

从Ⅱ—Ⅱ剖面可以看出,柱顶石下为砖磉墩,再下是混凝土垫层,垫层埋入自然地面(-0.60m)下0.04m,故属挖地坑。

土的类别,因挖土不深,可按一二类土。

(2) 阅读定额说明及工程量计算规则:前面已有叙述,此处从略。

(3) 选取计算项目:现按《全国仿古建筑及园林工程预算定额2000年湖北省统一基价表》,第一章按定额顺序翻阅,选取定额编号和项目名称如下:

1-1　一二类土挖地槽　　　　1-19　一二类土挖地坑

1-71 平整场地　　　　　　　1-73　地面回填

1-75 槽坑回填　　　　　　　1-88　3:7 灰土垫层

1-98 混凝土垫层

(4) 计算工程量:计算挖地槽、灰土垫层、混凝土垫层等,都要事先找出计算长度。已知檐柱中心线至台明边的距离(下檐出)为0.80m,只要找出八边形的对边距离,就可依附剖面图的尺寸,按下式计算出八边形的周长:

$$L = n \times s \times \tan\frac{180°}{n}$$

式中　L——多边形周长;

　　　n——多边形的边数;

　　　s——多边形的对边长,图 2-3-18 八边形的对边线长为:$s = a \div \tan(180/n) = 2.4 \div \tan 22.5° = 2.4 \div 0.41421 = 5.794m$。

1) 挖地槽的尺寸:檐柱中至台明边的距离为0.8m,依图Ⅰ—Ⅰ剖面可知,从台明边向里0.24m即为灰土垫层的中心线。该中心线所形成八边形的对边线应为5.794m + 2 × (0.8 - 0.24)m = 6.914m。所以,灰土垫层中心线长为:

$L = 8 \times 6.914 \times \tan 22.5° = 22.91m$,这就是挖地槽的长度;地槽挖宽为灰土垫层宽,即0.88m;挖深为0.42m。

2) 挖地坑的尺寸:依图 2-3-18 Ⅱ—Ⅱ剖面可知,C10混凝土垫层平面尺寸为:垫层面积 = $0.98 \times 0.98 = 0.9604m^2$,挖深为0.04m,共计8个。

3) 平整场地面积:已经算出。

4) 地面回填土的尺寸,由图 2-3-18 Ⅰ—Ⅰ剖面可知,只要将挡土墙以内的面积求出后，乘以填土厚度即可。其中，台明的对边线长为 $5.794m + 2 \times 0.8m = 7.394m$，因此，挡土里边的对边线长为 $7.394m - 2 \times (0.48 + 0.03_{挡土下混凝土突出的部分折算厚}) = 6.374m$。填土深为将台明高 0.6m 减去面层砂浆、混凝土垫层和灰土垫层后，即为填土厚度。即 $0.6 - (0.3 + 0.05 + 0.02)_{见例说明} = 0.23m$。这里要注意的是，在地面回填土中要扣除柱顶石、磉墩和 6cm 厚混凝土垫层的体积。

5）槽坑回填土的尺寸：地坑没有回填，地槽只有在土衬石外回填 10cm 宽，其周长为 $(6.914 + 0.39 \times 2) \times 8 \times 0.41421 = 25.5m$ 的填土。

6）混凝土垫层：有磉墩下混凝土垫层和挡土墙下混凝土垫层。其中挡土墙下混凝土垫层的中心线长为 $(6.914 - 0.155 \times 2) \times 8 \times 0.41421 = 21.88m$。

磉墩下混凝土垫层按方形平面计算。由以上分析，即可计算见表 2-3-9。

八角亭土方基础工程工程量计算表　　　　表 2-3-9

定额编号	项目名称	单位	工程量	计 算 式
一	土方与基础工程			
1-1	人工挖地槽	m³	8.47	$22.91 \times 0.88 \times 0.42 = 8.47$
1-19	人工挖地坑	m³	0.31	$0.98 \times 0.98 \times 0.04 \times 8 = 0.31$
1-71	平整场地	m²	109.25	即 109.25
1-73	地面回填	m³	7.42	$0.82843 \times (6.374)^2 \times 0.23 - 0.32 = 7.74 - 0.32 = 7.42$
	其中扣减柱顶石、磉墩、垫层体积		-0.32	$0.58 \times 0.58 \times 0.24 + 0.78 \times 0.78 \times 0.3 + 0.9604 \times 0.06 = 0.08 + 0.18 + 0.06 = 0.32$
1-75	槽坑回填	m³	0.31	$25.5 \times 0.1 \times 0.12 = 0.31$
1-88	3:7 灰土垫层（地槽垫层+地面垫层）	m³	18.57	同挖地槽 $8.47 + 0.82843 \times (6.374)^2 \times 0.3 = 8.47 + 10.1$
1-98	混凝土垫层（磉墩下+挡土墙下）	m³	1.74	$0.98 \times 0.98 \times 0.1 \times 8 + 21.88 \times 0.37 \times 0.12 = 0.77 + 0.97$
补 1-59	人工运土（设按 20m）	m³	1.05	挖土 $(8.47 + 0.31)$ - 填土 $(7.42 + 0.31) = 1.05$

在表 2-3-9 中，将所有挖土与所有回填土一一对比，发现土方还有多余，即：挖土 - 回填土 = $(8.47 + 0.31) - (7.42 + 0.31) = 1.05m³$，这多余的土方需要运走，因此，在"工程量计算表"中需要增加一项土方运输。

另外，还发现亭心地面的 300mm 厚灰土垫层被漏掉未算，所以也应在表中补加上去，见表 2-3-9。

(5) 计算费用：将表 2-3-9 中定额编号和工程量抄写入预算表中，其中注意，平整场地的单位，定额是按 10m²，故写工程量数值时，应将 109.25m²，变成 10.93（10m²）。查取基价进行计算见表 2-3-10。最后将计算值分别累加写在最上一行。

八角亭土方基础工程工程预算表　　　　　表 2-3-10

定额编号	项目名称	单 位	工程量	预算价值 基价	元	人工费 定额	元	材料费 定额	元	综合费 定额	元
一	土方与基础工程				2660.87		865.91		1533.05		150.66
1-1	人工挖地槽	m³	8.47	8.42	71.32	7.94	67.25			0.48	4.06
1-19	人工挖地坑	m³	0.31	9.47	2.94	8.93	2.77			0.54	0.17
1-59	人工运土	m³	1.05	8.94	9.39	8.43	8.85			0.51	0.54
1-71	平整场地	10m²	10.93	14.72	160.89	13.89	151.82			0.83	9.07
1-73	地面回填	m³	7.42	7.30	54.17	4.71	34.95			0.41	3.04
1-75	槽坑回填	m³	0.31	9.61	2.98	6.20	1.92			0.54	0.17
1-88	3:7灰土垫层	m³	18.57	105.05	1950.78	26.04	483.56	68.25	1267.40	5.95	110.49
1-98	混凝土垫层	m³	1.74	234.71	408.40	65.97	114.79	152.67	265.65	13.29	23.12

（6）进行工料分析：将预算表中项目名称和工程量抄写到"工料分析表"中，并按定额编号查取定额，具体计算见表 2-3-11。

八角亭土方基础工程工料分析表　　　　　表 2-3-11

定额编号	项目名称	单 位	工程量	综合工日 定额	工日	3:7灰土 定额	m³	C10混凝土 定额	m³	锯 材 定额	m³	圆 钉 定额	kg
一	土方与基础工程				34.92		18.76		1.77		0.003		0.02
1-1	人工挖地槽	m³	8.47	0.32	2.71								
1-19	人工挖地坑	m³	0.31	0.36	0.11								
1-59	人工运土	m³	1.05	0.34	0.36								
1-71	平整场地	10m²	10.93	0.56	6.12								
1-73	地面回填	m³	7.42	0.19	1.41								
1-75	槽坑回填	m³	0.31	0.25	0.08								
1-88	3:7灰土垫层	m³	18.57	1.05	19.50	1.01	18.76						
1-98	混凝土垫层	m³	1.74	2.66	4.63			1.02	1.77	0.002	0.003	0.01	0.02

至此，本部分的预算基本结束，共计算费用2660.87元，其中人工费856.91元，材料费1533.05元，综合费150.66元；共需人工34.92工日，3:7灰土18.76m³，C10混凝土1.77m³，锯材0.003m³，圆钉0.02kg。

喷 泉 工 程

喷泉也称喷水，是由压力水喷出后形成的各种喷水姿态，用于观赏的动态水景，起装饰点缀园景的作用，深得人们的喜爱。随着时代的发展，喷泉在现代公园、宾馆、商贸中心、影剧院、广场、写字楼等处，配合雕塑小品，与水下彩灯、音乐一起共同构成朝气蓬勃、欢乐振奋的园林水景。喷泉还能增加空气中的负离子，具有卫生保健之功效，备受青睐。近年来随着电子工业的发展，新技术、新材料的广泛应用，喷泉设计更是丰富多彩，新型喷泉层出不穷，成为城市主要景观之一。

喷泉设计必须与环境取得一致。设计时，要特别注意喷泉的主题、形式和喷水景观。做到主题、形式和环境相协调，起到装饰和渲染环境的作用。主题式喷泉要求环境能提供足够的喷水空间与联想空间；装饰性喷泉要求浓绿的常青树群为背景，使之形成一个静谧悠闲的园林空间；而与雕塑组合的喷泉，需要开阔的草坪与精巧简洁的铺装衬托；庭院、室内空间和屋顶花园的喷泉小景，使人备感节日的欢乐气氛。

为了欣赏方便，喷泉周围一般应有足够的铺装空间。据经验，大型喷泉其欣赏视距为中央喷水高度的 3 倍；中型喷泉其欣赏视距为中央喷水高度的 2 倍；小型喷泉其欣赏视距为中央喷水高度的 1~1.5 倍。

(一) 喷泉工程图例 (表 2-3-12)

表 2-3-12

序号	名　称	图　例	说　明
1	喷泉		仅表示位置，不表示具体形态
2	阀门（通用）、截止阀	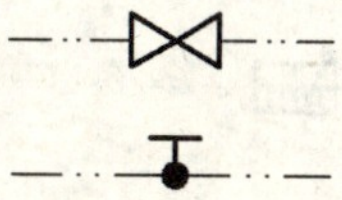	1. 没有说明时，表示螺纹连接 法兰连接时——  焊接时——  2. 轴测图画法 阀杆为垂直 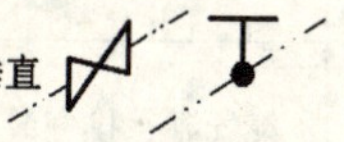 阀杆为水平 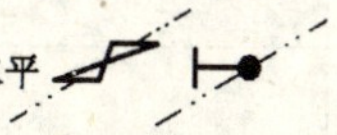
3	闸阀		
4	手动调节阀		
5	球阀、转心阀		
6	蝶阀	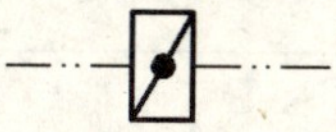	
7	角阀	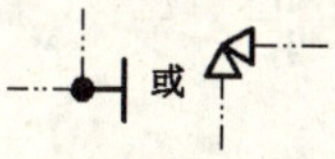	
8	平衡阀		
9	三通阀	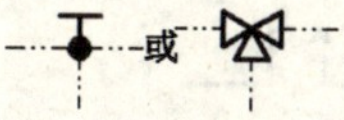	
10	四通阀		
11	节流阀		
12	膨胀阀	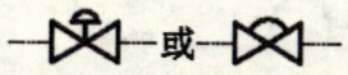	也称"隔膜阀"

续表

序号	名 称	图 例	说 明
13	旋塞	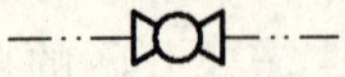	
14	快放阀		也称快速排污阀
15	止回阀		左、中为通用画法，流法均由空白三角形至非空白三角形；中也代表升降式止回阀；右代表旋启式止回阀
16	减压阀	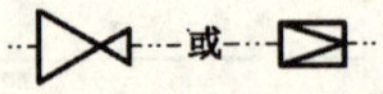 或	左图小三角为高压端，右图右侧为高压端。其余同阀门类推
17	安全阀		左图为通用，中为弹簧安全阀，右为重锤安全阀
18	疏水阀	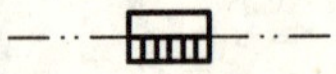	在不致引起误解时，也可用  ────⬤──── 表示 也称"疏水器"
19	浮球阀	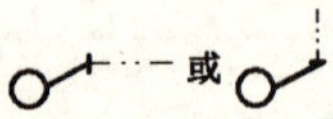 或	
20	集气罐、排气装置	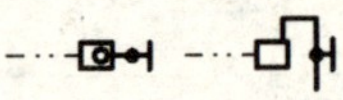	左图为平面图
21	自动排气阀		
22	除污器（过滤器）	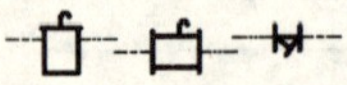	左为立式除污器，中为卧式除污器，右为Y型过滤器
23	节流孔板、减压孔板	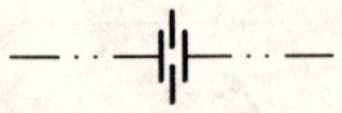	在不致引起误解时，也可用 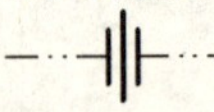 ────╢────表示
24	补偿器（通用）	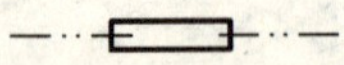	也称"伸缩器"
25	矩形补偿器	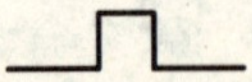	
26	套管补偿器	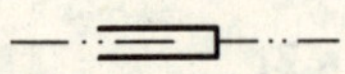	
27	波纹管补偿器	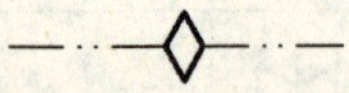	
28	弧形补偿器		

续表

序号	名　称	图　例	说　明
29	球形补偿器	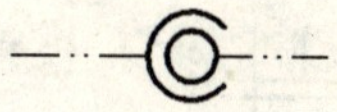 —·—◎—·—	
30	变径管异径管	 —·—▷　◁—·—	左图为同心异径管，右图为偏心异径管
31	活接头	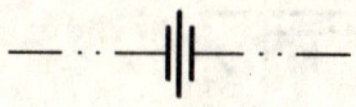 —·—‖·‖—·—	
32	法兰	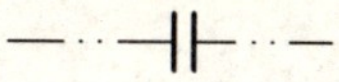 —·—‖—·—	
33	法兰盖	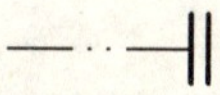 —·—‖—·—	
34	丝堵	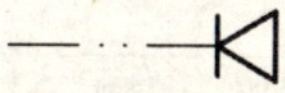 —·—◁—·—	也可表示为：—·—‖ 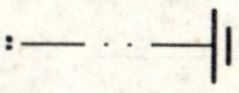
35	可屈挠橡胶软接头	 —·—◯—·—	
36	金属软管	 —∼∼—	也可表示为：—WW— 
37	绝热管	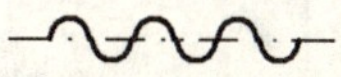 —∼∼—	
38	保护套管	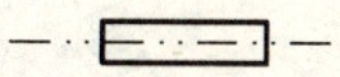 —·—[　]—·—	
39	伴热管	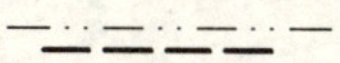 — — — —	
40	固定支架	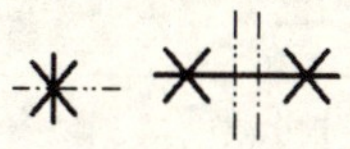 ✳　✳‖✳	
41	介质流向	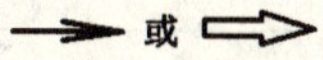 ⟶ 或 ⇨	在管道断开处时，流向符号宜标注在管道中心线上，其余可同管径标注位置
42	坡度及坡向	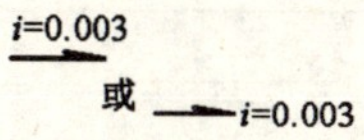 $i=0.003$ 或 $i=0.003$	坡度数值不宜与管道起、止点标高同时标注。标注位置同管径标注位置
43	套管伸缩器	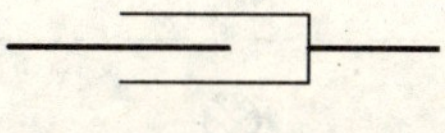 —[=]—	
44	方形伸缩器	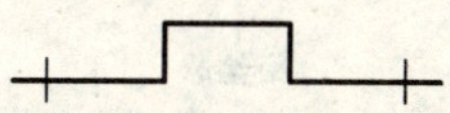 —⊓—	

续表

序号	名　称	图　例	说　明
45	刚性防水套管		
46	柔性防水套管		
47	波纹管		
48	可曲挠橡胶接头		
49	管道固定支架		
50	管道滑动支架		
51	立管检查口		
52	水　泵	平面　系统	
53	潜水泵		
54	定量泵		
55	管道泵		
56	清扫口	平面　系统	
57	通气帽	成品　铅丝球	

续表

序号	名　称	图　例	说　明
58	雨水斗	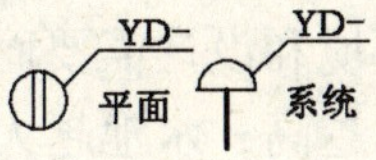 YD- 平面　YD- 系统	
59	排水漏斗	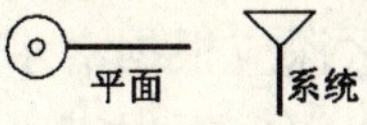 平面　系统	
60	圆形地漏	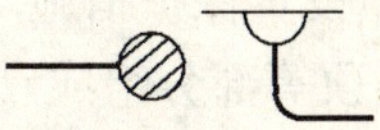	通用。如为无水封，地漏应加存水弯
61	方形地漏	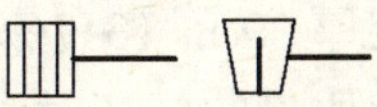	
62	自动冲洗水箱	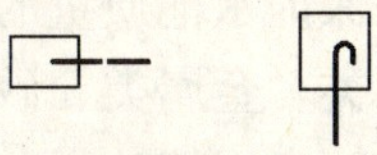	
63	挡　墩	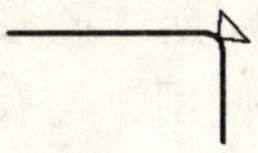	
64	减压孔板	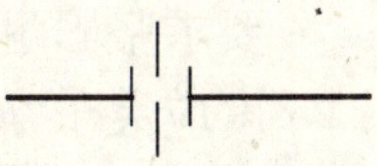	
65	除垢器		
66	水锤消除器	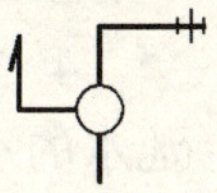	
67	浮球液位器	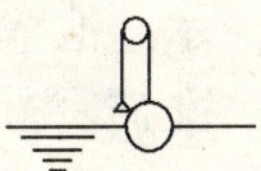	
68	搅拌器	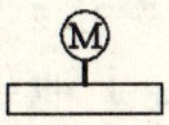	

（二）喷泉工作程序

喷泉的工作流程是：水源通过水泵（清水离心泵要设置泵房）提水将其送到供水管，进入分水槽或分水箱（主要是使各喷头有同等的压力），再经过控制阀门，最后至喷嘴，喷射出各式各样的水姿。如果喷水池水位升高超过设计水位，水就由溢流口流出，进入排水井排走。喷泉采用循环供水，多余的溢水回送到泵房，作为补给水回收。时间长了出现泥沙沉淀，可通过格栅沉泥井进入泄水管清污，污物由清污管进排水井排出，从而保证池水的清洁。

（三）喷水池

喷水池的形状、大小应根据周围环境和设计需要而定。形状可以灵活设计，但要求富有时代感；水池大小要考虑喷高，喷水越高，水池越大，一般水池半径为最大喷高的1~1.3倍，平均池宽可为喷高的3倍。实践中，如用潜水泵供水，吸水池的有效容积不得小于最大一台水泵3min的出水量。水池水深应根据潜水泵供水、吸水池的有效容积不得小于最大一台水泵3min的出水量。水池水深应根据潜水泵、喷头、水下灯具等的安装要求确定，其深度不能超过0.7m，否则必须设置保护措施。

喷水池由基础、防水层、池底、压顶等部分组成。

1. 基础：基础是水池的承重部分，由灰土和混凝土层组成。施工时先将基础底部素土夯实，密实度不得低于85%。灰土层厚30cm（3:7灰土）。C10混凝土厚10~15cm。

2. 防水层：水池工程中，防水工程质量的好坏对水池安全使用及其寿命有直接影响，因此，正确选择和合理使用防水材料是保证水池质量的关键。水池防水材料种类较多。按材料分，主要有沥青类、塑料类、橡胶类、金属类、砂浆、混凝土及有机复合材料等。按施工方法分，有防水卷材、防水涂料、防水嵌缝油膏和防水薄膜等。一般水池用普通防水材料即可。钢筋混凝土水池还可采用抹5层防水砂浆（水泥中加入防水粉）做法。临时性水池则可将吹塑纸、塑料布、聚苯板组合使用，均有很好的防水效果。

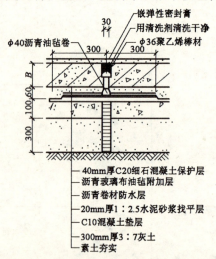

图 2-3-19 变形缝做法

3. 池底：池底直接承受水的竖向压力，要求坚固耐久。多用现浇钢筋混凝土池底，厚度应大于20cm，如果水池容积大，要配双层钢筋网。施工时，每隔20m选择最小断面处设变形缝，变形缝用止水带或沥青麻丝填充；每次施工必须从变形缝开始，不得在中间留施工缝，以防漏水，如图 2-3-19 所示。

4. 池壁：池壁是水池竖向的部分，承受池水的水平压力。池壁一般有砖砌池壁、块石池壁和钢筋混凝土池壁三种，如图 2-3-20 所示。池壁厚视水池大小而定，砖砌池壁采用标准砖，M7.5水泥砂浆砌筑，壁厚 ≥ 240mm。砖砌池壁虽然具有施工方便的优点，但普通砖多孔，砌体接缝多，易渗漏，使用寿命短。块石池壁自然朴素，要求垒石严密。钢筋混凝土池壁厚度一般不超过300mm，常用150~200mm，宜配直径8mm、12mm钢筋，中心距200mm，C20混凝土现浇，如图 2-3-21 所示。

5. 压顶：压顶是池壁最上部分，它的作用是保护池壁，防止污水泥沙流入池内。下沉式水池压顶至少要高于地面5~10cm。池壁高出地面时，压顶的做法要与景观相协调，可做成平顶、拱顶、挑伸、倾斜等多种形式。压顶材料常用混凝土及块石。

（四）喷泉的布置要点

在选择喷泉位置，布置喷水池周围的环境时，首先要考虑喷泉的主题与形式。所确定

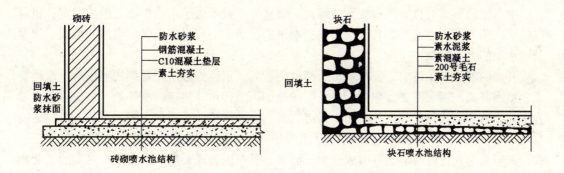

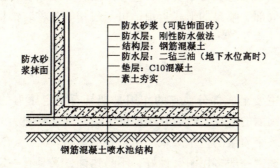

图 2-3-20 喷水池池壁（底）的构造

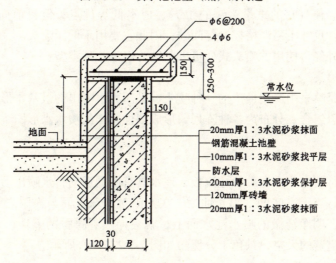

图 2-3-21 钢筋混凝土池壁做法

的主题与形式要与环境相协调，把喷泉和环境统一起来考虑，用环境渲染和烘托喷泉，以达到装饰环境的目的。或者，借助特定喷泉的艺术联想，来创造意境。

喷水池的位置一般多设于建筑广场的轴线焦点、端点和花坛群中，也可以根据环境特点，作一些喷泉小景，布置在庭院中、门口两侧、空间转折处、公共建筑的大厅内等地点，采取灵活的布置，自由地装饰室内外空间。但在布置中要注意，不要把喷泉布置在建筑之间的风口风道上，而应当安置在避风的环境中，以避免大风吹袭，喷泉水形被破坏和落水被吹出水池外。

喷水池的形式有自然式和规则式两类。喷水的位置可居于水池中心，组成图案；也可以偏于一侧或自由地布置。其次，要根据喷泉所在地的空间尺度来确定喷水的形式、规模及喷水池的大小比例。

开阔的场地如车站前、公园入口、街道中心岛、水池等多选用规则式喷泉池。水池要大，喷水要高，照明不要太华丽。狭长的场地如街道转角、建筑物前等处，水池多选用长方形或它的变形。现代建筑如旅馆、饭店、展览会会场等，水池多为圆形、长方形等。喷泉的水量要大，水感要强烈，照明可以比较华丽。中国传统式园林的水池形状多为自然式，其喷泉形式比较简单，可做成迭水、涌泉、瀑布以表现天然水态为主。热闹的场所如旅游宾馆、游乐中心，喷水水态要富于变化，色彩华丽，如使用各种音乐喷泉等。寂静的场所如公园内的一些小局部，喷泉的形式自由，可与雕塑等各种装饰性小品结合，一般变化不宜过多，色彩也较朴素。

（五）喷头与喷泉造型

1. 常用的喷头种类

喷头是喷泉的一个主要组成部分。它的作用是把具有一定压力的水，经过喷嘴的造型，形成各种预想的、绚丽的水花，喷射在水池的上空。因此，喷头的形式、结构、制造的质量和外观等，都对整个喷泉的艺术效果产生重要的影响。

喷头因受水流的摩擦，一般多用耐磨性好，不易锈蚀，又具有一定强度的黄铜或青铜制成。为了节省铜材，近年来亦使用铸造尼龙制造喷头，这种喷头具有耐磨、自润滑性好、加工容易、轻便（它的重量为铜的 1/7）、成本低等优点；但目前尚存在着易老化、使用寿命短、零件尺寸不易严格控制等问题，因此主要用于低压喷头。

目前，国内外经常使用的喷头式样可以归结为以下几种类型：

（1）单射流喷头

单射流喷头是喷泉中应用最广的一种喷头，是压力水喷出的最基本形式。它不仅可以单独使用，也可以组合、分布为各种阵列，形成多种式样的喷水水形图案如图 2-3-22（a）所示。

（2）喷雾喷头

这种喷头内部装有一个螺旋状导流板，使水具有圆周运动，水喷出后，形成细细的弥漫的雾状水滴。每当天空晴朗，阳光灿烂，在太阳对水珠表面与人眼之间连线的夹角为 $40°36' \sim 42°18'$ 时，明净清澈的喷水池水面上，就会伴随着朦朦的雾珠，呈现出彩色缤纷的虹。它辉映着湛蓝的天空，景色十分瑰丽如图 2-3-22（b）所示。

（3）环形喷头

喷头的出水口为环形断面，即外实内空，使水形成集中而不分散的环形水柱。它以雄伟、粗犷的气势跃出水面，给人们带来一种向上激进的气氛，其构造如图 2-3-22（c）所示。

（4）旋转喷头

它利用压力水由喷嘴喷出时的反作用力或其他动力带动回转器转动，使喷嘴不断地旋转运动，从而丰富了喷水造型，喷出的水花或欢快旋转或飘逸荡漾，形成各种扭曲线型，婀娜多姿。图 2-3-22（d）是这种喷头的构造情况。

（5）扇形喷头

这种喷头的外形很像扁扁的鸭嘴。它能喷出扇形的水膜或像孔雀开屏一样美丽的水花,构造如图 2-3-22(e)所示。

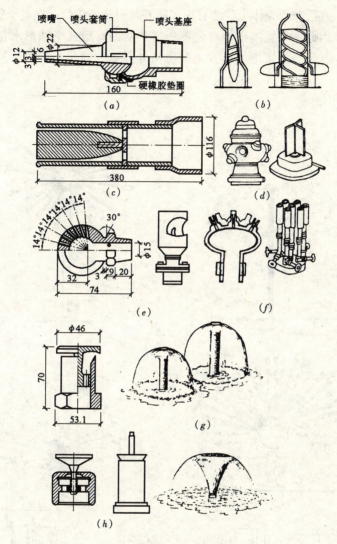

图 2-3-22 喷泉喷头种类(一)
(a)单射流喷头;(b)喷雾喷头;(c)环形喷头;(d)旋转喷头;
(e)扇形喷头;(f)多孔喷头;(g)半球型喷头;(h)牵牛花形喷头

(6) 多孔喷头

多孔喷头可以由多个单射流喷嘴组成一个大喷头;也可以由平面、曲面或半球形的带有很多细小孔眼的壳体构成喷头,它们能呈现出造型各异的盛开的水花,如图 2-3-22(f)所示。

(7) 变形喷头

喷头形状的变化,使水花形成多种花式。变形喷头的种类很多,它们共同的特点是在出水口的前面有一个可以调节的、形状各异的反射器。射流通过反射器,起到使水花造型的作用,从而形成各式各样的、均匀的水膜,如牵牛花形、半球形、扶桑花形等,如图 2-

3-22（g）、（h）所示。

（8）蒲公英型喷头

这种喷头是在圆球形壳体上，装有很多同心放射状喷管，并在每个管头上装有一个半球形变形喷头。因此，它能喷出像蒲公英一样美丽的球形或半球形水花。它可以单独使用，也可以几个喷头高低错落地布置，显得格外新颖、典雅，如图2-3-23（i）、（j）所示。

（9）吸力喷头

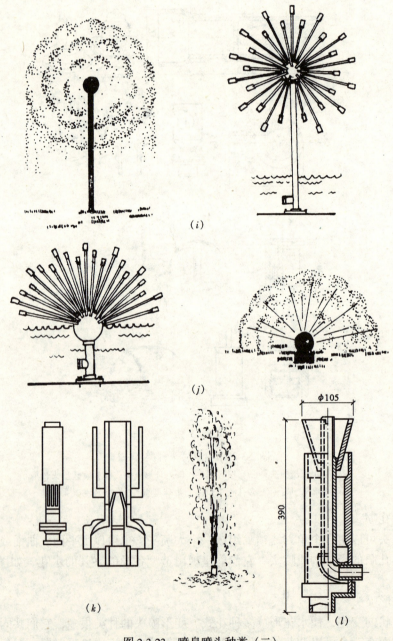

图 2-3-23 喷泉喷头种类（二）
(i) 球型蒲公英喷头；(j) 半球型蒲公英喷头；(k) 吸力喷头；(l) 组合式喷头

此种喷头是利用压力水喷出时,在喷嘴的喷口处附近形成负压区。由于压差的作用,它能把空气和水吸入喷嘴外的环套内,与喷嘴内喷出的水混合后一并喷出。这时水柱的体积膨大,同时因为混入大量细小的空气泡,形成白色不透明的水柱。它能充分地反射阳光,因此光彩艳丽。夜晚如有彩色灯光照明则更为光彩夺目。吸力喷头又可分为吸水喷头、加气喷头和吸水加气喷头,其形式如图2-3-23(k)所示。

(10) 组合式喷头

由两种或两种以上形体各异的喷嘴,根据水花造型的需要,组合成一个大喷头,叫组合式喷头,它能够形成较复杂的花形,如图2-3-23(l)所示。

2. 喷泉的水型设计

喷泉水型是由不同种类的喷头、喷头的不同组合与喷头的不同俯仰角度几个方面因素共同造成的。从喷泉水型的构成来讲,其基本构成要素,就是由不同形式喷头喷水所产生的不同水形,即水柱、水带、水线、水幕、水膜、水雾、水花、水泡等。而由这些水形要素按照设计的图样进行不同的组合,就可以造出千变万化的水形来。

水形的组合造型也有很多方式,既可以采用水柱、水线的平行直射、斜射、仰射、俯射,也可以使水线交叉喷射、相对喷射、辐状喷射、旋转喷射,还可以用水线穿过水幕、水膜,用水雾掩藏喷头,用水花点击水面等。从喷泉水流的基本形象来分,水形的组合形式有单射流、集射流、散射流和组合射流四种(图2-3-24)。

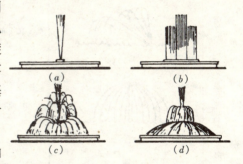

图 2-3-24 喷泉射流的基本形式
(a) 单射流;(b) 集射流;
(c) 散射流;(d) 组合射流

随着喷头设计的改进、喷泉机械的创新,和喷泉与电子设备、声光设备等的组合,喷泉的自动化、智能化和声光化都将有更大的发展,将会带来更加美丽、更加奇妙和更加丰富多彩的喷泉水景效果。

目前,常见的喷泉水型样式已经比较多,新的水型也在继续出现。在实际设计中,各种水型可以单独使用,也可以由几种水型相互结合起来用。在同一个喷泉池中,喷头越多,水型越丰富,就越能构成复杂和美丽的图案。

表2-3-13中所列多种图形,是喷泉水型的基本设计样式,可供参考。

喷泉的水姿形式　　　表 2-3-13

名称	喷泉水型	备注	名称	喷泉水型	备注
单射型		单独布置	圆柱型		在圆周上布置
拱顶型		在圆周上布置	编织型		在圆周上向内编织

续表

名称	喷泉水型	备注	名称	喷泉水型	备注
屋顶型	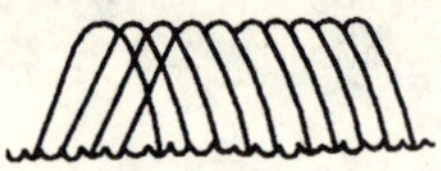	布置在直线上	编织型	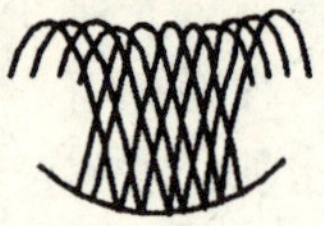	布置在圆周上向外编织
圆弧型		布置在曲线上	篱笆型		在直线或圆周上编成篱笆
喷雾型	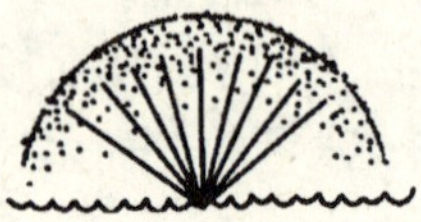	单独布置	旋转型	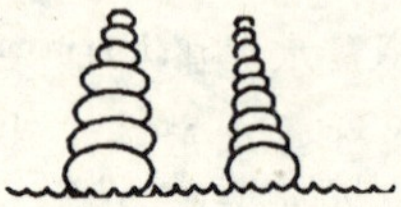	单独布置
扇型		单独布置	吸力型	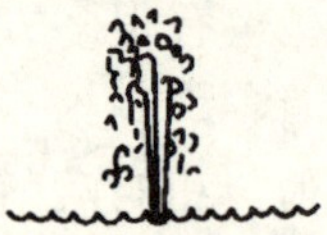	有吸水型 吸气型 吸水气型
半球型		单独布置	撒水型		在曲线上布置
多层花型		单独布置	孔雀型		单独布置
水幕型		在直线上布置	牵牛花型		单独布置
向心型		在圆周上布置	蒲公英型		单独布置

(六) 喷泉水力计算

喷泉设计中为了达到预定的水型，必须确定与之相关的流量、管径和所需的水压，为喷泉的管道布置和水泵选择提供依据。

1. 喷头流量计算公式

$$q = \mu f \sqrt{2gH} \times 10^{-3}$$

式中　　q ——单个喷头流量，L/s；

μ ——流量系数，一般 0.62～0.94 之间；

f ——喷嘴断面积，mm^2；

g ——重力加速度，m/s^2；

H ——喷头入口水压，m 水柱。

根据单个喷头的喷水量计算一个喷泉喷水的总流量 Q，即在同一时间内同时工作的各个喷头流量之和的最大值。

2. 管径计算

$$D = \sqrt{\frac{4Q}{\pi v}}$$

式中　　D ——管径，mm；

Q ——管段流量，L/s；

π ——圆周率，取 3.1416；

v ——流速（常用 0.5~0.6m/s 来确定）。

扬程计算

$$总扬程 = 实际扬程 + 水头损失$$

$$实际扬程 = 工作压力 + 吸水高度$$

工作压力是指水泵中线至喷水最高点的垂直高度，喷泉最大喷水高度确定后，压力可确定，例如喷 15m 的喷头，工作压力为 150kPa（15m）水柱。吸水高度，也称水泵允许吸上真空高度（泵牌上有注明），是水泵安装的主要技术参数。

水头损失是管道系统中损失的扬程。由于水头损失计算较为复杂，实际中可粗略取实际扬程的 10%~30% 作为水头损失。

3. 水泵泵型选择

水泵是喷水工程给水系统的主要组成部分。喷泉工程系统中使用较多的是卧式或立式离心泵和潜水泵。小型喷泉也可用管道泵、微型泵等。

离心泵分为单级离心泵和多级离心泵。其特点是依靠泵内的叶轮旋转所产生的离心力将水吸入并压出。它结构简单，使用方便，扬程选择范围大，应用广泛。值得注意的是，离心泵在使用时要先向泵体及吸水管内灌满水排除空气，然后才能开泵供水。

潜水泵具有体积小、质量轻、移动方便、安装简易、不需要建造泵房等特点。其泵体与电动机在工作时均浸入水中。启动时不要灌水，不装底阀和总阀，效率高，在现代喷泉工程中使用广泛。

泵型选择：水泵选择要做到"双满足"，即流量满足、扬程满足。因此流量和扬程是选择水泵的两个主要指标。

（1）流量确定：按同时工作的各喷头流量之和来确定。

（2）扬程确定：按喷泉水力计算总扬程确定。

（3）水泵选择：根据总流量和总扬程查水泵性能表。如喷泉要用两个或两个以上水泵提水时，用总流量除水泵数求出每台水泵流量，再利用水泵性能表选泵。若遇两种泵型都适用，应优先选择功率小、效率高、叶轮小、质量轻的型号。

【例】　某单位要在办公楼广场设计循环供水组合式喷泉，采用独立水泵供水，各经验数据由表 2-3-14 给出，请选择泵型。

喷泉所需技术参考表　　　　　　　表 2-3-14

喷头类型	数量（个）	流量 [m³/(h·个)]	工作压力（kPa）	最大喷高（m）
中心喷头	1	15	100	10
外圈喷头	5	9	60	3

注：损失扬程为实际扬程的 15%。

(1) 流量和扬程确定：

流量：$Q = 15 + 5 \times 9 = 60 \text{m}^3/\text{h} = 16.7 \text{L/s}$

扬程：$H = 10 + 10 \times 15\% = 11.5 \text{m}$

(2) 泵型选择：以流量 $Q = 16.7 \text{L/s}$，扬程 $H = 11.5 \text{m}$ 查得适用的泵型为 IS80-65-125A。

【例】 水泵的最高供水点比抽水处水位高出 11m，供水点处设计有喷泉，设计喷高 10m，干管流量 50m³/h，供水距离为 60m，用两台水泵同时供水，请选择水泵型号。（注：每米阻力为 ≥2.08mm 水柱）。

(1) 流量、扬程确定：

流量：$Q = 50/2 = 25 \text{m}^3/\text{h}$

扬程：$H = h_1 + 1.2 \times 管长 \times （每米阻力/1000） + 3 + h_2$
$= 11 + 1.2 \times 60 \times (2.08/1000) + 3 + 10 = 24.1 \text{m}$

式中　h_1——地形高差（供水点至抽水水位的高差）；

h_2——喷泉设计最大喷高。

(2) 泵型选择

以流量 $Q = 25 \text{m}^3/\text{h}$，扬程 $H = 24.1 \text{m}$ 查得，符合已知要求的水泵是 IS65-50-160，考虑应给水泵的扬程能力和流量适当留有余地，选定 IS65-50-160，转速 2900r/min，流量 30m³/h，扬程 30m。

(七) 喷泉设计实例

北京某公园喷泉水景工程

1. 喷泉环境

喷泉位于公园中心，其两侧各有一弧形花廊，共同组织空间。而喷泉则成为构图的中心，由此产生强烈的内聚力。

2. 喷泉布局特色

喷泉采用主题造型设计，烘托水池中心的白色水泥雕塑"母与子"。雕塑"母与子"高出水面 2.5m，喷水池圆形，直径 15m，沿水池周边设有 6 组 18 个直流喷头，仰角 30°，喷向水池中雕塑基座四周。在水池与雕塑间设有 6 组喷头，均匀分布，每组又由喇叭、旋转、菊花和钟罩 4 种喷头组成。这 5 种喷头分别由 5 根直径 50mm 的管道供水，每根管道上设有电磁阀，利用时间继电器控制，使各种喷头轮流喷水，每 15s 变换一次。每个电磁阀前设置手动截止阀用于调节水压。该喷泉通过电磁阀进行音乐控制。整个喷泉循环流量为 10~13m³/h，耗电功率约 4kW（图 2-3-25~图 2-3-27）。

装饰及杂项工程

(一) 工程内容

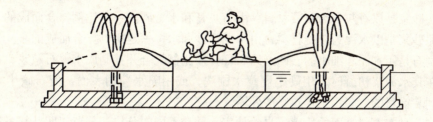

图 2-3-25　喷泉立面效果示意

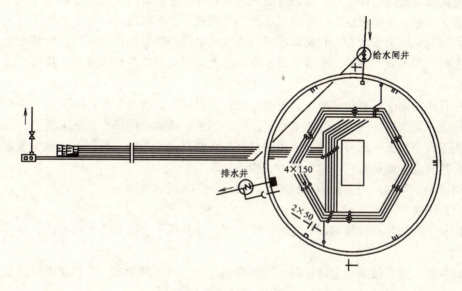

图 2-3-26　喷泉管道平面图

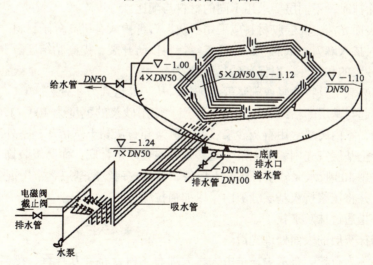

图 2-3-27　喷泉管道系统布置图

装饰及杂项工程内容包括白灰砂浆、水泥砂浆、水刷石、干粘石、剁斧石、油漆等各种装饰，以及圆桌、圆凳、铁栏杆安装、找平层、卷材防水层等杂项工程。

1. 装饰

白灰砂浆是以石灰膏为胶凝材料，由石灰膏和水、砂按一定比例拌合而成的。

水泥砂浆是以水泥为胶凝材料，由水泥、砂和水按一定比例拌合而成的。

水刷石是用水泥和细小的石碴（约5mm）按比例配合并拌制成水泥石碴浆，在墙面上抹灰，在其水泥浆初凝时，用硬毛刷蘸水刷洗，或用喷水冲刷表面，使石碴半露而不脱落，达到装饰目的。多用于建筑物的外墙。

水刷石具有石料饰面的质感，自然朴实。结合不同的分格、分色、凹凸线条等艺术处理，可使饰面获得明快庄重、淡雅秀丽的艺术效果。水刷石的不足之处是操作技术要求较高，费工费料，湿作业量大，劳动强度大，逐渐被干粘石取代。

剁斧石又称为斩假石，它是以水泥石碴浆或水泥石屑浆作抹灰面层，待其硬化具有一定强度时，用钝斧及各种凿子等工具，在面层上剁斩出类似石材的纹理，具有粗面花岗石的效果。

在石碴内饰面的各种做法中，斩假石的效果最好。它既具有真石的质感，又有精工细作的特点，给人以朴实、自然、素雅、庄重的感觉。斩假石的缺点是费工费力，劳动强度大，施工效率较低。斩假石饰面所用的材料与水刷石基本相同。斩假石饰面一般多用于局部小面积装饰，如勒脚、台阶、柱面、扶手等。

油漆是一种油性的装饰用涂料，还可用来防止金属的锈蚀。

(1) 抹灰

抹灰工程内容有砂浆调制、运输、清底层、抹灰找平、压光、刷粘石碴、剁斧养护等全过程。

砂浆调制就是按照一定的比例将砂浆调制好，达到各种要求。在调制中应注意：

1）不宜用过粗颗粒的骨料，以免影响抹面效果。
2）分层涂抹时，不同层要求用不同的材料与配比。
3）为使表面光洁，面层胶材料应采用石灰、石膏掺入有机高分子材料。
4）必要时掺入麻刀、纸筋、矿质纤维等掺料以防开裂，提高粘结度。
5）注意砂浆的和易性，以保证砂浆质量。

运输指用装载工具将砂浆或刷浆等装饰材料从一处运到另一处。

底层主要起与基层的粘结和初步找平作用。使用砂浆的稠度为100~120mm，使用材料与基层有关，室内砖墙常用石灰砂浆、石灰渣浆和石灰黏土草秸灰；室外砖墙面常用水泥砂浆。混凝土基层宜先刷素水泥浆一道，采用混合砂浆打底，而高级装饰工程的预制混凝土顶棚宜先用108胶水泥砂浆打底。木板条、苇箔、钢丝网基层，常用混合砂浆、麻刀灰和纸筋灰，并将灰浆挤入基层缝隙内，以加强拉结。

抹灰找平指通过抹灰来找平。

压光指将抹灰层的表面处理光滑。

石碴，也称为石粒、石米等，是由天然大理石、白云石、方解石、花岗石破碎而成，具有多种色泽（包括白色），是石碴类装饰砂浆的主要材料，也是预制人造大理石、水磨石的原料，其规格、品种及质量要求见表2-3-15。刷粘石碴是装饰抹面的一道工序。

剁斧养护是做剁斧石面层的一道工序。在中层抹灰面上浇水湿润，刮水泥浆（水灰比为0.37~0.40），随即将配制好的水泥石屑抹上，并赶平压实。抹完后要注意防晒和冰冻，洒水养护2~3d。

彩色石碴规格及质量要求　　　　表 2-3-15

规格与粒径的关系		常用品种	质量要求
规格	粒径（mm）		
大二分	约20	东北红、东北绿、丹东绿、盖平红、粉黄绿、王泉灰、旺青、晚霞、白云石、云彩绿、红玉花、奶油白、竹根霞、苏州黑、黄花玉、南京红、雪浪、松香石、墨玉、汉白玉、曲阳红等	1. 颗粒坚韧有棱角、洁净，不得含有风化石粒　2. 使用时应冲洗干净
一分半	15		
大八厘	8		
中八厘	6		
小八厘	4		
米粒石	0.3～1.2		

以砖为主要砌体材料的墙，称为砖墙。

混凝土是以水、砂、石子、水泥等混合在一起的一种人造石材。

剁斧石饰面是仿制天然石料的一种墙面抹灰。先用 15mm 厚 1:2 水泥砂浆打底。刷素水泥一道，面层用 10mm 厚 1:2 水泥白石屑罩面，在底层未干透时就将面层抹上，待所抹面层水泥达到一定强度后，即开始斩剁。

水刷石饰面是先用 1:2 水泥砂浆打底，扫毛或划纹，刷素水泥浆一道（内掺水重 3%～5%的 108 胶），再用 1:2 水泥石子浆抹面。石子多用石英石、白云石、玻璃屑等。抹好后用铁抹子压光，待六成干时，用刷子加水，将外皮石子间的水泥浆洗掉，使 1/3 的石子表面完全露出，最后用喷水器自上而下喷水，把表面的那层水泥洗掉。

石灰是由以碳酸钙（$CaCO_3$）为主要成分的原料，经过适当煅烧，碳酸钙分解并排出二氧化碳（CO_2）后所得到的成品。其主要成分是 CaO。

$$CaCO_3 \xrightarrow{900℃} CaO + CO_2 \uparrow$$

108 胶即聚乙烯醇缩甲醛胶，它是以聚乙烯醇与甲醛在酸性介质中进行缩合反应而得到的。外观呈无色透明的水溶液状，有良好的粘结性能，粘结强度可达 0.9MPa，在常温下（10℃以上）能长期贮存，但在低温下容易冻胶。它可用于墙纸、墙布的裱糊。除此以外，还可以用作室内外墙面涂料的主要成膜物质，或用于拌制水泥砂浆，能增加砂浆层的粘结力。在工程中应用非常广泛，因为它不仅具有良好的粘结性能，价格也比较便宜。但它有一个缺点，就是这种胶粘剂在生产过程中，由于聚合反应进行得不完全，有一部分游离的甲醛存在，扩散到空气中，对人的呼吸道和眼睛会产生强烈的刺激。室内使用这种胶粘剂后，一定要通风晾置一定的时间，将游离的甲醛排除掉，以免对健康造成影响。

石屑是比石粒更小的细骨料，主要用于配制外墙喷涂饰面用聚合物砂浆。

（2）油漆粉刷

油漆粉刷工程内容有清污迹、防锈、刮腻子、磨砂纸、刷油、刷浆等全过程。

清污迹是为了使油漆和基层表面粘结牢固，节省材料，必须对涂刷在木料、金属、抹灰层和混凝土基层上的表面进行处理。木材基层表面油漆前，要求将表面的灰尘、污垢清除干净，表面上的缝隙、毛刺、节疤和脂囊修整后，用腻子填补。抹腻子时对于宽缝、深洞要深入压实，抹平刮光。

防锈指金属基层表面油漆前，应除去表面锈斑、尘土、油渍、焊渣等杂物，防止锈蚀。

刮腻子又称抹腻子，也有叫批灰的。腻子是一种专门配制的油性灰膏，用来嵌补物体表面坑凹裂缝等缺陷以便于刷涂、裱糊。

磨砂纸是可以将基层打磨光滑的一种纸。

刷油指防锈漆和第一遍银粉漆，应在设备、管道安装就位前涂饰，最后一遍银粉漆，应在刷浆工程完工后涂饰。不刮腻子的薄钢板屋面、檐沟、水落管、泛水等处，防锈漆涂饰应不少于两遍。高级油漆做磨退时，应用醇酸树脂油漆油饰，并根据膜厚度增加1~3遍刷油漆和磨退、打砂蜡、打油腊、擦亮的工作。

刷浆指将水质涂料刷涂或喷涂在抹灰层或物体表面上。刷浆之前，基层表面必须干净、平整，所有污垢、油渍、砂浆流痕以及其他杂物均应清除干净。表面缝隙、孔眼应用腻子填平并用砂纸磨平磨光。刷浆时的基层表面应当干燥，局部湿度过大部位，应采取措施进行烘干。浆液的稠度，刷涂时宜小些，采用喷涂时，宜大些。小面积刷浆工具采用扁刷、圆刷或排笔刷涂。大面积刷浆工具采用手压或电动喷浆机进行喷涂。刷浆次序为：先顶棚，后由上而下刷（喷）四面墙壁，每间房屋要一次做完，刷色浆应一次配足，以保证颜色一致。室外刷浆，如分段进行时，应以分格缝、墙的阳角处或水落管处等为分界线。同一墙面应用相同的材料和配合比，涂料必须搅拌均匀，要做到颜色一致、分色整齐、不漏刷、不透底，最后一遍的刷浆或喷浆完毕后，应加以保护，不得损伤。室内刷浆的主要工序见表2-3-16，室外刷浆的主要工序见表2-3-17。

室内刷浆的主要工序　　　　　　　　　　表2-3-16

项次	工序名称	石灰浆		聚合物水泥浆		大白浆		可赛银浆		水溶性涂料		
		普通	中级	普通	中级	普通	中级	高级	中级	初级	中级	高级
1	清扫	+	+	+	+	+	+	+	+	+	+	+
2	用乳胶水溶液或聚乙烯醇缩甲醛胶水溶液湿润			+	+							
3	填补缝隙，局部刮腻子	+	+	+	+	+	+	+	+	+	+	+
4	磨平	+	+	+	+	+	+	+	+	+	+	+
5	第一遍满刮腻子							+	+	+	+	+
6	磨平							+	+	+	+	+
7	第二遍满刮腻子							+			+	+
8	磨平							+			+	+
9	第一遍刷浆	+	+	+	+	+	+	+	+	+	+	+
10	复补腻子		+		+		+	+	+		+	+
11	磨平		+		+		+	+	+		+	+
12	第二遍刷浆	+	+	+	+	+	+	+	+		+	+
13	磨浮粉							+				+
14	第三遍刷浆			+			+	+	+			+

注：1. 表中"+"号表示应进行的工序；
　　2. 高级刷浆工程，必要时可增刷一遍浆；
　　3. 机械喷浆可不受表中遍数的限制，以达到质量要求为准；
　　4. 湿度较大的房间刷浆，应采用具有防潮性能的腻子和涂料；
　　5. 腻子配比（重量比），乳胶：滑石粉或大白浆：2%羧甲基纤维素 = 1:5:3.5。

室外刷浆的主要工序　　　　　　　　　　表 2-3-17

项　次	工　序　名　称	石灰浆	聚合物水泥浆	无机涂料
1	清扫	+	+	+
2	填补缝隙，局部刮腻子	+	+	+
3	磨平		+	
4	找补腻子，磨平			+
5	用乳胶水溶液或 108 胶水溶液湿润		+	
6	第一遍刷浆	+	+	+
7	第二遍刷浆	+	+	+

注：1. 表中"+"号表示应进行的工序；
　　2. 机械喷浆可不受表中遍数的限制，以达到质量要求为准；
　　3. 腻子配比（重量比），乳液：水泥：水 = 1:5:1。

金属件是由金属制成的构件。

防锈漆是防止金属件锈蚀的一种油漆，主要有油漆和树脂防锈漆两大类。

调和漆是工程建设中使用最广泛的一种油漆。它是以干性油为主要成膜物质，加入着色颜料、体质颜料、溶剂、催干剂等加工而成。成膜物质中可以有树脂，也可以不含树脂。前者为"磁性调和漆"，后者为"油性调和漆"。油性调和漆具有价格便宜、附着力好、耐候性及漆膜弹性较高等特点。但干燥缓慢、光泽较差。

铁骨架指构筑物的总体轮廓铁架子。

清油又名熟油、鱼油，是以干性植物油（即亚麻仁油、梓油）或混合植物油为主加催干剂等经熬炼加工而成，适用于调制厚漆和防锈油的油料，还可单独用于木质表面的涂刷，作防水、防锈之用。"木材面油漆"定额子目中的"底油一遍"就是指刷清油一遍。

无光调和漆是由干性油、颜料、体质颜料研磨后，加催干剂、200 号油漆溶剂油调配而成。漆膜色彩柔和，用于涂刷室内墙面。

油漆溶剂油是一种稀释剂。掺入油漆中，能控制油漆的黏度，使之便于涂饰施工，还应具有一定的挥发性。

催干剂用于以油料为主要成膜物质的涂料，它的作用是加速油料的氧化、聚合、干燥成膜过程，并在一定程度上改善涂膜的质量。常用的催干剂大多为过渡金属元素钴、铅、锰、锌等的氧化物、盐以及它们与油酸、亚油酸、环烷酸等反应制成的金属皂类。

乳胶漆又称乳胶涂料，它是由合成树脂乳液借助乳化剂的作用，以极细微粒子溶于水中构成乳液为主要成膜物而研磨成的涂料，它以水为稀释剂，价格便宜，具有无毒、无味、不易燃烧、不污染环境等特点。同时还具有一定的透气性，可在潮湿基层上施工。既可作内墙涂料，又可用于外墙饰面。

羧甲基纤维素是一种以羧甲基为成膜物质的纤维素涂料的一种。涂料的类别见表 2-3-18。

2. 杂项

圆桌、圆凳是园林中必备的供游人休息、赏景之用的设施，一般把它布置在有景可赏、安静休息的地方或游人需要停留休息的地方。在满足功能的前提下，结合花、挡土墙、栏杆、山石等，设置在如树荫下、路边、水边等处。力求造型美观、舒适耐用、构造简单、易清洁、装饰简洁大方，色彩、风格与环境协调，可单独布置也可组合布置。

涂料的类别　　　　　　　　表 2-3-18

序号	类别	主要成膜物质	代号
1	油脂	天然植物油、合成油等	Y
2	天然树脂	松香及其衍生物、虫胶、乳酪素、大漆及其衍生物等	T
3	酚醛树脂	酚醛树脂、改性酚醛树脂	F
4	沥青漆类	天然沥青、石油沥青、煤焦油沥青等	L
5	醇酸树脂	甘油醇酸树脂、改性醇酸树脂	C
6	氨基树脂	脲醛树脂	A
7	硝基	硝基纤维素、改性硝基纤维素	Q
8	纤维素	乙基纤维、苄基纤维、醋酸纤维、羟基纤维等	M
9	过氯乙烯树脂	过氯乙烯、改性过氯乙烯	G
10	烯烃类树脂	氯乙烯共聚物、聚醋酸乙烯及其共聚物、聚苯乙烯树脂、氯化聚丙烯树脂等	X
11	丙烯酸树脂	丙烯酸树脂及其共聚物改性树脂	B
12	聚酯树脂	饱和聚酯树脂、不饱和聚酯树脂	Z
13	环氧树脂	环氧树脂、改性环氧树脂	H
14	聚氨酯树脂	聚氨基甲酸酯	S
15	元素有机聚合物	有机硅、有机钛、有机铝等	W
16	橡胶	天然橡胶及其衍生物	J
17	其他	以上 16 类未包括的其他成膜物质，如无机高分子材料等	E

栏杆是主体的附属品，具有防护和分隔空间的作用。铁栏杆是以铁为材料做成的栏杆。

找平层指的是在垫层上、楼板上或轻质、松散材料层（有隔声、保温等功能）上起整平、找坡或加强作用的构造层，它一般包括水泥砂浆找平层和细石混凝土找平层。

卷材是指用天然的或人工合成的有机高分子化合为基础原料，经过一定的工艺处理而制成的，且在常温常压下能够保持形状不变的柔性防水材料。以原纸为胎芯浸渍而成的卷材为常用卷材，以植物纤维、人造纤维为胎芯浸渍沥青或无胎改性沥青加工而成的卷材为特种卷材，习惯上称为油毡。

（二）统一规定

1. 本定额中水刷石、干粘石、剁斧石等项目，分为普通水泥和白水泥两种做法，应根据设计要求分别套用。

（1）普通水泥

普通水泥指的是硅酸盐水泥，国家标准（GB 175—92）规定：凡由硅酸盐水泥熟料，0%～5%石灰石或粒化高炉矿渣，适量石膏磨细制成的水硬性胶凝材料，称为硅酸盐水泥。硅酸盐水泥分为不掺混合材料的Ⅰ型硅酸盐水泥（代号 P·Ⅰ）和掺加不超过水泥质量5%的石灰石或粒化高炉矿渣混合材料的Ⅱ型硅酸盐水泥（代号 P·Ⅱ）。

生产硅酸盐水泥的原料，主要是石灰质原料和黏土质原料两类。石灰质原料（如石灰石、白垩、石灰质凝灰岩等）主要提供 CaO，黏土质原料（如黏土、黏土质页岩、黄土等）主要提供 SiO_2、Al_2O_3、Fe_2O_3。有时，这两种原料化学组成不能满足要求，还要加入少量的辅助原料（如黄铁矿渣等）。此外，为了改善煅烧条件常常加入少量的矿化剂（如萤石等）。

硅酸盐水泥生产的基本步骤是：先把几种原材料按适当比例配合后在磨机中磨成生料；然后将制得的生料入窑进行煅烧；再把烧好的熟料配以适当的石膏在磨机中磨成细粉，即得到水泥。因此，水泥的生产工艺可简单地概括为"两磨一烧"，即：

1）生料的配制与磨细；
2）将生料煅烧至部分熔融，形成熟料；
3）将熟料与适量石膏共同磨细成硅酸盐水泥。

其流程图如图 2-3-28 所示：

图 2-3-28

(2) 白水泥

凡以适当成分的生料烧至部分熔融，所得以硅酸钙为主要成分，氧化铁含量少的熟料为白色硅酸盐水泥熟料。由白色硅酸盐水泥熟料加入适量石膏，磨细制成的白色水硬性胶凝材料称为白色硅酸盐水泥，简称白水泥。

白水泥与硅酸盐水泥的主要区别在于着色的铁含量少，因而色白。一般硅酸盐水泥呈灰色，其主要原因是由于水泥中存在氧化铁成分。当氧化铁含量在 3%～4% 时，熟料呈暗灰色；0.45%～0.7% 时，带淡绿色；而降到 0.35%～0.4% 后，即接近白色。因此，白色硅酸盐水泥的生产特点，主要是降低氧化铁的含量。

白色硅酸盐水泥的强度要求、白度要求及产品等级分别见表 2-3-19、表 2-3-20、表 2-3-21。

白水泥强度要求（GB 2015—1999） 表 2-3-19

标号	抗压强度（MPa）			抗折强度（MPa）		
	3d	7d	28d	3d	7d	28d
325	14.0	20.5	32.5	2.5	3.5	5.5
425	18.0	26.5	42.5	3.5	4.5	6.5
525	23.0	33.5	52.5	4.0	5.5	7.0
625	28.0	42.0	62.5	5.0	6.0	8.0

白水泥白度要求 表 2-3-20

等级	特级	一级	二级	三级
白度（%）	86	84	80	75

白水泥产品等级 表 2-3-21

白水泥等级	白度级别	白水泥强度等级
优等品	特级	625
		525
一等品	一级	525
		425
	二级	525
		425
合格品	二级	425
		325
	三级	325

(3) 干粘石

干粘石是在素水泥浆或聚合物水泥砂浆粘结层上，把石碴、彩色石子等备好的骨料粘在其上，再拍平压实即为干粘石。干粘石的操作方法有手工甩粘和机械甩喷两种。要求石子要粘牢，不掉粒，不露浆，石子应压入砂浆的 2/3。干粘石工艺是由传统水刷石工艺演变而得，具有与水刷石相同的装饰效果。但与水刷石相比，特点是操作简单、造价较低、饰面效果好。

2. 圆桌、圆凳安装项目，是按工厂制成品，豆石混凝土基础，按坐浆安装编制的，如采用其他做法安装时，仍按本定额执行，不得换算。圆桌、圆凳安装定额单价中，未包括桌、凳成品价值，编制预算时应另列项目。

工厂制成品是在工厂里生产，而不必进行现场施工就可在现场安装的产品。

豆石混凝土是以豆石为砂石材料组成的混凝土。

在混凝土中掺入 20% ~ 30% 的豆石，就配成了豆石混凝土。用豆石混凝土做成的基础称之为豆石混凝土基础。豆石混凝土基础所用的豆石的粒径不能太大。当基础较深较大时，可用豆石混凝土做成台阶形，每阶宽度不应小于 400mm。如果地下水对普通水泥有侵蚀作用时，应采用矿渣水泥或火山灰水泥拌制混凝土。

3. 铁栅栏是按型钢制品编制的，如设计采用铸铁制品，其铁栅栏单价应予换算，其他各项不变。

铁栅栏指按一定的造型浇铸，耐剥蚀，装饰性强，较石栏杆通透、稳重，能预制，宜用于室外。

经热轧成型或冷压成型的钢称为型钢。热轧型钢有角钢、工字钢、槽钢和钢管。

铸铁是含碳量大于 2.0% 的铁碳合金，是现代工业中极其重要的材料。工业上使用的铸铁，一般含碳量为 2.5% ~ 4%。与钢相比，铸铁所含的杂质较多，机械性能较差，性脆，不能进行碾压和煅造，但它具有良好的铸造性能，可铸出形状复杂的零件。此外，它的减振性、耐磨性和切削加工性能较好，抗压强度高，成本低，因而常用在机械行业中。常用的铸铁有：灰口铸铁、球墨铸铁。由于可煅铸生产周期长、成本高，故在实际生产中很少应用。

4. 选洗石子是指设计指定采用外地卵石时，选洗卵石的专用定额，本地卵石（单价中已包括选洗费用）不得重复使用。

卵石产于河床之中，属于多种岩石类型，如花岗石、砂岩、流纹岩等。石材的颜色种类很多，白、黄、红、绿、蓝各色都有。由于流水的冲击和相互摩擦的作用，石头棱角渐渐被磨去，呈现卵圆形、长圆形或圆整的异形。这类石头由于石形浑圆，不易进行石间组合。因此一般不用作假山石，而是用在路边、草坪上、水池边作为石景或石桌石凳，也可在棕树、蒲葵、芭蕉、海芋植物的下面配成景石与植物小景。卵石主要产于山区河流的下游地区。

5. 混凝土构件综合运距运输是附属工程采用工厂制品预制构件（包括标准和非标准的）自构件厂至施工现场的市内运输而设置的专用项目，与实际运距不符时，仍按本定额执行。

组成机械的部件称之为构件。构件由混凝土做成称之为混凝土构件。

预制构件指在施工现场安装之前，按照采暖、卫生和通风空调工程施工图纸及园林工程的有关尺寸，进行预先下料、加工和部件组合或在预制加工厂定购的各种构件。

（三）工程量计算规则

1. 水池、墙面和桥洞的各种抹灰，均按设计结构尺寸以平方米计算。

水池属于平静水体，在园林设置水池的目的是扩展空间，摄取倒影，造成"虚幻之境"。

墙面即墙体的表面。墙体按材料和构造不同，分为实砌砖墙、空斗墙、空心砖墙、石墙、夯土墙、组合板材墙和大型砖砌块墙；按受力情况不同，分为承重墙和非承重墙两种。非承重墙又分为自承重墙和隔墙两种；按其在平面中的位置不同，分为外墙和内墙。

抹灰又称粉刷，是由水泥、石灰膏为胶结料加入砂或石渣，与水拌合成砂浆或石渣浆，然后抹到墙面上的一种操作工艺，属湿作业范畴。它是一种传统的墙面装修方式，主要特点是材源广、施工简便、造价低廉；缺点是饰面的耐久性低、易开裂、易变色。因多系手工操作，且湿作业施工，工效较低。

2. 各类建筑小品抹灰：

（1）须弥座按垂直投影面积以平方米计算。

（2）花架、花池、花坛、门窗框、灯座、栏杆、望柱、假山座、盘，以及其他小品，均按设计结构尺寸以平方米计算。

门框一般由两根边梃和上槛组成，有腰窗的门还有中横档，多扇门还有中竖梃，外门及特种需要的门有些还有下槛，可作防风、隔尘、挡水以及保温、隔声之用。窗框是墙与窗扇之间的联系构件。

栏杆主要起防护作用，也起装饰美化、分隔作用，坐凳式栏杆还可供游人休息。栏杆在园林绿地中一般不易多设，即使设置也不易过高，应当把防护、分隔的作用，巧妙地与美化装饰结合起来。常用的栏杆材料有钢筋混凝土、石、铁、钢、砖、木、竹等。石制栏杆粗壮、坚实、朴素、自然；钢筋混凝土栏杆可预制花纹，经久耐用；钢或铁栏杆占地面积少，布置灵活，但应注意防锈蚀。

假山是以天然真山为蓝本，加以艺术提炼和夸张，用人工再造山的景观。它是以造景、游赏为主要目的，同时结合其他功能而发挥其综合作用。在园林中的假山体量有的较大，可观可游。组成假山的基座称为假山座。

凡用自然岩石做成的假山座称为"盘"。

园林建筑小品是指园林中体量小巧、数量多、分布广、功能简明、造型别致，具有较强的装饰性,富有情趣的精美设施。它包括两个方面,一是园林的局部(如花架)和配件(如园门、景墙等);二是园林小品建筑的局部和配件(如景窗、栏杆、花格等)。园林小品虽然小,但其装饰性较强,对园林绿地景色影响很大,在园林占有很重要的地位,尤其在造景方面。

3.油漆

(1)铁栅栏及其他金属部件,均按其安装工程量以吨计算。

(2)抹灰面油漆及刷浆,按抹灰工程量以平方米计算。

刷浆是指涂抹于建筑物表面上的砂浆,按其功能通常分为一般抹面砂浆和装饰抹面砂浆。一般抹面砂浆有外用和内用两类。为保证抹灰层平面平整,避免开裂脱落,抹面砂浆通常以底层、中层、面层三个层次分层涂抹。底层砂浆主要起与基底材料的粘结作用;中层砂浆主要起抹平作用;面层砂浆起保护、装饰作用。装饰抹面是用于室内外装饰,以增加建筑物美感为主的砂浆,应具有特殊的表面形式及不同的色彩和质感。装饰抹面的砂浆常以白水泥、石灰、石膏、普通水泥等作为胶结材料,以白色、浅色或彩色的天然砂、大理石及花岗石的石屑为骨料。常用抹灰砂浆配合比见表2-3-22。

抹灰砂浆配合比及应用 表2-3-22

砂浆种类	配合比(体积比)						应 用 范 围
	水泥	石灰膏	黏土	石膏	砂	其他	
石灰砂浆		1			2~5		砖石墙面(但檐口、勒脚、女儿墙及潮湿处除外)
石灰黏土砂浆		1	0.3		3~6		干燥环境的内墙抹面
石灰石膏砂浆		1		0.2~1	2~5		不潮湿环境的墙、顶棚
		1		0.6~1	2~3		干燥环境的墙、顶棚
		1		2	2~4		不潮湿房间线脚、修饰工程
石灰水泥砂浆	1	0.5~1			4.5~6		用于檐口、勒脚、女儿墙补脚及较潮湿部位
水泥砂浆	1				2.5~3		浴室及潮湿部位的基层
	1				1.5~2		地面、顶棚、墙面的面层
	1				0.5~1		混凝土地面随时压光用
装饰砂浆	1	0.5~1				白石子 1.5~2	用于水刷石面层(底层用1:0.5:3.5混和砂浆)
	1					石子 1.5	用于剁石(底层用1:2~2.5水泥砂浆)
	1					白石子 (1~2)	用于水磨石面层(底层用1:2.5水泥砂浆)
		100				麻刀(重量比)2.5	用于木板条顶棚底层
		100				麻刀1.3(或纸筋3.8)	用于木板条顶棚面层
		1m³				纸筋3.6kg	较高级墙及顶棚抹灰

4.圆桌和圆凳安装及其基础,按件计算。

圆桌和圆凳是供人们休息、赏景用的,同时圆桌和圆凳的艺术造型亦能装点园林。圆凳主要设置在路旁或嵌入在绿篱的凹处;围绕林阴大树的树干设置,既保护了大树,又提供了乘凉之所。圆椅可以设置在大灌木丛的前面或背面，为游人提供相对隐蔽和安静的休息场所。圆凳可以散布在树林里，有的与石桌配套安放在树阴下，为人们休息、娱乐或就餐提供方便。圆桌与圆凳的造型宜简单朴实、舒适美观、制作方便、坚固耐久。色彩风格、桌凳高矮均要与周围环境相协调。桌凳的基础一定要做得坚实可靠，和柱脚的结合一定要坚固；基础的顶部最好不露出铺装地面。桌面与支座的连接也要求做得十分稳固。当两条长凳并排设置时，其顶面和边线要注意调整得协调一致。坐凳的顶面应该采用光洁材料进行抹面或贴面处理，不得做成粗糙表面。

5. 铁栅栏安装，按设计图示用量以吨计算。

先准备好预制围栏构件，根据设计图确定围栏的具体位置，在地面放线，并且为围栏支撑柱定点。支撑柱位点之间的间距依照设计确定。柱下挖穴，深达柱高的 1/5～1/4。桩脚埋入穴中，填石块、填土或填混凝土加以稳固。然后，再装配栏杆、栏板。预制混凝土围栏可用白色或其他浅色的涂料刷涂饰面；钢丝网格围栏则要先除锈，涂防锈漆两道后，再涂各色装饰面漆。链索围栏一般设计高度为 90cm，是由铁柱支起链索，铁柱下有底盘，可自立于地面。

6. 选洗石子，按相应工程项目的定额用量以吨计算。

混凝土中常用的石子有卵石或碎石。卵石表面光滑，空隙率与表面积较小，故拌制混凝土时水泥用量少，但与水泥浆的粘结力较差，所以卵石混凝土的强度较低。碎石表面粗糙，空隙率和总表面积较大，故所需的水泥浆较多，与水泥浆的粘结力强，因此用它拌制的混凝土强度较高，但碎石的加工费较卵石高。

石子的级配和最大粒径对混凝土质量影响较大。级配越好，其空隙率及总表面积越小。这样不仅能节约水泥用量，而且混凝土的和易性、密实性和强度也越高。所以碎石或卵石的颗粒级配一般应符合表 2-3-23。

碎石或卵石的颗粒级配范围　　　　　　表 2-3-23

级配情况	公称粒级(mm)	累计筛余（按重量计%）										
		筛孔尺寸（圆孔筛，mm）										
		2.5	5	10	15	20	25	30	40	50	60	80	100
连续粒级	5～10	95～100	80～100	0～15	0								
	5～15	95～100	90～100	30～60	0～10	0							
	5～20	95～100	90～100	40～70		0～10	0						
	5～30	95～100	90～100	70～90		15～45		0～5	0				
	5～40		95～100	75～90		30～65			0～5	0			
单粒级	10～20		95～100	85～100		0～15	0						
	15～30		95～100		85～100			0～10	0				
	20～40			95～100		80～100			0～10	0			
	30～60				95～100			75～100	45～75		0～10	0	
	40～80					95～100			70～100		30～60	0～10	0

注：1. 公称粒级的上限为该粒级的最大粒径，单粒级一般用于组合成具有要求级配的连续粒级，它也可与连续粒级的碎石或卵石混合使用，以改善它们的级配或配成较大粒度的连续粒级；

2. 根据混凝土工程和资源的具体情况，进行综合技术经验分析后允许直接采用单粒级，但必须避免混凝土发生离析。

7. 找平层，分厚度按设计图示尺寸以平方米计算。

找平层是起找平作用,如水泥砂浆地面两层做法的底层水泥砂浆、卷材防水层下面的水泥砂浆等都属于找平层。找平层一般设在填充材料如炉渣垫层和硬基层如混凝土、砖石等的上面。有水泥砂浆找平层、沥青砂浆找平层和细石混凝土找平层等三种。

找平层工程量按主墙间净空面积以平方米计算。扣除凸出地面的构筑物、设置基础、室内管道、地沟等所占面积,不扣除柱、垛、间壁墙、附墙烟囱及面积在 $0.3m^2$ 以内的孔洞所占面积。

8. 豆石混凝土灌缝,按设计图示缝隙容积,以立方米计算。

按照预制钢筋混凝土构件的实体积以立方米计算,具体方法如下:

(1) 柱与柱基的灌缝,按首层柱体积计算;首层以上柱灌缝按各层柱体积计算。

(2) 预制钢筋混凝土框架柱现浇接头按设计规定断面和长度以体积立方米计算。

(3) 空心板堵孔的人工材料已包括在定额内,如不堵孔时应按规定扣除相应的费用。

9. 卷材防水层,不分平、立面,按设计图示面积乘 1.05 系数以平方米计算。

卷材防水层是采用沥青油毡、再生橡胶、合成橡胶或合成树脂类等柔性防水材料粘贴成一整片能防水的屋面覆盖层做成的防水层。其构造示意图详见图 2-3-29。

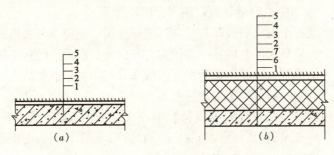

图 2-3-29 卷材屋面构造示意图
(a) 不保温卷材屋面;(b) 保温卷材屋面
1—结构层;2—找平层;3—冷底子油结合层;4—油毡防水层;
5—绿豆砂保护层;6—隔气层;7—保温层

10. 油膏灌缝,按设计图示长度以延长米计算。

涂膜屋面防水层的油膏灌缝、玻璃布盖缝、屋面分格缝,均以延长米计算。

11. 混凝土构件综合运距运输,按工厂制品预制构件的体积以立方米计算。

预制混凝土构件指在施工现场安装之前,按照采暖、卫生和通风空调工程施工图纸及土建工程的有关尺寸,进行预先下料、加工和部件组合或在预制加工厂定购的各种构件。这种方法可以提高机械化程度,加快施工现场安装速度、缩短工期。

运距指运输的距离。预制混凝土构件运输的最大运距为 50km 以内。

(四) 各种抹灰的预算编制

1. 各种抹灰的工程量计算

(1) 内墙抹灰按主墙间结构面的净长乘高度,以每 $10m^2$ 计算面积,应扣除门窗洞口和空圈所占面积,但门窗洞口及空圈的侧壁面积亦不增加;不扣除门柱、踢脚线、挂镜线、装饰线、什锦窗洞口及 $0.3m^2$ 以内孔洞所占面积,其侧壁面积亦不增加;垛的侧壁并入墙体内计算,高度由地(楼)面算起,有露明梁者算至梁底;有吊顶抹灰者算至顶棚底,吊顶不抹灰的算至顶棚底另加 20cm 计算;有墙裙者应扣除墙裙高度。

(2) 外墙抹灰按外墙长乘高,以每 10m² 面积计算,其中,应扣除门窗洞口所占面积,不扣除门柱、什锦窗洞口及 0.3m² 以内的孔洞面积;垛的侧壁并入墙体工程量内计算。其高度由台明上皮(无台明的由散水上皮)算至出檐下皮,若下肩不抹灰者应扣除其高度。

(3) 槛墙或墙裙抹灰,按长乘高,以每 10m² 计算,不扣除门柱、踢脚线所占面积。

(4) 门窗口塞缝按门窗框外围面积计算;车棚碹抹灰按展开面积计算。

(5) 须弥座、冰盘檐抹灰按垂直投影面积,以每 10m² 计算。

2. 各种抹灰预算编制的注意事项

(1) 本章抹灰定额中,均包括材料加工、调制灰浆、材料运输、搭拆高度在 3.6m 以内简单脚手架,以及底层处理、抹灰、找平、罩面等。

(2) 本章抹灰砂浆的分层厚度和配合比见表 2-3-24。灰浆损耗率以表 2-3-25 为准。如设计砂浆厚度和配合比有所改变时,其材料量和材料费应进行调整,但人工不变。砂浆中的材料,按各地编制的砂浆配合比表内配比量进行计算。

砂浆分层厚度及配合比　　　　　　表 2-3-24

项目		底层 (cm)		中层 (cm)		面层 (cm)		砂浆总厚度 (mm)
		砂浆种类	厚度	砂浆种类	厚度	砂浆种类	厚度	
白灰砂浆砖墙面	普通	1:3 白灰砂浆	14			麻刀灰	4	18
	高级	1:3 白灰砂浆	13	1:3 白灰砂浆	8	麻刀灰	4	25
水泥砂浆	须弥座冰盘檐	1:3 水泥砂浆	13			1:2.5 水泥砂浆	5	18
剁假石	须弥座冰盘檐	1:3 水泥砂浆	12	素水泥浆	一道	1:2.5 水泥石渣浆	10	22
	花台、花坛等	1:3 水泥砂浆	12	素水泥浆	一道	1:2.5 水泥石渣浆	10	22

墙面灰浆损耗率见表 2-3-25。

灰浆损耗率　　　　　　表 2-3-25

灰浆种类	水泥砂浆	白灰砂浆	混合砂浆	麻刀砂浆	纸筋砂浆	水泥石渣浆
墙面	9.1%	11.9%	9.1%	7.2%	17%	21.4%

(五) 抹灰工程预算编制时的注意事项

1. 抹灰工程中的有关换算内容

(1) 砂浆抹灰中的有关换算内容

1) 顶棚抹灰中的换算内容

①带密肋小梁和井字梁的顶棚抹灰,定额规定按混凝土顶棚抹灰的综合工日乘以 1.5 系数。由此,应如下换算定额基价和人工费,即

换算后综合工日 = 定额综合工日 × 系数 (1.5)

换算后人工费 = 定额人工费 × 系数 (1.5)

换算后基价 = 定额基价 + 定额人工费 × (系数 - 1) × (1 + 综合费率)

②带有弧形顶棚的抹灰,定额规定按相应抹灰定额的综合工日乘以系数 1.2。其换算

内容与上同。

2) 墙面抹灰中的换算内容

①圆弧形墙面的抹灰，定额规定按相应抹灰定额的综合工日乘以系数1.2。此时的换算内容同上述顶棚一样。

②外墙抹灰如需嵌缝起线者，定额规定每 10m² 增加 0.19 工日、二等小枋 0.005m³。如需嵌玻璃条时，每 10m² 增加 0.46 工日、3mm 厚玻璃 0.23m²。此时，不仅要换算人工费和基价，还应换算材料费，具体如下

$$换算后综合工日 = 定额综合工日 + 增加工日 \quad (2\text{-}3\text{-}10)$$

$$换算后人工费 = 定额人工费 + 增加工日 \times 人工单价 = 定额人工费 + 增加人工费$$
$$(2\text{-}3\text{-}11)$$

$$换算后材料费 = 定额材料费 + 增加材料量 \times 材料单价 = 定额材料费 + 增加材料费$$
$$(2\text{-}3\text{-}12)$$

$$换算后基价 = 定额基价 + （增加人工费 + 增加材料费） \times （1 + 综合费率）$$
$$(2\text{-}3\text{-}13)$$

③圆柱抹灰，定额规定按相应梁柱面定额，每 10m² 增加 0.62 工日，其他不变。此情况换算同式 (2-3-10)、式 (2-3-11)。

(2) 装饰抹灰中的有关换算内容

1) 水泥白石子浆的换算

水泥石子浆的配合比一般不得换算，如设计采用白水泥、色石子者，可按定额配合比的数量进行换算。如需使用颜料时，颜料用量按石子浆水泥用量的 8% 计算。此条换算有两个内容：

①将配合比中的白石子量换成同数量的色石子量，这是增加材料价差的换算。

②如掺用颜料时，应增加颜料数量及其颜料费，颜料用量按石子浆配合比中的水泥配比量乘 8%。颜料费等于颜料量乘颜料单价，然后按式 (2-3-12)、式 (2-3-13) 换算材料费和基价。

2) 装饰抹灰面如分格者的换算

一般装饰抹灰定额内已考虑了分格时的工料，但剁假石墙面、墙裙如分格者，可增加 0.72 工日。此时换算同式 (2-3-10)、式 (2-3-11)。柱分格者，人工乘以系数 1.25。

3) 水磨石圆柱面的换算

对水磨石圆柱面应每 10m² 增加 0.96 工日，换算同上。

(3) 镶贴块料面层中的有关换算内容

瓷砖如用 100mm × 100mm 或 150mm × 75mm 时，人工乘系数 1.43；弧形墙贴瓷砖时，人工乘系数 1.18。

该条所指是增加人工的换算。但瓷砖规格改变了，则定额瓷砖耗用量也会变动，其中灰缝按 1mm，损耗率按 3%。

例如：采用 100mm × 100mm 瓷砖时，则瓷砖用量为：

$$100mm \times 100mm \text{ 瓷砖量} = 10 \div (0.101 \times 0.101) \times 1.03 = 1009.7 \text{ 块}$$

设该种瓷砖单价为 0.20 元/块，而定额瓷砖为 150mm × 150mm，耗用量为 451.1 块，则材料费差额为：

瓷砖材料费 = 1009.7 × 0.2 - 451.1 × 0.26 = 201.94 - 117.29 = 84.65 元，此差额得出后，即可加到定额材料费内换算基价。

2. 编制预算中的注意事项

（1）关于抹灰脚手架问题

1）关于顶棚抹灰脚手架

①顶棚抹灰用的脚手架，当抹灰高度在 3.6m 及其以下时，其脚手架的工料费用已包括在其他材料费中，不得再行计算。

②当顶棚抹灰高度超过 3.6m 时应计算抹灰脚手架，计算方法按满堂脚手架定额执行。

2）关于墙面抹灰脚手架

①墙面抹灰用的脚手架，当抹灰高度在 3.6m 及其以下时，其脚手架的工料费用已包括在其他材料费中，不得再行计算。

②当内墙抹灰高度超过 3.6m 时应计算一面墙的抹灰脚手架，计算方法按抹灰脚手架定额执行。但已计算满堂脚手架后，不得再计算抹灰脚手架。

③外墙抹灰，可以利用砌墙脚手架，所以，当已计算砌墙脚手架后，不得再计算外墙抹灰脚手架。如果不能利用砌墙脚手架者，应以外墙垂直投影面积，按抹灰脚手架定额执行。

（2）关于计列定额项目时的注意事项

1）墙裙抹灰与墙面抹灰的划分

墙裙有外墙裙和内墙裙之分。外墙裙是指第一层窗台线以下的墙面部分，内墙裙是指楼地面向上 1.5m 以内的墙面部分。当这些部分墙面的抹灰与整个墙面抹灰不同时，应按墙裙抹灰计算；如果这些部分的抹灰材料与墙面没有区别，均应按墙面抹灰定额执行。

2）扣减门窗洞口面积时的尺寸取定

计算内外墙抹灰时，都应扣减门窗洞口所占的面积。在一般设计图纸中门窗图示尺寸，大多标注的是门窗洞口尺寸，除门窗细部图外，很少标注框外尺寸。因此，扣减门窗洞口面积时，应将门窗洞口宽减去 0.02m；窗洞高减 0.02m、门洞高减 0.01m 后，再计算门窗洞口面积。

3）门窗套抹灰与门窗洞口侧壁抹灰的区别

门窗套是指门窗洞口周边 25cm 宽范围以内墙面部分的面积，此部分面积的砌砖，如果采用优砖精砌者称为门窗套。此部分面积如果单独抹灰者称为门窗套抹灰。因此，门窗套抹灰工程量是抹灰周长乘以抹灰宽，即称为展开面积。

门窗洞口侧壁是指洞口里的内侧面，在木作工程中如果用木板装饰者称为筒子板，此内侧面的抹灰随外墙面或内墙面抹灰计算。

4）窗台线抹灰与腰线抹灰的区别

窗台线又称窗台板，它是窗洞底边伸出墙面的平板，此板如果采用木装饰板者，则称为窗台板。如果用砖砌者，因凸出墙面部分如一条横线，故通称为窗台线。窗台线抹灰包括平面、凸出部分的立面和底面，凸出部分的底面抹灰可以全抹，但大多只抹 2~3cm 宽，作为滴水。

腰线是指墙面中段部位的装饰横线，早先墙面多为清水墙，砌在墙内的钢筋混凝土梁则需用水泥砂浆抹灰罩面,对此部分的抹灰称为腰线,以后逐渐发展,为了增加墙的装饰效果,将平接窗台线的墙面采用砖砌凸出横线进行抹灰装饰,此线开始称为装饰线,但套用定额时,常与腰线列入同一定额项目内,故以后通称为腰线。所以定额规定,当窗台线与腰线连接时,窗台线并入腰线内计算。

(六)木材面油漆的预算编制

1. 木材面油漆的工程量计算

(1)木材面油漆,不同油漆种类,均按刷油部位。分别采用系数乘工程量,以平方米(或延长米)计算。

因为在一般工程中,木制构件和木制品的项目内容很多,其构件和制品面的油漆不能一一都编制出单一的油漆定额,故此,定额只编制了:单层木门窗、单层组合窗、木扶手(不带托板)、其他木材面、柱梁架桁枋古式木构件和木地板等六大项木材面油漆项目,凡制作为成品的木制构件和制品,均分别列入到这六个项目内,按所规定的工程量系数计算后,即可分别按这六个项目的油漆定额执行。各项目所包含的木制构件制品及其相应的系数,编制定额时都专列有一个执行表(见表2-3-26~表2-3-30),在计算木材面的油漆工程量时,即按所属表中之系数乘以该木构件制品的工程量后,即可套用该项的油漆定额。其项目执行表如下:

1)按单层木门窗项目执行的木制构件表(表2-3-26)。

表2-3-26

项 目 名 称	系数	工程量计算方法	项目名称	系数	工程量计算方法
单层木门窗	1.00	框(扇)外围面积计算	石库门	1.15	框(扇)外围面积计算
双层木门窗	1.36		屏门	1.26	
三层木门窗	2.40		拱式槛子对子门	1.26	
百叶木门窗	1.40		间壁、隔断	1.10	长×宽(满外量,不展开)计算
古式长窗(宫、葵、万、海棠、书条)	1.43		木栅栏、木栏杆(带扶手)	1.00	
古式短窗(宫、葵、万、海棠、书条)	1.45		古式木栏杆(带碰嵌)	1.32	
圆形多角形窗(宫、葵、万、海棠、书条)	1.44		吴王靠(美人靠)	1.46	
古式长窗(冰、乱纹、龟六角)	1.55		木挂落	0.45	延长米计算
古式短窗(冰、乱纹、龟六角)	1.58		飞罩	0.50	
圆形、多角形窗(冰、乱纹、龟六角)	1.56		地罩	0.54	外围长度计算
厂库房大门	1.20				

2)按单层组合窗项目执行的木制构件表(表2-3-27)。

表2-3-27

项 目 名 称	系 数	工程量计算方法
单层组合窗	1.00	外围长度计算
双层组合窗	1.40	

3)按木扶手(不带托板)项目执行的木制构件表(表2-3-28)。

表 2-3-28

项目名称	系数	工程量计算方法	项目名称	系数	工程量计算方法
木扶手（不带托板）	1.00	延长米计算	挂衣板、黑板框、生活园地	0.50	延长米计算
木扶手（带托板）	2.50		挂镜线、窗帘棍、顶棚压条	0.40	
窗帘盒	2.00		瓦口板、眠沿、勒望、里口木	0.45	
夹堂板、封檐板、博风板	2.20		木座槛	2.39	

4) 按其他木材面项目执行的木制构件表（表 2-3-29）。

表 2-3-29

项目名称	系数	工程量计算方法	项目名称	系数	工程量计算方法
木板、胶合板顶棚	1.00	长×宽	木护墙、墙裙	0.90	长×宽
屋面板带桁条	1.10	斜长×宽	壁橱	0.83	投影面积之和，不展开
清水板条檐口顶棚	1.10	长×宽	船篷轩（带压条）	1.06	
吸声板（墙面或顶棚）	0.87		竹片面	0.90	长×宽
鱼鳞板墙	2.40		竹结构	0.83	展开面积
暖气罩	1.30		望板	0.83	扣除椽面后的净面积
出入口盖板、检查口	0.87		山填板	0.83	
筒子板	0.83				

5) 按木地板项目执行的木构件表（表 2-3-30）。

表 2-3-30

项 目 名 称	系 数	工程量计算方法
木地板	1.00	长×宽
木楼梯	2.30	水平投影（不包括底面）
木踢脚板	0.16	延长米

（2）柱、梁、架、桁、枋、古式木构件的工程量计算，均按其展开面积计算。对于斗拱、牌科、云头、戗角出檐及椽子等零星木构件工程量，也按展开面积计算，套用柱、梁、架、桁、枋、古式木构件项目定额，但人工应增加20%（即将柱、梁、架、桁、枋、古式木构件的综合工乘以系数1.2）。

2. 木材面油漆预算编制的注意事项

（1）各种油漆项目中，均已综合考虑了手工操作和机械喷涂的因素，不论实际采用何种施工方法，均按定额执行。

（2）室内净高3.6m内的脚手架费用已包括在相应定额内，超过3.6m时，按相应脚手架定额计算一次悬空脚手架费用。当墙面油漆和刷浆无脚手架可利用时，按相应定额计算一次抹灰脚手架费用。

(3) 计算斗拱、牌科、云头、戗角出檐及橼子等零星木构件时，套用柱、梁、架、桁、枋、古式木构件项目，应增加20%的综合工，同时注意要对定额人工费和基价也应作相应增加。

(4) 广（国）漆退光四遍的门窗，定额是按单面制定的，如需双面做退光漆者，其工料和人工费、材料费应乘以系数2.11。

（七）混凝土构件油漆的预算编制

1. 混凝土构件油漆工程量计算

混凝土柱、梁、架、桁、枋等仿古式构件油漆的工程量，按构件展开面积计算，除柱、梁、架、枋等仿古式构件以外的构件（如吴王靠、挂落等），按柱、梁、架、桁、枋等仿古式构件项目乘表2-3-31所示的系数计算。

按混凝土仿古构件油漆项目执行的混凝土构件表　　　　表2-3-31

项目名称	系数	工程量计算方法	项目名称	系数	工程量计算方法
柱、梁、架、桁、枋等仿古构件	1.00	展开面积	挂落	1.00	延长米
古式栏杆	2.90	长×宽（满外量，不展开）	封檐板、博风板	0.50	
吴王靠	3.21		混凝土座槛	0.55	

2. 混凝土构件油漆预算编制注意事项

(1) 各种油漆项目中，均已综合考虑了手工操作和机械喷涂的因素，不论实际采用何种施工方法，均按定额执行。

(2) 室内净高3.6m内的脚手架费用已包括在定额内，超过3.6m时，按脚手架定额计算一次悬空脚手架费用。当墙面油漆和刷浆无脚手架利用时，按定额计算一次抹灰脚手架费用。

(3) 计算斗拱、牌科、云头、戗角出檐及橼子等零星木构件时，应增加20%的综合工（即乘系数1.2），定额人工费和基价也应作相应增加。

（八）抹灰面油漆、壁纸的预算编制

1. 抹灰面油漆、壁纸的工程量计算

抹灰面油漆工程量按抹灰面积，贴壁纸按图示尺寸的实贴面积，以每10m²进行计算，墙柱面以外的抹灰面工程量按乘以表2-3-32的系数计算。

按抹灰面项目执行的油漆项目　　　　表2-3-32

项目名称	系数	工程量计算方法	项目名称	系数	工程量计算方法
槽形底板、混凝土折瓦板	1.30	按：长×宽	密肋、井字梁底板	1.50	按：长×宽
有梁底板	1.10		混凝土平板式楼梯底	1.30	按：水平投影面

2. 抹灰面油漆、壁纸预算编制注意事项

(1) 各种油漆项目中，均已综合考虑了手工操作和机械喷涂的因素，不论实际采用何种施工方法，均按定额执行。

(2) 室内净高3.6m内的脚手架费用已包括在定额内，超过3.6m时，按脚手架定额计算一次悬空脚手架费用。当墙面油漆无脚手架利用时，按定额计算一次抹灰脚手架费用。

(3) 贴壁纸定额是按仿锦缎材料编制的，如采用金属或其他壁纸，材料单价可以调整。若与大单元对花者，壁纸用量乘以系数1.2，其他材料不变。

（九）水质涂料预算的编制事项

1. 水质涂料的工程量计算

水质涂料按涂刷面，以每 $10m^2$ 面积计算。

2. 水质涂料预算的编制事项

（1）水质涂料不分抹灰面、砖墙面、混凝土面、拉毛墙面，均按定额执行。

（2）本定额均已综合考虑了手工操作和机械喷涂的因素，不论实际采用何种施工方法，均按定额执行。

（3）室内净高 3.6m 内的脚手架费用已包括在定额内，超过 3.6m 时，按脚手架定额计算一次悬空脚手架费用。当墙面油漆和刷浆无脚手架利用时，按定额计算一次性抹灰脚手架费用（抹灰、油漆、刷浆等不得重复计算）。

（4）白水泥浆喷刷抹灰面（毛面）时，按抹灰面（光面）项目，将人工和材料乘以系数 1.25，基价也作相应调整。

（十）金属面油漆的预算编制

1. 金属面油漆的工程量计算

金属面油漆的单层钢门窗和薄钢屋面板，按油漆面积以 $10m^2$ 计算；其他金属面按钢构件重量以吨计算。除这三项金属面以外的钢构件，分别列入这三项内乘以系数计算，见表 2-3-33 至表 2-3-35。

（1）按单层钢门窗项目执行的钢构件表（表 2-3-33）。

表 2-3-33

项 目 名 称	系数	工程量计算方法	项 目 名 称	系数	工程量计算方法
单层钢门窗	1.00	按：框（窗）外围面积	包镀锌薄钢板门	1.63	按：框（扇）外围面积
双层钢门窗	1.50		满钢板门	1.60	
半截百叶钢门	2.20		间壁	1.90	按：长×宽
铁百叶窗	2.70		平板屋面	0.74	按：斜长×宽
铁折叠门	2.30		瓦垄板屋面	0.88	
钢平开、推拉门	1.70		排水、伸缩缝盖板	0.78	按：展开面积
钢丝网大门	0.80		吸气罩	1.63	按：水平投影面积

（2）按其他油漆面项目执行的钢构件表（表 2-3-34）。

表 2-3-34

项 目 名 称	系数	工程量计算方法	项 目 名 称	系数	工程量计算方法
钢屋架、天窗架、挡风架、屋架梁、支撑、桁条	1.00	按：重量	钢栅栏门、栏杆、窗栅、兽笼	1.70	按：重量
墙架空腹式	0.50		钢爬梯	1.20	
墙架隔板式	0.80		轻型屋架	1.40	
钢柱、梁、花式梁柱、空花构件	0.60		踏步式钢扶梯	1.10	
操作台、走台	0.70		零星铁件	1.30	

(3) 按平板屋面及镀锌薄钢板面(涂刷磷化、锌黄底漆)项目执行的构件(表2-3-35)。

表 2-3-35

项 目 名 称	系 数	工程量计算方法	项 目 名 称	系 数	工程量计算方法
平板屋面	1.00	按：斜长×宽	吸气罩	2.20	按：水平投影面积
瓦垄板屋面	1.20		包镀锌薄钢板门	2.20	按：框外围面积
排水伸缩缝、盖板	1.05	按：展开面积			

2．金属面油漆预算的编制事项

(1) 各种油漆项目中，均已综合考虑了手工操作和机械喷涂的因素，不论实际采用何种施工方法，均按定额执行。

(2) 室内净高3.6m内的脚手架费用已包括在定额内，超过3.6m时，按脚手架定额计算一次悬空脚手架费用。当墙面油漆和刷浆无脚手架利用时，按定额计算一次抹灰脚手架费用。

(3) 防锈漆定额是按一遍编制的，若涂刷二遍防锈漆时，应将综合工乘系数1.74，材料乘系数2，预算基价作相应调整。

(十一) 砌墙脚手架的工程量计算

1．外脚手架和里脚手架均按墙面的垂直投影面积，以每10m² 计算，不扣除门窗洞口及空洞的面积。凡砌筑高度在1.5m以上的各种砖石砌体均需计算脚手架。外脚手架定额中已综合了斜道、上料平台等的工料，不得重复计算。

2．外墙脚手架的垂直投影面积，以外墙的长度乘室外地面至墙顶中心高度计算。内墙脚手架的垂直投影面积，以内墙净长乘内墙净高计算，有山墙者以山尖二分之一高度为准。

3．建筑物外墙檐高、内墙净高和围墙高度在3.6m以内的砖墙，按里脚手架计算。超过3.6m的按外墙脚手架计算。

4．独立砖石柱，高度在3.6m以内者，以柱的外围周长乘柱高的垂直面积，按里脚手架计算。超过3.6m以上者，按柱周长加3.6m乘柱高，按单排外脚手架计算。

5．屋脊高度在1m以内，不计算筑脊脚手架，超过1m以上者计算一次双排（高12m以内）砌墙脚手架。

(十二) 抹灰、悬空、挑脚手架的工程量计算

1．室内净高在3.6m内墙抹灰脚手架已包括在相应定额内，超过3.6m时计算一次单面墙的抹灰脚手架费用，另一面的抹灰利用砌墙脚手架。有山尖墙的按山尖平均高计算。但已计算满堂脚手架后，不得再计算内墙抹灰脚手架费用。

2．现浇钢筋混凝土单梁，当底层檐高、楼层层高超过3.6m以上者，按梁的净长乘地面或楼面至梁顶面的高度计算面积，套用抹灰脚手架定额，计算其脚手架费用。

3．现浇钢筋混凝土独立柱，当柱高超过3.6m时，按柱的外围周长加3.6m乘柱高计算面积，套用抹灰脚手架定额计算其脚手架费用。

(十三) 满堂脚手架、斜道的工程量计算

1．顶棚抹灰和顶棚的高度在3.6m以内的脚手架费用，已包括在相应的定额内，超过3.6m时，应计算满堂脚手架费用。满堂脚手架的高度以室内地坪至顶棚或屋面底面为准

（斜顶棚或坡屋面按平均高计算）。

2. 满堂脚手架按室内水平投影面积计算，不扣除垛、柱等所占面积。

3. 顶棚高度在 3.6~5.2m 内时，只计算一个满堂脚手架的基本层定额，超过 5.2m 时，应按每增加 1.2m 计算一个增加层定额。增加层高度在 0.6m 以内时舍去不计，超过 0.6m 时按一个增加层计算。

4. 檐口高度超过 3.6m 的安装古建筑立柱、架、梁、木基层、挑檐等，可按屋面投影面积计算一次满堂脚手架，不超过 3.6m 时不计算。但檐高在 3.6m 内的戗（翼）角安装，按戗（翼）角部分的地面也可计算一次满堂脚手架。

（十四）石浮雕的预算编制

1. 石浮雕的工程量计算

（1）石浮雕的工程量计算

石浮雕按实际雕刻物的底板外框面积，以平方米计算。注意，这里是指图案花纹之外经过"减地"、"压地"、"剔地"后的外框面积，如果图案之外没有"地"，应以花纹最外围的边线为准。

当浮雕中雕刻有线脚时，线脚不分深浅均按一道加工定额另行计算。

（2）碑镌字的工程量计算

碑镌字分阴、阳文不同，按字体外围尺寸大小，以每 10 个字为单位计算。

（3）踏步、阶沿石、侧塘石、锁口石、菱角石和地坪石的工程量计算。

踏步、阶沿、侧塘、锁口、菱角和地坪等石的制作，按实际加工等级的加工面外框线，以每 10m² 为单位进行计算。

踏步、阶沿、侧塘、锁口、菱角和地坪等石的安装，以石制品的主看面为准，按其面积以每 10m² 为单位进行计算。

2. 编制预算时的注意事项

（1）石浮雕应注意石料表面的加工等级

石浮雕定额中已包括了石料本身的价值，石料表面的加工等级，定额规定：素平与减地平表面加工做到"扁光"、压地起隐做到"二遍剁斧"、剔地起突做到"一遍起斧"。如果设计要求等级与定额规定不同时，应按表 2-3-36 换算人工费，并对基价进行调整；定额中的材料和其他费用一律不予调整。

同等规格石构件发生不同加工等级时的人工费换算表　　　表 2-3-36

原有等级人工费 \ 改做加工等级	改做一步做糙换算系数	改做二步做糙换算系数	改做一遍剁斧换算系数	改做二遍剁斧换算系数	改做三遍剁斧换算系数	改做扁光换算系数
原二步做糙人工费 A 值	0.83A	A	1.13A	1.36A	1.63A	2.61A
原一步做糙人工费 B 值	B	1.20B	1.36B	1.63B	1.96B	3.13B
原二遍剁斧人工费 C 值	0.61C	0.74C	0.83C	C	1.20C	1.92C
原一遍剁斧人工费 D 值	0.74D	0.88D	D	1.20D	1.44D	2.30D

但碑镌字定额基价中只包括字体加工所需的人工和辅助材料，不包括石料本身的价值，石料本身应按实际加工等级另行计算。

（2）踏步、阶沿、侧塘、锁口、菱角和地坪石等应注意制作加工要求。

定额中踏步、阶沿石和菱角石制作是按二遍剁斧加工编制的；侧塘石、锁口石和地坪石是按二步做糙编制的，如果设计要求与规定不同时，应按表2-3-36，换算人工费及其基价。

若锁口石内侧，侧塘石四周和地坪石等需做快口者，应另行按快口定额乘系数0.5计算。

二、园林景观工程规范

E.3.1 原木、竹构件。工程量清单项目设置及工程量计算规则，应按表2-3-37的规定执行。

E.3.1 原木、竹构件（编码：050301） 表2-3-37

项目编码	项目名称	项目特征	计量单位	工程量计算规则	工程内容
050301001	原木（带树皮）柱、梁、檩、椽	1. 原木种类 2. 原木梢径（不含树皮厚度） 3. 墙龙骨材料种类、规格 4. 墙底层材料种类、规格 5. 构件联结方式 6. 防护材料种类	m	按设计图示尺寸以长度计算（包括榫长）	1. 构件制作 2. 构件安装 3. 刷防护材料
050301002	原木（带树皮）墙		m²	按设计图示尺寸以面积计算（不包括柱、梁）	
050301003	树枝吊挂楣子			按设计图示尺寸以框外围面积计算	
050301004	竹柱、梁、檩、椽	1. 竹种类 2. 竹梢径 3. 连接方式 4. 防护材料种类	m	按设计图示尺寸以长度计算	
050301005	竹编墙	1. 竹种类 2. 墙龙骨材料种类、规格 3. 墙底层材料种类、规格 4. 防护材料种类	m²	按设计图示尺寸以面积计算（不包括柱、梁）	
050301006	竹吊挂楣子	1. 竹种类 2. 竹梢径 3. 防护材料种类		按设计图示尺寸以框外围面积计算	

E.3.2 亭廊屋面。工程量清单项目设置及工程量计算规则，应按表 2-3-38 的规定执行。

E.3.2 亭廊屋面（编码：050302） 表 2-3-38

项目编码	项目名称	项目特征	计量单位	工程量计算规则	工程内容
050302001	草屋面	1. 屋面坡度 2. 铺草种类 3. 竹材种类 4. 防护材料种类	m²	按设计图示尺寸以斜面面积计算	1. 整理、选料 2. 屋面铺设 3. 刷防护材料
050302002	竹屋面				
050302003	树皮屋面				
050302004	现浇混凝土斜屋面板	1. 檐口高度 2. 屋面坡度 3. 板厚 4. 椽子截面 5. 老角梁、子角梁截面 6. 脊截面 7. 混凝土强度等级	m³	按设计图示尺寸以体积计算。混凝土屋脊并入屋面体积内	混凝土制作、运输、浇筑、振捣、养护
050302005	现浇混凝土攒尖亭屋面板				
050302006	就位预制混凝土攒尖亭屋面板	1. 亭屋面坡度 2. 穹顶弧长、直径 3. 肋截面尺寸 4. 板厚 5. 混凝土强度等级 6. 砂浆强度等级 7. 拉杆材质、规格		按设计图示尺寸以体积计算。混凝土脊和穹顶的肋、基梁并入屋面体积内	1. 混凝土制作、运输、浇筑、振捣、养护 2. 预埋铁件、拉杆安装 3. 构件出槽、养护、安装 4. 接头灌缝
050302007	就位预制混凝土穹顶				
050302008	彩色压型钢板（夹芯板）攒尖亭屋面板	1. 屋面坡度 2. 穹顶弧长、直径 3. 彩色压型钢板（夹芯板）品种、规格、品牌、颜色 4. 拉杆材质、规格 5. 嵌缝材料种类 6. 防护材料种类	m²	按设计图示尺寸以面积计算	1. 压型板安装 2. 护角、包角、泛水安装 3. 嵌缝 4. 刷防护材料
050302009	彩色压型钢板（夹芯板）穹顶				

E.3.3 花架。工程量清单项目设置及工程量计算规则,应按表2-3-39的规定执行。

E.3.3 花架（编码：050303） 表2-3-39

项目编码	项目名称	项目特征	计量单位	工程量计算规则	工程内容
050303001	现浇混凝土花架柱、梁	1. 柱截面、高度、根数 2. 盖梁截面、高度、根数 3. 连系梁截面、高度、根数 4. 混凝土强度等级	m³	按设计图示尺寸以体积计算	1. 土（石）方挖运 2. 混凝土制作、运输、浇筑、振捣、养护
050303002	预制混凝土花架柱、梁	1. 柱截面、高度、根数 2. 盖梁截面、高度、根数 3. 连系梁截面、高度、根数 4. 混凝土强度等级 5. 砂浆配合比	m³		1. 土（石）方挖运 2. 混凝土制作、运输、浇筑、振捣、养护 3. 构件制作、运输、安装 4. 砂浆制作、运输 5. 接头灌缝、养护
050302003	木花架、梁	1. 木材种类 2. 柱、梁截面 3. 连接方式 4. 防护材料种类		按设计图示截面乘长度（包括榫长）以体积计算	1. 土（石）方挖运 2. 混凝土制作、运输、浇筑、振捣、养护 3. 构件制作、运输、安装 4. 刷防护材料、油漆
050303004	金属花架柱、梁	1. 钢材品种、规格 2. 柱、梁截面 3. 油漆品种、刷漆遍数	t	按设计图示以质量计算	

E.3.4 园林桌椅。工程量清单项目设置及工程量计算规则,应按表2-3-40的规定执行。

E.3.4 园林桌椅（编码：050304） 表2-3-40

项目编码	项目名称	项目特征	计量单位	工程量计算规则	工程内容
050304001	木制飞来椅	1. 木材种类 2. 座凳面厚度、宽度 3. 靠背扶手截面 4. 靠背截面 5. 座凳楣子形状、尺寸 6. 铁件尺寸、厚度 7. 油漆品种、刷油遍数	m	按设计图示尺寸以座凳面中心线长度计算	1. 座凳面、靠背、扶手、靠背、楣子制作、安装 2. 铁件安装 3. 刷油漆
050304002	钢筋混凝土飞来椅	1. 座凳面厚度、宽度 2. 靠背扶手截面 3. 靠背截面 4. 座凳楣子形状、尺寸 5. 混凝土强度等级 6. 砂浆配合比 7. 油漆品种、刷油遍数			1. 混凝土制作、运输、浇筑、振捣、养护 2. 预制件运输、安装 3. 砂浆制作、运输、抹面、养护 4. 刷油漆
050304003	竹制飞来椅	1. 竹材种类 2. 座凳面厚度、宽度 3. 靠背扶手梢径 4. 靠背截面 5. 座凳楣子形状、尺寸 6. 铁件尺寸、厚度 7. 防护材料种类			1. 座凳面、靠背扶手、靠背、楣子制作、安装 2. 铁件安装 3. 刷防护材料

续表

项目编码	项目名称	项目特征	计量单位	工程量计算规则	工程内容
050304004	现浇混凝土桌凳	1. 桌凳形状 2. 基础尺寸、埋设深度 3. 桌面尺寸、支墩高度 4. 凳面尺寸、支墩高度 5. 混凝土强度等级、砂浆配合比	个	按设计图示数量计算	1. 土方挖运 2. 混凝土制作、运输、浇筑、振捣、养护 3. 桌凳制作 4. 砂浆制作、运输 5. 桌凳安装、砌筑
050304005	预制混凝土桌凳	1. 桌凳形状 2. 基础形状、尺寸、埋设深度 3. 桌面形状、尺寸、支墩高度 4. 凳面尺寸、支墩高度 5. 混凝土强度等级 6. 砂浆配合比			1. 混凝土制作、运输、浇筑、振捣、养护 2. 预制件制作、运输、安装 3. 砂浆制作、运输 4. 接头灌缝、养护
050304006	石桌石凳	1. 石材种类 2. 基础形状、尺寸、埋设深度 3. 桌面形状、尺寸、支墩高度 4. 凳面尺寸、支墩高度 5. 混凝土强度等级 6. 砂浆配合比			1. 土方挖运 2. 混凝土制作、运输、浇筑、振捣、养护 3. 桌凳制作 4. 砂浆制作、运输 5. 桌凳安砌
050304007	塑树根桌凳	1. 桌凳直径 2. 桌凳高度 3. 砖石种类 4. 砂浆强度等级、配合比 5. 颜料品种、颜色			1. 土（石）方挖运 2. 砂浆制作、运输 3. 砖石砌筑 4. 塑树皮 5. 绘制木纹
050304008	塑树节椅				
050304009	塑料、铁艺、金属椅	1. 木座板面截面 2. 塑料、铁艺、金属椅规格、颜色 3. 混凝土强度等级 4. 防护材料种类			1. 土（石）方挖运 2. 混凝土制作、运输、浇筑、振捣、养护 3. 座椅安装 4. 木座板制作、安装 5. 刷防护材料

E.3.5 喷泉安装。工程量清单项目设置及工程量计算规则，应按表2-3-41的规定执行。

E.3.6 杂项。工程量清单项目设置及工程量计算规则，应按表2-3-42的规定执行。

E.3.7 其他相关问题，应按下列规定处理：

1. 柱顶石（磉蹬石）、木柱、木屋架、钢柱、钢屋架、屋面木基层和防水层等，应按附录A相关项目编码列项。

E.3.5 喷泉安装（编码：050305）

表 2-3-41

项目编码	项目名称	项目特征	计量单位	工程量计算规则	工程内容
050305001	喷泉管道	1. 管材、管件、水泵、阀门、喷头品种、规格、品牌 2. 管道固定方式 3. 防护材料种类	m	按设计图示尺寸以长度计算	1. 土（石）方挖运 2. 管道、管件、水泵、阀门、喷头安装 3. 刷防护材料 4. 回填
050305002	喷泉电缆	1. 保护管品种、规格 2. 电缆品种、规格	m	按设计图示尺寸以长度计算	1. 土（石）方挖运 2. 电缆保护管安装 3. 电缆敷设 4. 回填
050305003	水下艺术装饰灯具	1. 灯具品种、规格、品牌 2. 灯光颜色	套	按设计图示数量计算	1. 灯具安装 2. 支架制作、运输、安装
050305004	电气控制柜	1. 规格、型号 2. 安装方式	台	按设计图示数量计算	1. 电气控制柜（箱）安装 2. 系统调试

E.3.6 杂项（编码：050306）

表 2-3-42

项目编码	项目名称	项目特征	计量单位	工程量计算规则	工程内容
050306001	石灯	1. 石料种类 2. 石灯最大截面 3. 石灯高度 4. 混凝土强度等级 5. 砂浆配合比	个	按设计图示数量计算	1. 土（石）方挖运 2. 混凝土制作、运输、浇筑、振捣、养护 3. 石灯制作、安装
050306002	塑仿石音箱	1. 音箱石内空尺寸 2. 钢丝型号 3. 砂浆配合比 4. 水泥漆品牌、颜色	个	按设计图示数量计算	1. 胎模制作、安装 2. 钢丝网制作、安装 3. 砂浆制作、运输、养护 4. 喷水泥漆 5. 埋置仿石音箱
050306003	塑树皮梁、柱	1. 塑树皮种类 2. 塑竹种类 3. 砂浆配合比 4. 颜料品种、颜色	m² (m)	按设计图示尺寸以梁柱外表面积计算或以构件长度计算	1. 灰塑 2. 刷涂颜料
050306004	塑竹梁、柱				
050306005	花坛铁艺栏杆	1. 铁艺栏杆高度 2. 铁艺栏杆单位长度重量 3. 防护材料种类	m	按设计图示尺寸以长度计算	1. 铁艺栏杆安装 2. 刷防护材料
050306006	标志牌	1. 材料种类、规格 2. 镌字规格、种类 3. 喷字规格、颜色 4. 油漆品种、颜色	个	按设计图示数量计算	1. 选料 2. 标志牌制作 3. 雕凿 4. 镌字、喷字 5. 运输、安装 6. 刷油漆
050306007	石浮雕	1. 石料种类 2. 浮雕种类 3. 防护材料种类	m²	按设计图示尺寸以雕刻部分外接矩形面积计算	1. 放样 2. 雕琢 3. 刷防护材料
050306008	石镌字	1. 石料种类 2. 镌字种类 3. 镌字规格 4. 防护材料种类	个	按设计图示数量计算	

续表

项目编码	项目名称	项目特征	计量单位	工程量计算规则	工程内容
050306009	砖石砌小摆设	1. 砖种类、规格 2. 石种类、规格 3. 砂浆强度等级、配合比 4. 石表面加工要求 5. 勾缝要求	m³ (个)	按设计图示尺寸以体积计算或以数量计算	1. 砂浆制作、运输 2. 砌砖、石 3. 抹面、养护 4. 勾缝 5. 石表面加工

2. 需要单独列项目的土石方和基础项目，应按附录 A 相关项目编码列项。
3. 木构件连接方式应包括：开榫连接、铁件连接、扒钉连接、铁钉连接。
4. 竹构件连接方式应包括：竹钉固定、竹篾绑扎、钢丝绑扎。
5. 膜结构的亭、廊，应按附录 A 相关项目编码列项。
6. 喷泉水池应按附录 A 相关项目编码列项。
7. 石浮雕应按表 2-3-43 分类：

表 2-3-43

浮雕种类	加 工 内 容
阴线刻	首先磨光磨平石料表面，然后以刻凹线（深度在 2~3mm）勾画出人物、动植物或山水
平浮雕	首先扁光石料表面，然后凿出堂子（凿深在 60mm 以内），凸出欲雕图案。图案凸出的平面应达到"扁光"、堂子达到"钉细麻"
浅浮雕	首先凿出石料初形，凿出堂子（凿深在 60~200mm 以内），凸出欲雕图形，再加工雕饰图形，使其表面有起有伏，有立体感。图形表面应达到"二遍剁斧"，堂子达到"钉细麻"
高浮雕	首先凿出石料初形，然后凿掉欲雕图形多余部分（凿深在 200mm 以上），凸出欲雕图形，再细雕图形，使之有较强的立体感（有时高浮雕的个别部位与堂子之间漏空）。图形表面达到"四遍剁斧"，堂子达到"钉细麻"或"扁光"

8. 石镌字种类应是指阴文和阴包阳。
9. 砌筑果皮箱、放置盆景的须弥座等，应按 E.3.6 中砖石砌小摆设项目编码列项。

三、园林景观工程编制注意事项

（一）概况

本章共 6 节 41 个项目。包括原木、竹构件、亭廊屋面、花架、园林桌椅、喷泉和杂项等。适用于园林景观工程。

（二）有关项目的说明

1. 本章项目中未包括的基础、柱、梁、墙、屋架等项目，发生时按附录 A 相关项目编码列项。
2. 本章所列原木构件是指不剥树皮的原木。
3. 原木（带树皮）墙项目也可用于在墙体上铺钉树皮项目。
4. 竹编墙项目也可用于在墙体上铺钉竹板的墙体项目。
5. 树枝、竹编制的花牙子按树枝吊挂楣子和竹吊挂楣子项目编码列项。

6. 草屋面、竹屋面、树皮屋面的木基层按附录 A 木结构的屋面木基层（包括檩子、椽子、屋面板等）项目编码列项。

7. 混凝土斜屋面板、亭屋面板上盖瓦，盖瓦应按附录 A 瓦屋面项目编码列项。

8. 膜结构的亭、廊按附录 A 膜结构屋面项目编码列项。

9. 花架项目中的"梁"包括盖梁和连系梁。

10. 石桌、石凳项目可用于经人工雕凿的石桌、石凳，也可用于选自然石料的石桌、石凳。

11. 喷泉水池按附录 A 相关项目编码列项。

12. 仿石音箱项目可用于人工雕凿的石音箱。

13. 标志牌项目适用于各种材料的指示牌、指路牌、警示牌等。

（三）有关项目特征的说明

1. 木构件的连接方式有：开榫连接、铁件连接、扒钉连接、铁钉连接、粘结等。

2. 竹构件的连接方式有：钻孔竹钉固定、竹篾绑扎、钢丝绑扎等。

3. 原木（带树皮）墙项目的龙骨材料、底层材料，是指铺钉树皮的墙体龙骨材料和铺钉树皮底层材料。如木龙骨钉铺木板墙，在木墙板上再铺钉树皮。

4. 防护材料指防水、防腐、防虫涂料等。

5. 铺草种类指麦草、谷草、山草、丝茅草等。

6. 竹屋面的竹材一般使用毛竹（楠竹）。

7. 花架应描述柱、梁的截面尺寸和高度以及根数。

8. 飞来椅的座凳楣子是指座凳面下面的楣子，类似于固定窗，所以在四川称为地脚窗。

9. 飞来椅靠背形状、尺寸指靠背是直形的还是弯形（鹅颈）的，尺寸指截面尺寸和长度。

10. 塑料座凳包括仿竹、仿树木的塑料椅。

（四）有关工程量计算的说明

1. 树枝、竹制的花牙子以框外围面积或个计算。

2. 穹顶的肋和壁基梁拼入穹顶体积内计算。

3. 喷泉管道工程量从供水主管接头算至喷头接口（不包括喷头长度）。

4. 水下艺术装饰灯具工程量以每个灯泡、灯头、灯座以及与之配套的配件为 1 套。

5. 砖石砌小摆设工程量以体积计算，如外形比较复杂难以计算体积，也可以个计算。如有雕饰的须弥座，以个计算工程量时，工程量清单中应描述其外形主要尺寸，如长、宽、高尺寸。

（五）有关工程内容的说明

1. 混凝土构件的钢筋、铁件制作安装应按附录 A 相关项目编码列项。

2. 原木（带树皮）、树枝和竹制构配件需加热煨弯或校直时，加热费用应包括在报价内。

3. 草屋面需捆把的竹片和蓑条应包括在报价内。

4. 就位预制亭屋面和穹顶使用土胎模时，应计算挖土、过筛、夯筑、抹灰以及构件出槽后的回填等，也可将土胎模发生的费用列入工程量清单措施项目内。

5. 彩色压型板（夹芯板）亭屋面板、穹顶屋面采用金属骨架的，若工程量清单单独列金属骨架项目的，骨架不应包括在亭屋面或穹顶屋面报价内。

6. 预制混凝土花架、木花架、金属花架的构件安装包括吊装。

7. 飞来椅铁件如由投标人制作时，还应包括铁件制作、运输费用。

8. 飞来椅铁件包括靠背、扶手、座凳面与柱或墙的连接铁件、座凳腿与地面的连接铁件。

（六）举例

某公园步行木桥，桥面长 6m、宽 1.5m，桥板厚 25mm，满铺平口对缝，采用木桩基础；原木梢径 $\phi80$、长 5m 共 16 根，横梁原木梢径 $\phi80$、长 1.8m、共 9 根，纵梁原木梢径 $\phi100$、长 5.6m、共 5 根。栏杆、栏杆柱、扶手、扫地杆、斜撑采用枋木 80mm×80mm（刨光），栏杆高 900mm。全部采用杉木。

1. 经业主根据施工图计算步行木桥工程量为 $9.00m^2$。

2. 投标人计算

（1）原木桩工程（查原木材积表）为 $0.64m^3$。

1）人工费：25 元/工日 × 5.12 工日 = 128 元

2）材料费：原木 800 元/m^3 × $0.64m^3$ = 512 元

3）合计：640.00 元

（2）原木横、纵梁工程量（查原木材积表）为 $0.472m^3$。

1）人工费：25 元/工日 × 3.42 工日 = 85.50 元

2）材料费：原木 800 元/m^3 × $0.472m^3$ = 377.60 元

扒钉 3.2 元/kg × 15.5kg = 49.60 元

小计：427.20 元

3）合计：512.70 元

（3）桥板工程量 $3.142m^3$。

1）人工费：25 元/工日 × 22.94 工日 = 573.50 元

2）材料费：板材 1200 元/m^3 × $3.142m^3$ = 3770.4 元

铁钉 2.5 元/kg × 21kg = 52.5 元

小计：3822.90 元

3）合计：4396.40 元

（4）栏杆、扶手、扫地杆、斜撑工程量 $0.24m^3$。

1）人工费：25 元/工日 × 3.08 工日 = 77.00 元

2）材料费：枋材 1200/m^3 × $0.24m^3$ = 288.00 元

铁件 3.2 元/kg × 6.4kg = 20.48 元

小计：308.48 元

3）合计：385.48 元

（5）综合。

1）直接费用合计：5934.58 元

2）管理费：直接费 × 25% = 1483.65 元

3）利润：直接费 × 8% = 474.77 元

4）总计：7893.09 元。

5）综合单价：877.01 元。

分部分项工程量清单计价表

工程名称：某公园　　　　　　　　　　　　　　　　　　　　　　第　页共　页

序号	项目编码	项目名称	计量单位	工程数量	金额（元）	
					综合单价	合价
	050201016001	E.3 园林景观工程 木制步桥 桥面长6m，宽1.5m，桥板厚0.025m 原木桩基础，梢径φ80、长5m、16根 原木横梁，梢径φ80、长1.8m、9根 原木纵梁，梢径φ100、长5.6m、5根 栏杆、扶手、扫地杆、斜撑枋木80mm×80mm（刨光），栏高900mm 全部采用杉木	m²	9	877.01	7893.09
		合　　计				

分部分项工程量清单综合单价计算表

工程名称：某公园　　　　　　　　　　　　　　　　　　　　计算单位：m²
项目编码：050201016001　　　　　　　　　　　　　　　　　工程数量：9
项目名称：木制步桥　　　　　　　　　　　　　　　　　　　综合单价：877.02元

序号	定额编号	工程内容	单位	数量	其中：（元）				
					人工费	材料费	机械费	管理费	利润	小计
	估算	原木桩基础	m³	0.071	14.22	56.89		17.78	5.69	94.58
	估算	原木梁	m³	0.052	9.49	47.47		14.24	4.56	75.76
	估算	桥板	m²	1.000	63.72	424.77		122.12	39.08	649.69
	估算	栏杆、扶手、斜撑	m³	0.027	8.57	34.28		10.71	3.43	56.99
		合　计			96	563.41	—	164.85	52.76	877.02

第三章　工程量清单计价实例

第一节　某小区绿化某工程工程量清单　报价示例

一、小区绿化工程工程量清单

<u>　　××小区绿化　　</u>工程

工 程 量 清 单

招　　标　　人：<u>　×××　</u>（单位签字盖章）

法　定　代　表　人：<u>　×××　</u>（签字盖章）

中介机构法定代表人：<u>　×××　</u>（签字盖章）

造价工程师及注册证号：<u>　×××　</u>（签字盖执业专用章）

编　制　时　间：×年×月×日

总 说 明

工程名称：××小区绿化工程　　　　　　　　　　第 页 共 页

　　1. 工程概况：该工程绿化面积 852m^2，其指导思想为以绿为主，保持生态平衡，提高环境质量，整个工程由两面同步的电子石英钟、圆形花坛、伞亭、花台、连座花坛、花架、八角花坛以及绿化地等组成，植物主要有桧柏、垂柳、龙爪槐、大叶黄杨、金银木、珍珠梅、月季等。

　　2. 招标范围：绿化工程、庭园工程

　　3. 工程质量要求：优良工程

　　4. 工程量清单编制依据

4.1 由××市建筑工程设计事务所设计的施工图一套；

4.2 由××公司编制的《××小区绿化工程施工招标书》、《××小区绿化工程招标答疑》；

4.3 工程量清单计量按照国标《建设工程工程量清单计价规范》编制；

4.4 因工程质量优良，故所有材料必须持有市以上有关部门颁发的《产品合格证书》及价格在中档以上的建筑材料。

分部分项工程量清单

工程名称：××小区绿化工程　　　　　　　　　　　第　页共　页

序号	项目编码	项目名称	计量单位	工程数量
		E.1　绿化工程		
1	050101006001	整理绿化用地，普坚土	m²	852
2	050102001001	栽植乔木，桧柏，高1.2~1.5m，土球苗木	株	2
3	050102001002	栽植乔木，垂柳，胸径4.0~5.0cm，露根乔木	株	7
4	050102001003	栽植乔木，龙爪槐，胸径3.5~4.0cm，露根乔木	株	4
5	050102001004	栽植乔木，大叶黄杨，高1~1.2m，绿篱苗木	株	4
6	050102004001	栽植灌木，金银木，高1.5~1.8m，露根灌木	株	90
7	050102004002	栽植灌木，珍珠梅，高1~1.2m，露根灌木	株	60
8	050102008001	栽植花卉，月季，各色月季，二年生，露地花卉	株	120
9	050102010001	铺种草皮，野牛草，草皮	m²	466
		E.2　园路、园桥、假山工程		
10	050201001001	园路，200mm厚砂垫层，150mm厚3:7灰土垫层，水泥方格砖路面	m²	176.54
11	010101002001	挖土方，普坚土，挖土平均厚度350mm，弃土运距100mm	m³	61.79
12	050201002001	路牙，3:7灰土垫层，150mm厚，花岗石	m	91.2
		E.3　园林景观工程		
13	050303001001	现浇混凝土花架柱、梁，柱6根，高2.2m	m³	2.168
14	010401002001	现浇混凝土独立基础，C10混凝土垫层，100mm厚	m³	1.296
15	020203001001	零星项目一般抹灰，檩架抹水泥砂浆	m²	60.04
16	020507001001	刷喷涂料，檩架喷涂料	m²	60.04
17	010101003001	挖基础土方，挖八角花坛土方，人工挖地槽，土方运距100m	m³	10.64
18	010407001001	其他构件，八角花坛混凝土池壁，C10混凝土现浇	m³	7.3
19	020204003001	块料墙面，八角花坛混凝土池壁贴大理石	m²	23.24
20	010101003002	挖基础土方，连座花坛土方，平均挖土深度870mm，普坚土，弃土运距100m	m³	9.22
21	010401002002	现浇混凝土独立基础，3:7灰土垫层，100mm厚	m³	1.06
22	010302001001	实心砖墙，M5混合砂浆砌筑，普通砖	m³	4.87
23	010407001002	其他构件，连座花坛混凝土花池，C25混凝土现浇	m³	2.68
24	050304005001	预制混凝土桌凳，C20预制混凝土坐凳，水磨石面	个	8
25	010101003003	挖基础土方，挖坐凳土方，平均挖土深度80mm，普坚土，弃土运距100m	m³	0.03
26	010101003004	挖基础土方，挖花台土方，平均挖土深度640mm，普坚土，弃土运距100m	m³	6.55
27	010401002003	现浇混凝土独立基础，3:7灰土垫层，300mm厚	m³	1.02

续表

序号	项目编码	项目名称	计量单位	工程数量
28	010302001002	实心砖墙,砖砌花台,M5混合砂浆,普通砖	m³	2.373
29	010407001003	其他构件,花台混凝土花池,C25混凝土现浇	m³	2.72
30	020204001002	石材墙面,花台混凝土花池池面贴花岗石	m²	4.56
31	010101003005	挖基础土方,挖花墙花台土方,平均深度940mm,普坚土,弃土运距100m	m³	11.73
32	010401001001	带形基础,花墙花台混凝土基础,C25混凝土现浇	m³	1.25
33	010302001003	实心砖墙,砖砌花墙,M5混合砂浆,普通砖	m³	8.19
34	010407001004	其他构件,花墙花台混凝土花台,C25混凝土现象	m³	3.50
35	020204001003	石材墙面,花墙花台墙面贴青石板	m²	27.73
36	010606012001	零星钢构件,花墙花台铁花饰,-60×6,2.83kg/m	t	0.11
37	010101003006	挖基础土方,挖伞亭土方,平均深度900mm,普坚土,弃土运距100m	m³	1.38
38	010401003001	满堂基础,伞亭混凝土基础,砂石垫层,100mm厚	m³	0.27
39	010101003006	挖基础土方,挖圆形花坛土方,平均深度800mm,普坚土,弃土运距100m	m³	3.82
40	010407001005	其他构件,圆形花坛混凝土池壁,C25混凝土现浇	m³	2.63
41	020204001004	石材墙面,圆形花坛混凝土池壁贴大理石	m²	10.05
42	010402001001	矩形柱,表架混凝土柱,C25混凝土现浇	m³	1.8
43	020202001001	柱面一般抹灰,混凝土柱水泥砂浆抹面	m²	10.2
44	020507001001	刷喷涂料,混凝土柱面刷白色涂料	m²	10.2

措施项目清单

工程名称:××小区绿化工程　　　　　　　　　　　　　　　　第　页共　页

序号	项目名称	金额(元)
5	园林绿化工程	
5.1	脚手架费	
5.2	混凝土模板及支架	
5.3	环境保护费	
5.4	临时设施费	
5.5	文明、安全施工费	
	合计	

其他项目清单

工程名称：××小区绿化工程　　　　　　　　　　　　　　　　　　第　页 共　页

序号	项 目 名 称	金额（元）
1	招标人部分	
	预留金	
	材料购置费	
	小计	
2	投标人部分	
	总承包服务费	
	零星工作项目费	
	小计	
	合　计	

零星工作项目表

工程名称：××小区绿化工程　　　　　　　　　　　　　　　　　　第　页 共　页

序号	名　称	计量单位	工程数量
	园林绿化		
1	人工		
1.1			
	小计		
2	材料		
2.1			
	小计		
3	机械		
3.1			
	小计		

241

园林绿化工程量计算式

序号	工程项目及名称	单 位	数 量
	直接费项目		
1	整理绿化用地： $S = 852m^2$	m^2	852
2	栽植乔木 桧柏：高 1.2~1.5m，2 株 垂柳：胸径 4.0~5.0cm，7 株 龙爪槐：胸径 3.5~4.0cm，4 株	株	13
3	栽植乔木： 大叶黄杨：高 1~1.2m，4 株	株	4
4	栽植灌木： 金银木：高 1.5~1.8m，90 株 珍珠梅：高 1.0~1.2m，60 株	株	150
5	栽植花卉 月季：二年生	株	120
6	铺种草皮： 野牛草，草皮	m^2	466
7	园路： $S = 176.54m^2$ $V_{砂垫层} = 176.54m^2 \times 0.2m = 35.31m^3$ $V_{灰土垫层} = 176.54m^2 \times 0.15m = 26.48m^3$ $S_{水泥方格砖} = 176.54m^2$ 挖土方：$176.54m^2 \times 0.35m = 61.79m^3$	m^2	176.54
8	路牙： 路牙侧石安装：91.2m 路牙 3:7 灰土：$91.2m \times 0.16m \times 0.15m = 2.19m^3$	m	91.2
9	花架：		
	①挖地坑：$0.8 \times 0.9 \times 1.2 \times 6 = 5.18m^3$	m^3	5.18
	②C10 混凝土垫层：$0.8 \times 0.9 \times 0.1 \times 6 = 0.432m^3$	m^3	0.432
	③混凝土柱基：$(0.7 \times 0.8 \times 0.3 + 0.2 \times 0.3 \times 0.8) \times 6 = 1.296m^3$	m^3	1.296
	④混凝土柱架：$\dfrac{(0.3+0.68) \times 2.2}{2} \times 0.2 \times 6 - \dfrac{(0.2+0.1) \times 0.76}{2} \times 0.2 \times 6$ $= 1.157m^3$	m^3	1.157
	⑤混凝土梁：$2.4 \times 3 \times 0.15 \times 0.24 \times 2 = 0.518m^3$	m^3	0.518
	⑥混凝土檩架：$\left[(0.89+1.52) \times 0.06 \times \dfrac{0.32+0.08}{2}\right] \times 17 = 0.493m^3$	m^3	0.493
	⑦水泥砂浆抹面：$[(0.89+1.52) \times (0.32 \times 2 + 0.06 \times 2)] \times 17 + 0.68 \times 4$ $\times 2.2 \times 6 = 67.04m^2$	m^2	67.04
	⑧檩架喷涂料：$67.04m^2$	m^2	67.04

续表

序号	工程项目及名称	单位	数量
	直接费项目		
10	八角花坛		
	①人工挖地槽：$33.2 \times 0.8 \times 0.4 = 10.62 m^3$	m^3	10.62
	②基础3:7灰土垫层：$33.2 \times 0.3 \times 0.4 = 3.98 m^3$	m^3	3.98
	③混凝土池壁：$33.2 \times 1.1 \times 0.2 = 7.2 m^3$	m^3	7.3
	④池面贴大理石：$33.2 \times 0.7 = 23.24 m^2$	m^2	23.24
11	连座花坛		
	①挖土方：$1.88 \times 1.88 \times 0.87 \times 3 = 9.22 m^3$	m^2	9.22
	②3:7灰土垫层：$1.88 \times 1.88 \times 0.15 \times 3 = 1.59 m^3$	m^3	1.59
	③C10混凝土基础：$1.88 \times 1.88 \times 0.1 \times 3 = 1.06 m^3$	m^3	1.06
	④砌墙：$(1.78 \times 1.78 \times 0.115 + 1.44 \times 1.44 \times 0.6) \times 3 = 4.87 m^3$	m^3	4.87
	⑤混凝土花池：$[2 \times 2 \times 0.1 + (2 + 1.8) \times 2 \times 0.1 \times 0.65] \times 3 = 2.68 m^3$	m^3	2.68
	⑥坐凳挖槽：$0.15 \times 0.3 \times 0.08 \times 8 = 0.03 m^3$	m^3	0.03
	⑦混凝土坐凳：$(0.15 \times 0.3 \times 0.08 + 0.37 \times 0.25 \times 0.08) \times 8 + 0.4 \times 0.08 \times 6 = 0.20 m^3$	m^3	0.20
12	花台		
	①挖土方：$1.6 \times 1.6 \times 0.64 \times 4 = 6.55 m^3$	m^3	6.55
	②3:7灰土基础垫层：$1.6 \times 1.6 \times 0.3 \times 4 = 3.072 m^3$	m^3	3.07
	③混凝土基础：$1.6 \times 1.6 \times 0.1 \times 4 = 1.024 m^3$	m^3	1.02
	④砌花台：$1.4 \times 1.4 \times 0.115 \times 4 + 1.28 \times 1.28 \times 0.115 \times 4 + 1.16 \times 1.16 \times 0.115 \times 4 = 2.289 m^3$	m^3	2.29
	⑤混凝土花池：$[1.2 \times 1.2 \times 0.12 + (1.2 + 0.88) \times 2 \times 0.16 \times 0.76] \times 4 = 2.715 m^3$	m^3	2.72
	⑥池面贴花岗石：$(1.2 + 0.88) \times 0.16 + 1.2 \times 4 \times 0.88 = 4.56 m^2$	m^2	4.56
13	花墙花台		
	①人工挖槽：$7.8 \times 2 \times 0.8 \times 0.94 = 11.73 m^3$	m^3	11.73
	②混凝土基础：$15.6 \times 0.8 \times 0.1 = 1.25 m^3$	m^3	1.25
	③砌花墙：$15.6 \times 0.6 \times 0.12 + 15.6 \times 0.49 \times 0.12 + 15.6 \times 0.365 \times 1.08 = 8.19 m^3$	m^3	8.19
	④墙面贴青石板　花墙：$1.5 \times 0.6 \times 2 + 15.6 \times 0.36 = 7.416 m^2$ 花台：$1.2 \times 4 \times 0.6 + (1.2 + 0.96) \times 0.12 \times 2 = 3.398 m^2$	m^2	10.81
	⑤混凝土花台：$[0.36 \times 0.36 \times 0.12 + 1.2 \times 1.2 \times 0.12 + (1.12 + 0.96) \times 2 \times 0.48 \times 0.12] \times 8 = 3.50 m^3$	m^3	3.50
	⑥铁花饰：$\left[\left(\dfrac{2 \times 3.14 \times 0.27}{2} + 0.63 \times 2\right) \times 18 + 0.04 \times 0.12 \times 36\right] \times 2.83 = 107.97 kg$（$-60 \times 6 \Rightarrow 2.83 kg/m$）	kg	107.97

续表

序号	工程项目及名称	单位	数 量
	直接费项目		
14	伞亭		
	①挖地坑：$3.14 \times 0.7^2 \times 0.9 = 1.38 m^3$	m^3	1.38
	②素土夯实：$3.14 \times 0.7^2 \times 0.15 = 0.23 m^3$	m^3	0.23
	③砂石垫层：$3.14 \times 0.7^2 \times 0.1 = 0.15 m^3$	m^3	0.15
	④混凝土基础：$3.14 \times 0.7^2 \times 0.15 + \dfrac{3.14 \times 0.05 \times [0.7^2 + 0.25^2 + 0.7 \times 0.25]}{3} = 0.27 m^3$	m^3	0.27
	⑤混凝土伞板： $3.14 \times (2.25)^2 \times 0.06 + \dfrac{3.14 \times 0.08 \times [0.25^2 + 2.25^2 + 0.25 \times 2.25]}{3} = 1.43 m^3$	m^3	1.43
	混凝土柱：$3.14 \times 0.25^2 \times 0.86 + 3.14 \times 0.15^2 \times 1.84 + \dfrac{3.14 \times 0.3 \times 0.175^2 + 0.25^2 + 0.175 \times 0.25}{3} = 0.34 m^3$	m^3	0.34
15	圆形花坛		
	①挖地槽：$11.932 \times 0.4 \times 0.8 = 3.82 m^3$	m^3	3.82
	②基础 3:7 灰土垫层：$11.932 \times 0.4 \times 0.3 = 1.43 m^3$	m^3	1.43
	③混凝土池壁：$11.932 \times 1.1 \times 0.2 = 2.63 m^3$	m^3	2.63
	④池面贴大理石面：$12.56 \times 0.8 = 10.05 m^2$	m^2	10.05
16	混凝土柱、水泥砂浆抹面、刷白色涂料值		
	①混凝土柱：$3 \times 1 \times 0.6 = 1.8 m^3$	m^3	1.8
	②水泥砂浆抹面：$3.2 \times 3 + 1 \times 0.6 = 10.2 m^2$	m^2	10.2
	③刷白色涂料：$3.2 \times 3 + 1 \times 0.6 = 10.2 m^2$	m^2	10.2
	措施费项目		
	略		

二、小区绿化工程工程量清单报价表

××小区绿化工程

工程量清单报价表

投　标　人：＿＿×××＿＿（单位签字盖章）

法　人　代　表：＿＿×××＿＿（签字盖章）

造价工程师及证号：＿＿×××＿＿（签字盖执业专用章）

编　制　时　间：＿＿×××＿＿

投 标 总 价

建设单位：_____

工程名称：××小区绿化工程

投标总价(小写)：_____

　　　　　(大写)：_____

投 标 人：_____（单位签字盖章）

法定代表人：_____（签字盖章）

编制时间：_____

单位工程费汇总表

工程名称：××小区绿化工程　　　　　　　　　　　　　　　第　页　共　页

序号	项　目　名　称	金额（元）
1	分部分项工程费合计	略
2	措施项目费	略
3	其他项目费合计	略
4	规费	略
5	税金	略
	合　计	略

总　说　明

工程名称：××小区绿化工程　　　　　　　　　　　　　　第　页　共　页

  1. 工程概论：该工程绿化面积852m^2，其指导思想为以绿为主，保持生态平衡，提高环境质量，整个工程由两面同步的电子石英钟、圆形花坛、伞亭、花台、连座花坛、花架、八角花坛以及绿化地等组成，植物主要有桧柏、垂柳、龙爪槐、大叶黄杨、金银木、珍珠梅、月季等。

  2. 招标范围：绿化工程、庭园工程

  3. 工程质量要求：优良工程

  4. 工程量清单编制依据

  4.1 由××市建筑工程设计事务所设计的施工图一套；

  4.2 由××公司编制的《××小区绿化工程施工招标书》、《××小区绿化工程招标答疑》；

  4.3 工程量清单计量按照国标《建设工程工程量清单计价规范》编制；

  4.4 市场材料价格参照××市建设工程造价管理站×年×月发布的材料价格及综合市场调查后，综合取定。

  5. 因工程质量优良，故所有材料必须持有市以上有关部门颁发的《产品合格证书》及价格在中档以上的建筑材料。

分部分项工程量清单计价表

工程名称：××小区绿化工程　　　　　　　　　　　　　　　　第　页共　页

序号	项目编码	项目名称	计量单位	工程数量	金额（元） 综合单价	合价
		E.1　绿化工程				
1	050101006001	整理绿化用地，普坚土	m²	852	1.55	1320.60
2	050102001001	栽植乔木，桧柏，高1.2～1.5m，土球苗木	株	2	88.27	176.53
3	050102001002	栽植乔木，垂柳，胸径4.0～5.0cm，露根乔木	株	7	63.06	441.45
4	050102001003	栽植乔木，龙爪槐，胸径3.5～4.0cm，露根乔木	株	4	92.31	369.25
5	050102001004	栽植乔木，大叶黄杨，高1～1.2m，绿篱苗木	株	4	102.47	403.35
6	050102004001	栽植灌木，金银木，高1.5～1.8m，露根灌木	株	90	36.41	3276.8
7	050102004002	栽植灌木，珍珠梅，高1～1.2m，露根灌木	株	60	30.12	1807.08
8	050102008001	栽植花卉，月季，各色月季，二年生，露地花卉	株	120	24.30	2915.89
9	050102010001	铺种草皮，野牛草，草皮	m²	466	25.04	11666.21
		E.2　园路、园桥、假山工程				
10	050201001001	园路，200mm厚砂垫层，150mm厚3:7灰土垫层，水泥方格砖路面	m²	176.54	82.79	14615.34
11	010101002001	挖土方，普坚土，挖土平均厚度350mm，弃土运距100mm	m³	61.79	35.05	2165.74
12	050201002001	路牙，3:7灰土垫层，150mm厚，花岗石	m	91.2	114.85	10474.23
		E.3　园林景观工程				
13	050303001001	现浇混凝土花架柱、梁，柱6根，高2.2m	m³	2.168	469.94	1018.84
14	010401002001	现浇混凝土独立基础，C10混凝土垫层，100mm厚	m³	1.296	398.02	515.94
15	020203001001	零星项目一般抹灰，檩架抹水泥砂浆	m²	60.04	16.6	996.66
16	020507001001	刷喷涂料，檩架喷涂料	m²	60.04	20.67	1241.03
17	010101003001	挖基础土方，挖八角花坛土方，人工挖地槽，土方运距100m	m³	10.64	37.48	398.79
18	010407001001	其他构件，八角花坛混凝土池壁，C10混凝土现浇	m³	7.3	439.17	3205.97
19	020204001001	石材墙面，八角花坛混凝土池壁贴大理石	m²	23.24	357.26	8302.72
20	010101003002	挖基础土方，连座花坛土方，平均挖土深度870mm，普坚土，弃土运距100m	m³	9.22	38.4	354.05
21	010401002002	现浇混凝土独立基础，3:7灰土垫层，100mm厚	m³	1.06	568.35	602.45
22	010302001001	实心砖墙，M5混合砂浆砌筑，普通砖	m³	4.87	243.49	1185.80
23	010407001002	其他构件，连座花坛混凝土花池，C25混凝土现浇	m³	2.68	399.69	1071.17
24	050304005001	预制混凝土桌凳，C20预制混凝土座凳，水磨石面	个	8	43.41	347.28
25	010101003003	挖基础土方，挖座凳土方，平均挖土深度80mm，普坚土，弃土运距100m	m³	0.03	30.39	0.91
26	010101003004	挖基础土方，挖花台土方，平均挖土深度640mm，普坚土，弃土运距100m	m³	6.55	30.39	199.05
27	010401002003	现浇混凝土独立基础，3:7灰土垫层，300mm厚	m³	1.02	514.00	524.69

续表

序号	项目编码	项目名称	计量单位	工程数量	金额（元） 综合单价	合价
28	010302001002	实心砖墙，砖砌花台，M5混合砂浆，普通砖	m³	2.373	243.49	577.80
29	010407001003	其他构件，花台混凝土花池，C25混凝土现浇	m³	2.72	399.69	1087.16
30	020204001002	石材墙面，花台混凝土花池池面贴花岗石	m²	4.56	357.26	1629.11
31	010101003005	挖基础土方，挖花墙花台土方，平均深度940mm，普坚土，弃土运距100m	m³	11.73	37.48	439.64
32	010401001001	带形基础，花墙花台混凝土基础，C25混凝土现浇	m³	1.25	296.43	370.54
33	010302001003	实心砖墙，砖砌花墙，M5混合砂浆，普通砖	m³	8.19	243.49	1994.18
34	010407001004	其他构件，花墙花台混凝土花台，C25混凝土现象	m³	3.50	399.69	1398.92
35	020204001003	石材墙面，花墙花台墙面贴青石板	m²	27.73	128.33	3558.59
36	010606012001	零星钢构件，花墙花台铁花饰，-60×6，2.83kg/m	t	0.11	5641.99	620.62
37	010101003006	挖基础土方，挖伞亭土方，平均深度900mm，普坚土，弃土运距100m	m³	1.38	38.49	53.12
38	010401003001	满堂基础，伞亭混凝土基础，砂石垫层，100mm厚	m³	0.27	356	96.12
39	010101003006	挖基础土方，挖圆形花坛土方，平均深度800mm，普坚土，弃土运距100m	m³	3.82	35.14	134.23
40	010407001005	其他构件，圆形花坛混凝土池壁，C25混凝土现浇	m³	2.63	454.87	1196.3
41	020204001004	石材墙面，圆形花坛混凝土池壁贴大理石	m²	10.05	357.26	3590.46
42	010402001001	矩形柱，表架混凝土柱，C25混凝土现浇	m³	1.8	387.61	697.70
43	020202001001	柱面一般抹灰，混凝土柱水泥砂浆抹面	m²	10.2	16.6	169.32
44	020507001001	刷喷涂料，混凝土柱面刷白色涂料	m²	10.2	48.15	491.13

措施项目清单计价表

工程名称：××小区绿化工程　　　　　　　　　　　　　　第　页共　页

序号	项目名称	金额（元）
5	园林绿化工程	
5.1	脚手架费	略
5.2	混凝土模板及支架	略
5.3	环境保护费	略
5.4	临时设施费	略
5.5	文明、安全施工费	略
	合　计	略

其他项目清单计价表

工程名称：土建工程　　　　　　　　　　　　　　　　　　　　　第　页　共　页

序号	项　目　名　称	金额（元）
1	招标人部分	
	预留金	略
	材料购置费	略
	小计	略
2	投标人部分	
	总承包服务费	略
	零星工作项目费	略
	小计	略
	合　　计	略

零星工作项目表

工程名称：××小区绿化工程　　　　　　　　　　　　　　　　　第　页　共　页

序号	名　　　称	计量单位	数量	金额（元）	
				综合单价	合价
园林绿化					
1	人工				
1.1					
	小计				
2	材料				
2.1					
	小计				
3	机械				
3.1					
	小计				

251

分部分项工程量清单综合单价分析表

工程名称：××小区绿化工程　　　　　　　　　　　　　　　　　　　　第　页　共　页

序号	项目编码	项目名称	定额编号	工程内容	单位	数量	人工费	材料费	机械费	管理费	利润	综合单价	合价
1	050101006001	整理绿化用地			m²	852						1.55	1320.6
			9-1-1	人工整理绿化用地	m²	852	1.06	—	0.03	0.37	0.09		1.55×852
2	050102001001	栽植乔木			株	2						88.27	176.53
			9-2-23	桧柏普坚土种植	株	2	13.38	8.97	4.26	9.045	2.13		37.785×2
			4910001	桧柏	株	2	—	9.5		3.23	0.76		13.49×2
			9-6-1	桧柏后期管理费	株	2	11.71	12.13	2.21	8.585	2.085		36.99×2
3	050102001002	栽植乔木			株	7						63.06	441.45
			9-2-1	普坚土种植垂柳	株	7	5.38	3.25	0.13	2.98	0.70		12.44×7
			4704005	垂柳	株	7	—	9.6		3.26	0.77		13.63×7
			9-6-1	垂柳后期管理费	株	7	11.71	12.13	2.21	8.86	2.08		36.99×7
4	050102001003	栽植乔木			株	4						92.31	369.25
			4711002	龙爪槐	株	4	—	30.2	—	10.27	2.415		42.885×4
			9-2-1	普坚土种植龙爪槐	株	4	5.38	3.25	0.13	2.98	0.7		12.44×4
			9-6-1	龙爪槐后期管理费	株	4	11.71	12.13	2.21	8.86	2.08		36.99×4
5	050102001004	栽植乔木			株	4						100.84	403.35
			5002004	大叶黄杨	株	4	—	18	—	6.12	1.44		25.56×4
			9-2-23	普坚土种植大叶黄杨	株	4	13.38	8.97	4.26	9.05	2.13		37.79×4
			9-6-1	大叶黄杨后期管理费	株	4	11.71	12.13	2.21	8.86	2.08		36.99×4
6	050102004001	栽植灌木			株	90						36.41	3276.8
			4822004	金银木	株	90	—	9	—	3.06	0.72		12.78×90
			9-2-9	普坚土种植金银木	株	90	3.71	1.06	0.09	1.65	3.89		9.4×90
			9-6-2	金银木后期管理费	株	90	5.55	4.72	1.51	4.00	0.94		16.72×90
7	050102004002	栽植灌木			株	60						30.12	1807.08
			4806002	珍珠梅	株	60	—	5.5	—	1.87	0.44		7.81×60
			9-2-8	普坚土种植珍珠梅	株	60	2.8	1.06	0.07	1.34	0.314		5.58×60
			9-6-2	珍珠梅后期管理费	株	60	5.55	4.72	1.51	4.00	0.94		16.72×60

续表

序号	项目编码	项目名称	定额编号	工程内容	单位	数量	其中：(元)					综合单价	合价
							人工费	材料费	机械费	管理费	利润		
8	050102008001	栽植花卉			株	120						24.30	2915.89
			4853001	各色月季	株	120	—	2.8	—	0.952	0.224		3.976×120
			9-2-83	普坚土栽植月季	株	120	10.27	2.8	0.24	4.53	1.06		18.90×120
			9-6-6	月季后期管理费	m²	24	0.184	0.592	0.226	0.34	0.08		1.412×24
9	050102010001	铺种草皮			m²	466						25.04	11666.21
			5201001	野牛草	m²	466	—	3.8	—	1.29	0.3		5.39×466
			9-2-80	铺草卷（野牛草）	m²	466	4.79	3.12	0.11	2.73	0.64		11.39×466
			9-6-5	野牛草后期管理费	m²	466	0.92	3.94	0.95	1.98	0.46		8.25×466
10	050201001001	园路			m²	176.54						82.79	14615.34
			10-2-3	砂垫层（200mm厚）	m³	35.31	5.87	61.37	0.52	5.42	23.04		96.22×35.31
			10-2-1	灰土垫层（3:7）	m³	26.48	28.26	22.19	0.55	17.34	4.08		72.42×26.48
			10-2-9	水泥方格砖路面	m²	176.54	3.88	33.15	0.07	12.61	2.97		52.68×176.54
11	010101002001	挖土方			m³	61.79						35.05	2165.74
			10-1-4	人工挖土方	m³	61.79	11.73	—	0.02	4.00	0.94		16.69×61.79
			10-1-5	人工运土方（20m以内）	m³	61.79	5.40		0.01	1.84	0.43		7.68×61.79
			10-1-6	人工运土方（增80m）	m³	61.79	7.52	—	—	2.56	0.60		10.68×61.79
12	050201002001	路牙			m	91.2						114.85	10474.23
			10-2-1	3:7灰土垫层	m³	2.19	28.26	22.19	0.55	17.34	4.08		72.42×2.19
			10-2-35	路牙安装	m	91.2	5.25	74.25	0.16	27.08	6.37		113.11×91.2
13	050303001001	现浇混凝土花架柱梁			m³	2.168						469.94	1018.84
			10-1-3	挖花架基础土方	m³	5.18	14.08	—	0.03	4.80	1.13		20.04×5.18
			10-4-14	现浇混凝土花架梁、檩架	m³	1.011	71.21	202.03	24.71	101.30	23.84		423.09×1.011
			10-4-15	现浇混凝土花架柱架	m³	1.157	67.90	204.00	24.70	100.84	23.73		421.17×1.157

续表

序号	项目编码	项目名称	定额编号	工程内容	单价	数量	其中：（元）					综合单价	合价
							人工费	材料费	机械费	管理费	利润		
14	0110401002001	现浇混凝土独立基础			m³	1.296						397.3	514.94
			10-2-5	C10混凝土垫层	m³	0.432	31.40	170.22	11.56	72.48	17.05		302.71×0.432
			10-4-12	混凝土柱基	m³	1.296	27.75	169.45	11.55	70.98	16.7		296.43×1.296
15	020203001001	零星项目一般抹灰			m²	60.04						16.6	996.66
			10-8-2	檩架抹水泥砂浆	m²	60.04	6.23	5.25	0.21	3.97	0.94		16.6×60.04
16	020507001001	刷喷涂料			m²	60.04						20.67	1241.03
			10-8-20	檩架喷涂料	m²	60.04	4.7	9.83	0.03	4.95	1.16		20.67×60.04
17	010101003001	挖基础土方			m³	10.64						37.48	398.79
			10-1-2	人工挖地槽	m³	10.64	13.37	—	0.03	4.56	1.07		19.03×10.64
			10-1-5	人工运土（运距20m以内）	m³	10.64	5.4		0.01	1.84	0.43		7.68×10.64
			10-1-6	人工运土（增80m）	m³	10.64	7.52	—	—	2.56	0.60		10.77×10.64
18	010407001001	其他构件			m³	7.3						439.17	3205.97
			10-4-4	混凝土水池池壁	m³	7.3	55.59	204.27	21.61	95.70	22.52		399.69×7.3
			10-2-1	基础3:7灰土垫层	m³	3.98	28.26	22.19	0.55	17.34	4.08		72.42×3.98
19	020204001001	石材墙面			m²	23.24						357.26	8302.72
			10-8-28	池壁贴大理石	m²	23.24	32.02	218.06	1.50	85.54	20.13		357.26×23.24
20	010101003002	挖土方			m³	9.22						38.4	354.05
			10-1-3	挖柱基础	m³	9.22	14.08	—	0.03	4.80	1.13		20.04×9.22
			10-1-5	人工运土（运距20m以内）	m³	9.22	5.40		0.01	1.84	0.43		7.68×9.22
			10-1-6	人工运土（增80m）	m³	9.22	7.52	—	—	2.56	0.60		10.68×9.22
21	010401002002	现浇混凝土独立基础			m³	1.06						568.35	602.45
			10-4-12	C10混凝土基础	m³	1.06	27.75	169.45	11.55	70.98	16.7		296.43×1.06
			10-2-1	3:7灰土垫层	m³	3.98	28.26	22.19	0.55	17.34	4.08		72.42×3.98

续表

序号	项目编码	项目名称	定额编号	工程内容	单位	数量	人工费	材料费	机械费	管理费	利润	综合单价	合价
22	010302001001	实心砖墙			m³	4.87						243.49	1185.80
			10-3-2	砌砖	m³	4.87	41.92	127.74	1.81	58.30	13.72		243.49×4.87
23	010407001002	其他构件			m³	2.68						399.69	1071.17
			10-4-4	混凝土花池	m³	2.68	55.59	204.27	21.61	95.70	22.52		399.69×2.68
24	050304005001	预制混凝土桌凳			个	8						43.41	347.28
			10-8-47	预制混凝土坐凳安装	件	8	5.11	0.45	0.01	1.89	0.45		7.91×8
				预制混凝土坐凳	个	8	—	25	—	8.5	2		35.5×8
25	010101003003	挖基础土方			m³	0.03						30.39	0.91
			10-1-3	挖坐凳土方	m³	0.03	14.08	—	0.03	4.80	1.13		20.04×0.03
			10-1-5	人工运土（运距20m以内）	m³	0.03	5.40	—	0.01	1.84	0.43		7.68×0.03
			10-1-6	人工运土（增80m）	m³	0.03	1.88	—	—	0.64	0.15		2.67×0.03
26	010101003004	挖基础土方			m³	6.55						30.39	199.05
			10-1-3	挖花台土方	m³	6.55	14.08	—	0.03	4.80	1.13		20.04×6.55
			10-1-5	人工运土（运距20m以内）	m³	6.55	5.4	—	0.01	1.84	0.43		7.68×6.55
			10-1-6	人工运土（增80m）	m³	6.55	1.88	—	—	0.64	0.15		2.67×6.55
27	010401002003	现浇混凝土独立基础			m³	1.02						514.40	524.69
			10-2-1	3:7灰土垫层	m³	3.07	28.26	22.19	0.55	17.34	4.08		72.42×3.07
			10-4-12	花台混凝土基础	m³	1.02	27.75	169.45	11.55	70.98	16.7		296.43×1.02
28	010302001001	实心砖墙			m³	2.373						243.49	577.80
			10-3-2	砌砖	m³	2.373	41.92	127.74	1.81	58.30	13.72		243.49×2.373
29	010407001003	其他构件			m³	2.72						399.69	1087.16
			10-4-4	混凝土花池	m³	2.72	55.59	204.27	21.61	95.70	22.52		399.69×2.72
30	020204001003	石材墙面			m²	4.56						357.26	1629.11
			10-8-28	池壁贴花岗石	m²	4.56	32.02	218.06	1.50	85.54	20.13		357.26×4.56

续表

序号	项目编码	项目名称	定额编号	工程内容	单位	数量	人工费	材料费	机械费	管理费	利润	综合单价	合价
31	010101003005	挖基础土方			m³	11.73						37.48	439.64
			10-1-2	人工挖地槽	m³	11.73	13.37	—	0.03	4.56	1.07		19.03×11.73
			10-1-5	人工运土（运距20m以内）	m³	11.73	5.4	—	0.01	1.84	0.43		7.68×11.73
			10-1-6	人工运土（增80m）	m³	11.73	7.52	—	—	2.56	0.60		10.77×11.73
32	010401001001	带形基础			m³	1.25						296.43	370.54
			10-4-12	混凝土带形基础	m³	1.25	27.75	169.45	11.55	70.98	16.7		296.43×1.25
33	010302001003	实心砖墙			m³	8.19						243.49	1994.18
			10-3-2	砌砖	m³	8.19	41.92	127.74	1.81	58.30	13.72		243.49×8.19
34	010407001004	其他构件			m³	3.5						399.69	1398.92
			10-4-4	混凝土花台	m³	3.5	55.59	204.27	21.61	95.7	22.52		399.69×3.5
35	020204001003	石材墙面			m²	27.73						128.33	3558.59
			10-8-26	花墙花台墙面贴青石板	m²	27.73	15.44	73.74	1.19	30.73	7.23		128.33×27.73
36	010606012001	零星钢构件			t	0.11						5641.99	620.62
			10-4-29	花墙花台铁花饰	t	0.11	713.56	2906.51	353.16	1350.90	317.86		5641.99×0.11
37	010101003006	挖基础土方			m³	1.38						38.49	53.12
			10-1-3	挖伞亭土方	m³	1.38	14.08	—	0.03	4.80	1.13		20.04×1.38
			10-1-5	人工运土（运距20m以内）	m³	1.38	5.4	—	0.01	1.84	0.43		7.68×1.38
			10-1-6	人工运土（增80m）	m³	1.38	7.52	—	—	2.56	0.60		10.77×1.38
38	010401003001	满堂基础			m³	0.27						356	96.12
			10-2-4	砂石垫层	m³	0.15	8.67	65.57	1.27	25.67	6.04		107.22×0.15
			10-4-12	伞亭混凝土基础	m³	0.27	27.75	169.45	11.55	70.98	16.7		296.43×0.27
39	010101003006	挖基础土方			m³	3.82						35.14	134.23
			10-1-4	挖圆形花坛土方	m³	3.82	11.73	—	0.02	4.00	0.94		16.69×3.82
			10-1-5	人工运土（运距20m以内）	m³	3.82	5.4	—	0.01	1.84	0.43		7.68×3.82

续表

序号	项目编码	项目名称	定额编号	工程内容	单位	数量	其中：(元)					综合单价	合价
							人工费	材料费	机械费	管理费	利润		
			10-1-6	人工运土（增80m）	m³	3.82	7.52	—	—	2.56	0.60		10.77×3.82
40	010407001005	其他构件			m³	2.63						454.87	1196.3
			10-4-5	圆形花坛混凝土池壁	m³	2.63	66.61	204.36	21.63	99.48	23.41		415.49×2.63
			10-2-1	基础3:7灰土垫层	m³	1.43	28.26	22.19	0.55	17.34	4.08		72.42×1.43
41	020204001001	石材墙面			m²	10.05						357.26	3590.46
			10-8-28	圆形花坛池壁贴大理石	m²	10.05	32.02	218.06	1.50	85.54	20.13		357.26×10.05
42	010402001001	矩形柱			m³	1.8						387.61	697.70
			10-4-21	现浇混凝土矩形柱	m³	1.8	44.58	201.39	27	92.81	21.83		387.61×1.8
43	020202001001	柱面一般抹灰			m²	10.2						16.6	169.32
			10-8-2	柱面抹水泥砂浆	m²	10.2	6.23	5.25	0.21	3.97	0.94		16.6×10.2
44	020507001001	刷喷涂料			m²	10.2						48.15	491.13
			10-8-19	柱面刷白色涂料	m²	10.2	10.97	22.87	0.07	11.53	2.71		48.15×10.2

措施项目费分析表

工程名称：××小区绿化工程　　　　　　　　　　　　　　第　页 共　页

序号	措施项目名称	单位	数量	金额（元）				
				人工费	材料费	机械费	管理费	利润	小计
	园林绿化工程								
	脚手架费								
	混凝土模板及支架				略				
	环境保护费								
	临时设施费								
	文明、安全施工费								
	合计								

主要材料价格表

工程名称：××小区绿化工程　　　　　　　　　　　　　　第　页 共　页

序　号	材料编码	名称规格	单　位	数　量	单价（元）	合价（元）

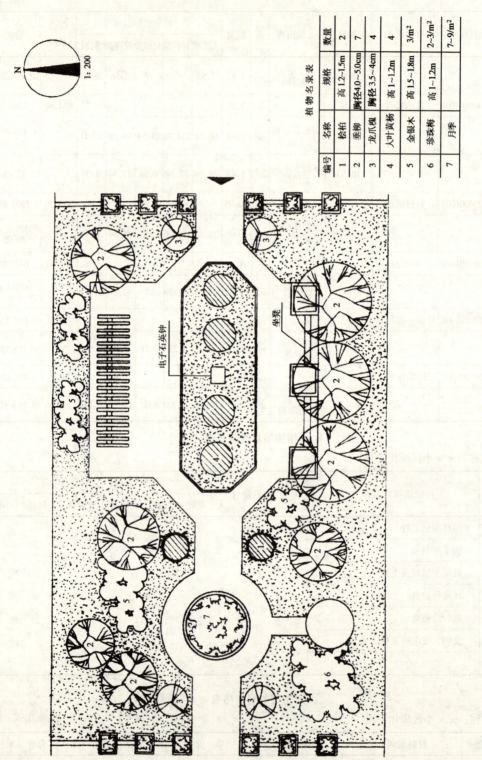

图 3-1-1

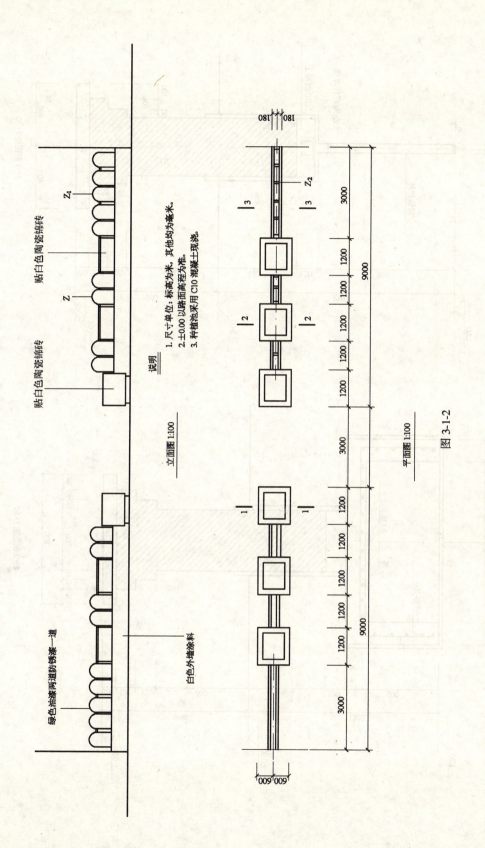

图 3-1-2

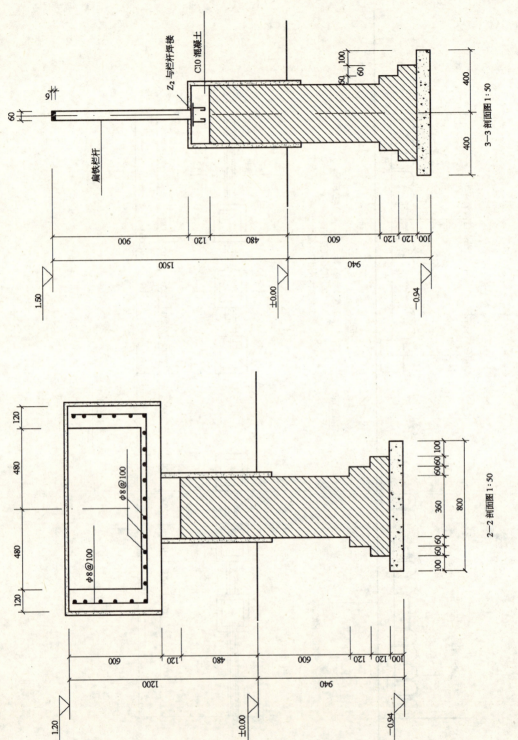

图 3-1-3

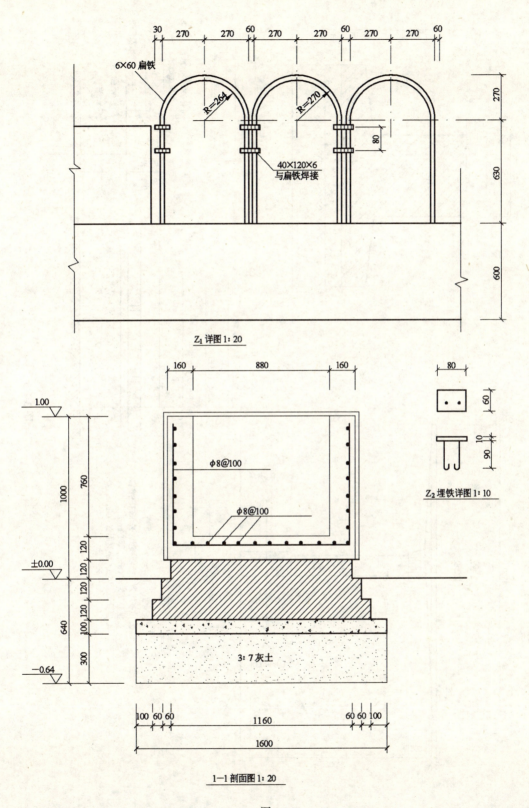

图 3-1-4

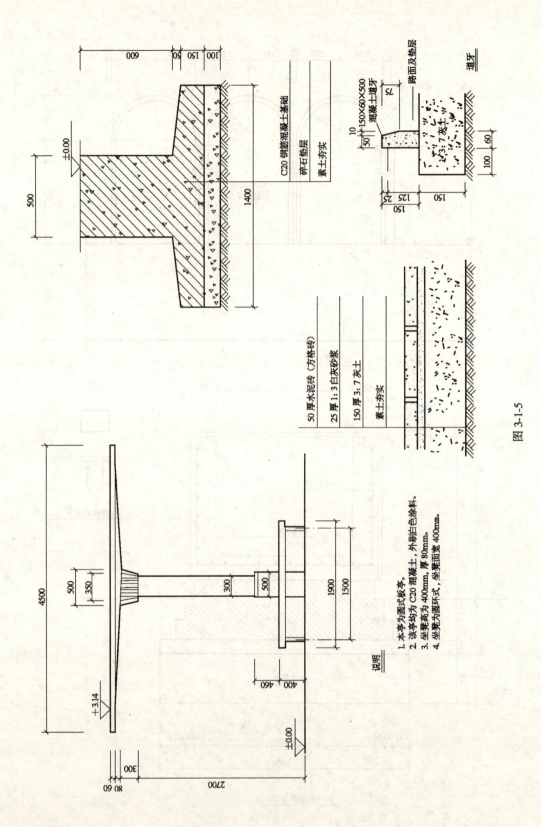

图 3-1-5

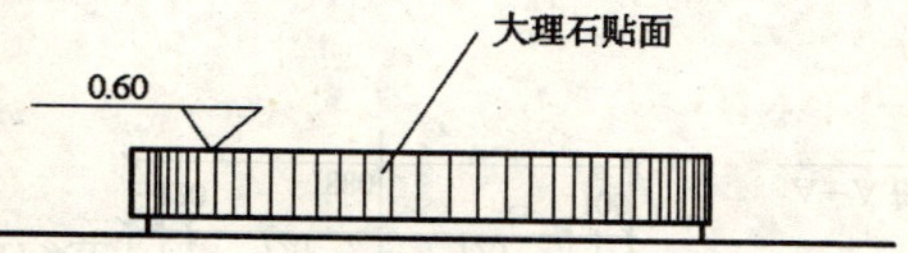

说明
1. 尺寸单位：平面为毫米，标高为米。
2. 花坛采用C10混凝土现浇，外贴瓷砖面。
3. ±0.00以路面标高为准。

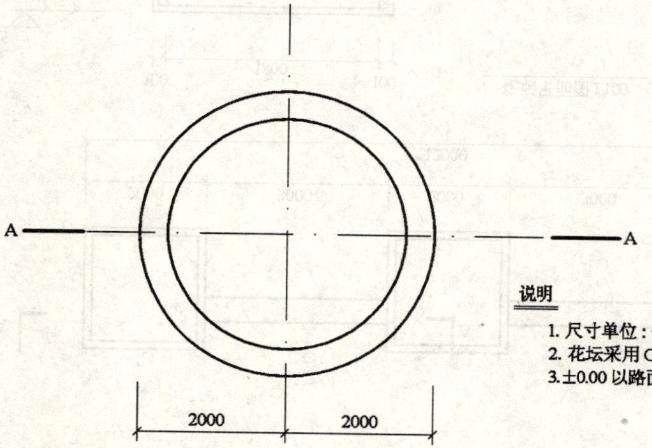

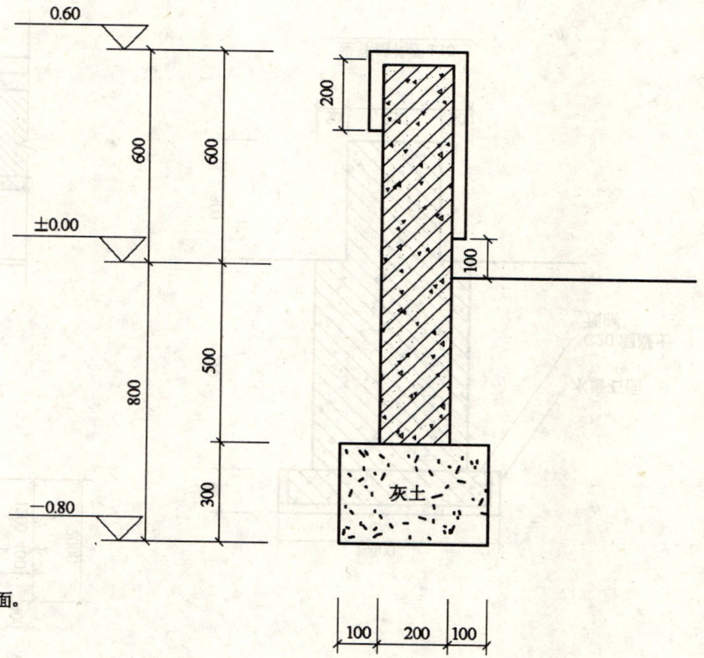

图 3-1-6

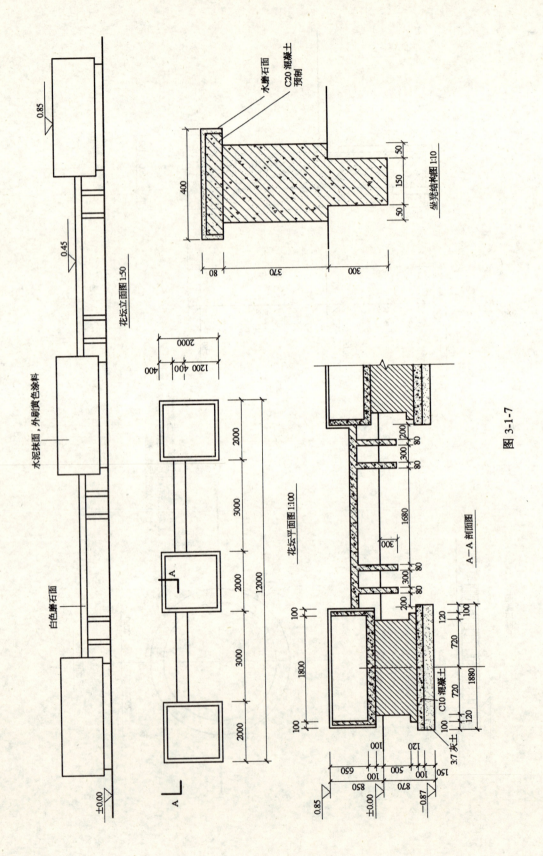

图 3-1-7

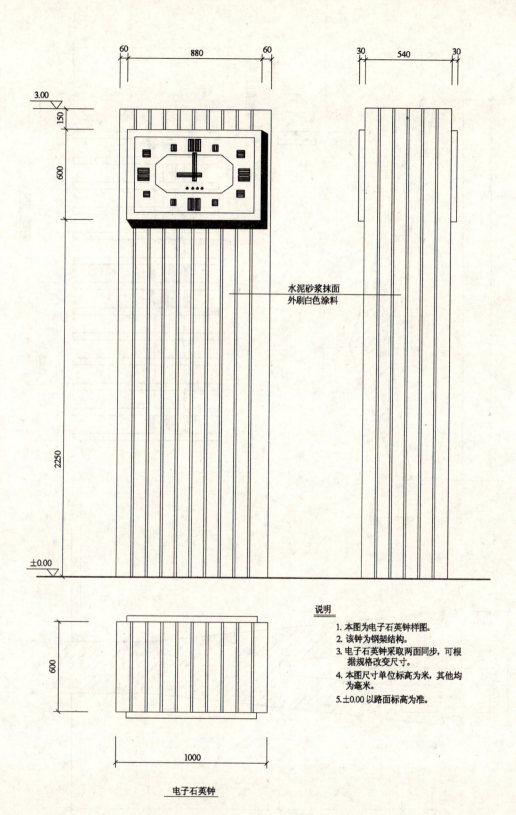

图 3-1-8

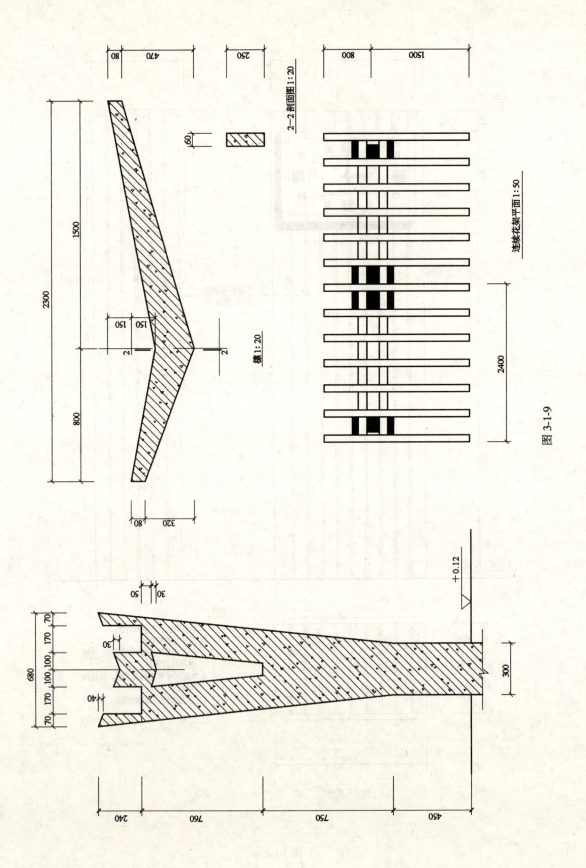

图 3-1-9

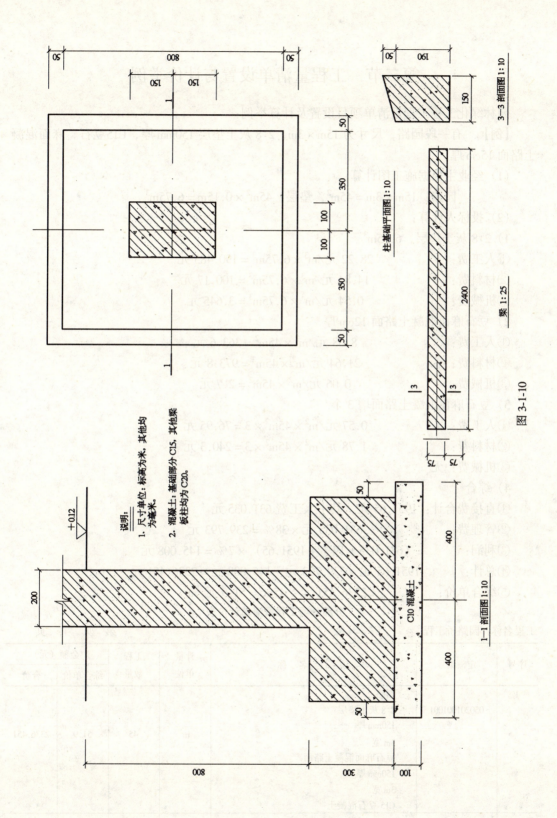

图 3-1-10

第二节 工程量清单设置与计价举例

园林绿化工程工程量清单项目设置及计算举例：

【例】 有一段园路，尺寸为 15m×3m，2:8 灰土垫层 150mm 厚，C15 豆石。麻面混凝土路面 15cm 厚。

（1）经业主根据施工图计算：

园路：$15m \times 3m = 45m^2$，垫层：$45m^2 \times 0.15m = 6.75m^3$

（2）投标人计算：

1）2:8 灰土垫层，$6.75m^3$

①人工费：　　　　$28.22 元/m^3 \times 6.75m^3 = 190.485 元$
②材料费：　　　　$14.84 元/m^3 \times 6.75m^3 = 100.17 元$
③机械费：　　　　$0.54 元/m^3 \times 6.75m^3 = 3.645 元$

2）豆石麻面混凝土路面 12cm 厚

①人工费：　　　　$8.08 元/m^2 \times 45m^2 = 363.6 元$
②材料费：　　　　$21.64 元/m^2 \times 45m^2 = 973.8 元$
③机械费：　　　　$0.06 元/m^2 \times 45m^2 = 2.7 元$

3）豆石麻面混凝土路面增 3 个

①人工费：　　　　$0.57 元/m^2 \times 45m^2 \times 3 = 76.95 元$
②材料费：　　　　$1.78 元/m^2 \times 45m^2 \times 3 = 240.3 元$
③机械费：无

4）综合

①直接费合计：1951.65 元，其中人工费 631.035 元
②管理费：　　　　$631.035 元 \times 38\% = 239.793 元$
③利润：　　　　$(631.035 \times 19\% + 1951.65) \times 7\% = 145.008 元$
④总计：　　　　$1951.65 元 + 239.793 元 + 145.008 元 = 2336.451 元$
⑤综合单价：　　　　$2336.451 元 \div 45m^2 = 51.9 元/m^2$

分部分项工程量清单计价表

工程名称：园路桥工程　　　　　　　　　　　　　　　　第　页　共　页

序号	定额编号	项目名称	计量单位	工程数量	金额（元）	
					综合单价	合价
1	050201001001	园路 2:8 灰土垫层 150mm 厚 3m 宽 豆石麻面混凝土路面 150mm 厚 3m 宽 C15 豆石混凝土	m^2	45	51.9	2336.451
		合计				2336.451

分部分项工程量清单综合单价计算表

工程名称：园路桥工程　　　　　　　　　　　　　　　　　　　　计量单位：m²
项目编码：050201001001　　　　　　　　　　　　　　　　　　　工程数量：45
项目名称：园路　　　　　　　　　　　　　　　　　　　　　　　　综合单价：51.9元

序号	定额编号	工 程 内 容	单位	数量	其 中 （元）					
					人工费	材料费	机械费	管理费	利润	小计
1	10-2-2	2:8灰土垫层	m³	6.75	190.485	100.17	3.645			
	10-2-7	豆石麻面混凝土路面120mm	m²	45	363.6	973.6	2.7			
	10-2-8	豆石麻面混凝土路面增3个	m²	45	76.95	240.3				
		合　计			631.035	1314.07	6.345	239.793	145.008	2336.451